Digitalisierung von Geschäftsprozessen in der Immobilienwirtschaft

Heiko Gsell · Paul Nikodemus

Digitalisierung von Geschäftsprozessen in der Immobilienwirtschaft

Informationsmanagement, Systeme, Plattformen

Heiko Gsell
Berlin, Deutschland

Paul Nikodemus
Harxheim, Deutschland

ISBN 978-3-658-47507-9   ISBN 978-3-658-47508-6 (eBook)
https://doi.org/10.1007/978-3-658-47508-6

Die Deutsche Nationalbibliothek verzeichnet diese Publikation in der Deutschen Nationalbibliografie; detaillierte bibliografische Daten sind im Internet über https://portal.dnb.de abrufbar.

© Der/die Herausgeber bzw. der/die Autor(en), exklusiv lizenziert an Springer Fachmedien Wiesbaden GmbH, ein Teil von Springer Nature 2025

Das Werk einschließlich aller seiner Teile ist urheberrechtlich geschützt. Jede Verwertung, die nicht ausdrücklich vom Urheberrechtsgesetz zugelassen ist, bedarf der vorherigen Zustimmung des Verlags. Das gilt insbesondere für Vervielfältigungen, Bearbeitungen, Übersetzungen, Mikroverfilmungen und die Einspeicherung und Verarbeitung in elektronischen Systemen.
Die Wiedergabe von allgemein beschreibenden Bezeichnungen, Marken, Unternehmensnamen etc. in diesem Werk bedeutet nicht, dass diese frei durch jede Person benutzt werden dürfen. Die Berechtigung zur Benutzung unterliegt, auch ohne gesonderten Hinweis hierzu, den Regeln des Markenrechts. Die Rechte des/der jeweiligen Zeicheninhaber*in sind zu beachten.
Der Verlag, die Autor*innen und die Herausgeber*innen gehen davon aus, dass die Angaben und Informationen in diesem Werk zum Zeitpunkt der Veröffentlichung vollständig und korrekt sind. Weder der Verlag noch die Autor*innen oder die Herausgeber*innen übernehmen, ausdrücklich oder implizit, Gewähr für den Inhalt des Werkes, etwaige Fehler oder Äußerungen. Der Verlag bleibt im Hinblick auf geografische Zuordnungen und Gebietsbezeichnungen in veröffentlichten Karten und Institutionsadressen neutral.

Springer Vieweg ist ein Imprint der eingetragenen Gesellschaft Springer Fachmedien Wiesbaden GmbH und ist ein Teil von Springer Nature.
Die Anschrift der Gesellschaft ist: Abraham-Lincoln-Str. 46, 65189 Wiesbaden, Germany

Wenn Sie dieses Produkt entsorgen, geben Sie das Papier bitte zum Recycling.

Vorwort

Die Digitalisierung ist nicht nur ein Schlagwort, sondern ein Treiber fundamentaler Veränderungen in nahezu allen Branchen. Auch die Wohnungs- und Immobilienwirtschaft ist hiervon betroffen. Während neue Technologien und digitale Plattformen rasant an Bedeutung gewinnen, stehen Unternehmen vor der Herausforderung, ihre Geschäftsprozesse entsprechend anzupassen und zukunftsfähig zu gestalten.

Dasa vorliegende Lehrbuch ist das Ergebnis einer intensiven Auseinandersetzung mit den technischen, strategischen und organisatorischen Aspekten der digitalen Transformation. Die Idee dazu entstand im Rahmen der Lehrveranstaltung *Digitale Transformation von Geschäftsprozessen* an der EBZ Business School in Bochum, in der wir den Wandel der Immobilienwirtschaft aus wissenschaftlicher und praxisorientierter Perspektive beleuchtet haben.

In diesem Werk spannen wir einen thematischen Bogen, der von grundlegenden strategischen Überlegungen zur digitalen Transformation und des Geschäftsprozessmanagements bis hin zu den Trends und Perspektiven der digitalen Transformation in der Immobilienwirtschaft reicht. Wichtige Inhalte bilden neben der Entwicklung digitalisierter Prozesse, die sowohl innerhalb von Organisationen als auch organisationsübergreifend ablaufen müssen, die Integration moderner IT-Systeme in die Unternehmen der Immobilienwirtschaft. Ein zentrales Kapitel befasst sich zudem mit der Bedeutung des Informationsmanagements als Schlüssel zur erfolgreichen Transformation. Dem Management von digitalen Ökosystemen und Plattformen, die zunehmend zum Rückgrat der Digitalisierung in der Branche werden, ist ein weiteres elementa-res Kapitel gewidmet.

Dieses Buch richtet sich an Studierende von Universitäten und Hochschulen für angewandte Wissenschaften, kann aber auch Fach- und Führungskräften der Wohnungs- und Immobilienwirtschaft wichtige Einblicke in die Digitalisierung von Geschäftsprozessen und damit bedeutende Impulse für die Gestaltung der eigenen Organisation geben. Es bietet einerseits fundierte wissenschaftliche Grundlagen und beleuchtet andererseits die praktische Relevanz durch Fallbeispiele und die Herstellung eines direkten Bezugs zur

Branche. Ziel ist es, nicht nur ein Verständnis für die Zusammenhänge zu schaffen, sondern auch Werkzeuge und Methoden zu präsentieren, um die digitale Transformation von Unternehmen erfolgreich zu gestalten.

Ein besonderes Dankeschön gilt der EBZ Business School, dem Europäischen Bildungszentrum der Wohnungs- und Immobilienwirtschaft (EBZ) – gemeinnützige Stiftung sowie der EBZ Akademie, die den Austausch zwischen Wissenschaft und Praxis stets fördern, sowie allen Personen und Organisationen, die durch Diskussionen, Projekte und Ideen zur Entstehung dieses Buches beigetragen haben.

Bochum/Berlin	Heiko Gsell
Harxheim	Paul Nikodemus
Dezember 2024	

Interessenkonflikt Die Autor*innen haben keine für den Inhalt dieses Manuskripts relevanten Interessenkonflikte.

Inhaltsverzeichnis

1	**Digitale Transformation und Geschäftsprozessmanagement**	1
1.1	Digitale Transformation – Von der Geschäftsmodell- zur Geschäftsprozess-Transformation	2
1.2	Einführung in das Geschäftsprozessmanagement	9
	1.2.1 Grundlagen und Orientierung	9
	1.2.2 Lebenszyklus von Geschäftsprozessen	14
1.3	Grundlagen der Digitalisierung von Geschäftsprozessen	16
	1.3.1 Geschäftsprozessbeschreibung und Kennzahlen zur Erfolgsmessung	16
	1.3.2 Digitalisierung von Geschäftsprozessen (Methodik)	18
1.4	Geschäftsprozessmodellierung	20
	1.4.1 Modelle und Modellbildung	20
	1.4.2 Modellierungssprachen	24
1.5	Zusammenfassung – Grundlagen der digitalen Transformation von Geschäftsprozessen	30
1.6	Orientierungsfragen	31
	Literatur	31
2	**Entwicklung digitalisierter Geschäftsprozesse**	33
2.1	Strategie, Referenz- und Vorgehensmodell	34
	2.1.1 Strategie und Referenzmodell des digitalen Unternehmens	35
	2.1.2 Reifegrad und Vorgehensmodell für die digitalen Transformation	38
2.2	Modellierung und Simulation von digitalisierten Geschäftsprozessen	40
	2.2.1 Komplexität von Prozesslandschaften und -architekturen	41
	2.2.2 Vom Geschäftsprozessmodell zur Digitalisierung	44
2.3	Implementierung digitalisierter Geschäftsprozesse	47
	2.3.1 Aktivitäten vor der Geschäftsprozessimplementierung	47

	2.3.2	Geschäftsprozessimplementierung	48
2.4		Steuerung und Kontrolle digitalisierter Geschäftsprozesse	50
2.5		Zusammenfassung – Entwicklung, Simulation und Implementierung digitalisierter Geschäftsprozesse	51
2.6		Orientierungsfragen	52
Literatur			52

3 Geschäftsprozesse und IT-Systeme in der Immobilienwirtschaft ... 55

- 3.1 Kerngeschäftsprozesse im Immobilienlebenszyklus ... 56
  - 3.1.1 Planung/Entwurf – Investment- und Transaktionsmanagement ... 59
  - 3.1.2 Bau/Erstellung – Bau- und Projektmanagement ... 61
  - 3.1.3 Verwaltung/Bewirtschaftung – Asset Management, Property Management und Facility Management ... 63
  - 3.1.4 Abriss, Sanierung – Transaktionsmanagement ... 72
- 3.2 IT-Systeme zur Unterstützung von Geschäftsprozessen in der Immobilienwirtschaft ... 74
  - 3.2.1 Bauplanungs- und Projektmanagementsoftware ... 75
  - 3.2.2 CAD-Systeme und Building Information Modeling (BIM) ... 77
  - 3.2.3 Dokumentenmanagementsysteme (DMS) ... 79
  - 3.2.4 Enterprise Resoucre Planning (ERP)-Systeme ... 81
  - 3.2.5 Customer Relationship Management (CRM)-Systeme ... 84
  - 3.2.6 Kollaborationssysteme ... 86
  - 3.2.7 Computer Aided Facility Management (CAFM)-Systeme ... 87
  - 3.2.8 PropTech-Lösungen ... 88
- 3.3 Optimierung von Immobilienwirtschaftlichen Geschäftsprozessen ... 89
  - 3.3.1 Prozessanalyse und -optimierung ... 89
  - 3.3.2 Digitalisierung und Automatisierung von Geschäftsprozessen ... 96
  - 3.3.3 Fallbeispiel: Optimierung von Instandhaltungsprozessen im Facility Management ... 100
- 3.4 Plattformkommunikation und -interaktion ... 104
- 3.5 Zusammenfassung – Immobilienwirtschaftliche Geschäftsprozesse ... 107
- 3.6 Orientierungsfragen ... 107
- Literatur ... 108

4 Informationsmanagement für die digitale Transformation von Geschäftsprozessen ... 113

- 4.1 Einführung in das Informationsmanagement ... 114
  - 4.1.1 Grundlagen des Informationsmanagements ... 114
  - 4.1.2 Modell des Informationsmanagements ... 116
- 4.2 Workflowmanagement und Prozessautomatisierung ... 119
  - 4.2.1 Workflow Management Systeme (WfMS) ... 119
  - 4.2.2 Geschäftsprozess- und Workflowmanagement ... 120

		4.2.3	End-to-End-Prozesse und Modellierungsregeln	122
		4.2.4	Integration von Geschäftsprozess- und Workflowmanagement	124
	4.3	\multicolumn{2}{l	}{Integration von Web-Services und Service-orientierten Architekturen (SOA)}	125
		4.3.1	Technische Grundlagen zu Web-Services und SOA	125
		4.3.2	Service-orientierte Architektur (SOA) und das Konzept der Dienste	126
		4.3.3	Web-Services als Architekturkonzept	130
	4.4	\multicolumn{2}{l	}{Bedeutung von Ökosystemen für die Digitalisierung}	133
		4.4.1	Perspektiven der Dienstleistungsprozessgestaltung	133
		4.4.2	Ökosysteme als Träger und Treiber einer digitalisierten Wertschöpfung	134
	4.5	\multicolumn{2}{l	}{Digitale Plattformen für die Prozess- und Serviceimplementierung}	138
		4.5.1	Merkmale digitaler Plattformen	139
		4.5.2	Vorgehensmodell zum Aufbau und Betrieb digitaler Plattformen	141
		4.5.3	Digitale Plattformen und Smart Services	143
	4.6	\multicolumn{2}{l	}{Zusammenfassung – Strategien und Ansätze des Informationsmanagements}	145
	4.7	\multicolumn{2}{l	}{Orientierungsfragen}	146
	\multicolumn{3}{l	}{Literatur}	146

Inhaltsverzeichnis

    4.2.3 End-to-End-Prozesse und Modellierungsregeln 122
    4.2.4 Integration von Geschäftsprozess- und Workflowmanagement ... 124
4.3 Integration von Web-Services und Service-orientierten Architekturen (SOA) 125
    4.3.1 Technische Grundlagen zu Web-Services und SOA 125
    4.3.2 Service-orientierte Architektur (SOA) und das Konzept der Dienste 126
    4.3.3 Web-Services als Architekturkonzept 130
4.4 Bedeutung von Ökosystemen für die Digitalisierung 133
    4.4.1 Perspektiven der Dienstleistungsprozessgestaltung 133
    4.4.2 Ökosysteme als Träger und Treiber einer digitalisierten Wertschöpfung 134
4.5 Digitale Plattformen für die Prozess- und Serviceimplementierung 138
    4.5.1 Merkmale digitaler Plattformen 139
    4.5.2 Vorgehensmodell zum Aufbau und Betrieb digitaler Plattformen 141
    4.5.3 Digitale Plattformen und Smart Services 143
4.6 Zusammenfassung – Strategien und Ansätze des Informationsmanagements 145
4.7 Orientierungsfragen 146
Literatur 146

5 Organisationsübergreifende Geschäftsprozesse 149

5.1 Abwicklung von digitalen Geschäftsprozessen über Organisationsgrenzen hinweg 150
    5.1.1 Wettbewerb als Treiber von Unternehmenskooperationen 151
    5.1.2 Geschäftsprozessmanagement und Echtzeitverhalten 152
5.2 Automatisierte Geschäftsprozessunterstützung über System-, Standort- und Plattformgrenzen 155
    5.2.1 Prozessmodell und Anwendungssystem 155
    5.2.2 Process Mining zur Geschäftsprozessoptimierung 157
    5.2.3 Robotic Process Automation (RPA) zur Teil- und Vollautomatisierung 158
5.3 Organisationsübergreifende Service-Ökosysteme 160
5.4 Zusammenfassung – Geschäftsprozesse und Ökosysteme über System-, Standort- und Plattformgrenzen 163
5.5 Orientierungsfragen 165
Literatur 165

6 Ökosystem- und Plattformmanagement für die Immobilienwirtschaft 167

6.1 Digitale immobilienwirtschaftliche Plattform-Ökosysteme 168
6.2 Immobilienwirtschaftliche digitale Serviceplattformen 175

        6.2.1   Merkmale und Funktionen von digitalen Plattformen 181
        6.2.2   Implementierungsstrategien 187
   6.3   Fallbeispiel: Ein Plattform-Ökosystem für den Immobilien-Vermietungsprozess 200
   6.4   Zusammenfassung – Plattformmanagement und digitale Serviceplattformen 204
   6.5   Orientierungsfragen 205
   Literatur 205

7 Trends und Perspektiven der digitalen Transformation von Geschäftsprozessen in der Immobilienwirtschaft 209
   7.1   Künftige Gestaltungsfelder neuer Digitalisierungstechnologien 210
   7.2   Zusammenfassung – Trends und Perspektiven 216
   7.3   Orientierungsfragen 217
   Literatur 217

Antworten auf die Orientierungsfragen 219

Stichwortverzeichnis 229

Abkürzungen

AI/KI	Artificial Intelligence/Künstliche Intelligenz
API	Application Programming Interface
AR	Augmented Reality
ARIS	Architektur Integrierter Informationssysteme
AWS	Amazon Web Services
B2B	Business-to-Business
B2B2C	Business-to-Business-to-Consumer
B2C	Business-to-Consumer
BI	Business Intelligence
BIM	Building Information Modeling
BPMN	Business Process Model and Notation
BPMS	Business Process Management System
CAD	Computer Aided Design
COBIT	Control Objectives for Information and related Technology
COBRA	Common Object Request Broker Architecture
CPS	Cyber Physisches System
CRM	Customer Realtionship Management
DIN	Deutsches Institut für Normung
DV	Datenverarbeitung
ECM	Enterprise Content Management
EFQM	European Foundation for Quality Management
EN	Europäische Norm
(e)EPK	(erweiterte) Ereignisgesteuerte Prozesskette
ERP	Enterprise Resource Planning
ESB	Enterprise Service Bus
ESG	Environmental, Social and Governance
GP	Geschäftsprozess
HTTP	Hypertext Transfer protocol

IaaS	Infrastructure-as-a-Service
IoT	Internet of Things
ISO	International Organization for Standardization
ITK	Informations- und Kommunikationstechnologie
IT	Informationstechnik
ITIL	Infrastructure Library
JSON	JavaScript Object Notation
KPI	Key Performance Indicator
LAM	Large Action Model
LLM	Large Language Model
OMG	Object Management Group
OPC	Open Platform Communications
PaaS	Platform-as-a-Service
PDCA	Plan-Do-Check-Act
PPI	Process Performance Indicator
RMI	Remote Method Invocation
RPA	Robotic Process Automation
RPC	Remote Procedure Call
REST	Representational State Transfer
RFID	Radio Frequency Identification
RMI	Remote Method Invocation
RPC	Remote Procedure Call
SaaS	Software-as-a-Service
SCM	Supply Chain Management
SOA	Service-Oriented Architecture
SOAP	Simple Object Access Protocol
TQM	Total Quality Management
UDDI	Universal Description, Discovery and Integration
URI	Uniform Resource Identifier
URL	Uniform Resource Locator
W3C	World Wide Web Consortium
WfM	Workflow Management
WfMS	Workflow Management System
WSDL	Web Services Description Language
XML	Extensible Markup Language

Abbildungsverzeichnis

Abb. 1.1	Interventionsebenen für die digitale Transformation in Unternehmen. (Eigene Darstellung)	4
Abb. 1.2	Das magische Dreieck eines Geschäftsmodells. (Eigene Darstellung in Anlehnung an Gassmann et al., 2021, S. 9)	6
Abb. 1.3	Wertkette des Baumanagements. (Eigene Darstellung verändert nach Porter, 1985, S. 11)	7
Abb. 1.4	Geschäftsprozessmanagement und Wettbewerbsfähigkeit. (Eigene Darstellung)	10
Abb. 1.5	Prozesssicht einer Auftragserfassung und –prüfung. (Eigene Darstellung)	12
Abb. 1.6	Prozessmanagement im Lebenszyklusmodell. (Eigene Darstellung in Anlehnung an Dumas et al., 2021, S. 26)	16
Abb. 1.7	Geschäftsprozessbeschreibung und Indikatoren. (Eigene Darstellung)	18
Abb. 1.8	Basismodelle von Geschäftsprozessmodellen. (Eigene Darstellung in Anlehnung an Elstermann et al., 2023, S. 67)	24
Abb. 1.9	Beispiel eines Flussdiagramms. (Eigene Darstellung)	26
Abb. 1.10	Beispiele von Geschäftsprozesse zur Antragsprüfung mittels EPK. (Eigene Darstellung)	27
Abb. 1.11	Template für die Nutzung einer Anwendungssoftware als Service Blueprint. (Eigene Darstellung)	30
Abb. 2.1	Elemente des digitalen Unternehmens (Referenzmodell) und digitale Technologien. (Eigene Darstellung in Anlehnung an Appelfeller & Feldmann, 2023, S. 5)	36
Abb. 2.2	Flussdiagramm mit einem Prozessaufruf. (Eigene Darstellung)	42
Abb. 2.3	Wertkettendiagramm. (Eigene Darstellung)	43
Abb. 2.4	4 Beispiel einer Kommunikation im Business Process Diagramm. (Eigene Darstellung)	43

Abb. 2.5	Business Process Management System (BPMS). (Eigene Darstellung)	45
Abb. 2.6	Steuerung und Kontrolle im Geschäftsprozessmanagement. (Eigene Darstellung)	51
Abb. 3.1	Prozesslandkarte immobilienwirtschaftlicher Prozesse. (Eigene Darstellung verändert nach Liese, 2013, S. 141)	57
Abb. 3.2	BPMN des Kerngeschäftsprozesses Due Diligence. (Eigene Darstellung)	60
Abb. 3.3	Teilprozesse in den Kernprozessen Bauplanung und Bauausführung. (Eigene Darstellung)	63
Abb. 3.4	BPMN des Kernprozesses Vermietung. (Eigene Darstellung)	65
Abb. 3.5	Mieterlebenszyklus. (Eigene Darstellung verändert nachShah, 2017)	66
Abb. 3.6	BPMN des Kernprozesses Nebenkostenabrechnung. (Eigene Darstellung)	67
Abb. 3.7	BPMN des Kernprozesses Schadensmeldung und –behebung. (Eigene Darstellung)	70
Abb. 3.8	Teilprozesse der Revitalisierung. (Eigene Darstellung verändert nach Johann, 2016, S. 19)	73
Abb. 3.9	Funktionale Module eines Bauplanungs- und Projektmanagementsystems. (Eigene Darstellung)	76
Abb. 3.10	Referenz(teil)prozess für die Vermietung. (Eigene Darstellung)	92
Abb. 3.11	Referenzprozess für die Instandhaltung. (Eigene Darstellung)	101
Abb. 3.12	Kernprozess Instandhaltung unter Einsatz eines CMMS. (Eigene Darstellung)	103
Abb. 3.13	Plattformen in den Phasen des Immobilienlebenszyklus. (Eigene Darstellung in Anlehnung an Drosihn, 2017, S. 31)	105
Abb. 4.1	Informationsmanagement kombiniert Information und Management. (Eigene Darstellung)	116
Abb. 4.2	Referenzmodell des Informationsmanagements. (Eigene Darstellung in Anlehnung an Krcmar, 2015, S. 107)	117
Abb. 4.3	Workflow Management System (WfMS). (Eigene Darstellung in Anlehnung an Gadatsch, 2023, S. 13)	120
Abb. 4.4	Geschäftsprozess und Workflow. (Eigene Darstellung in Anlehnung an Gadatsch, 2023, S. 15)	121
Abb. 4.5	Systematisierung von Geschäftsprozess und Workflow. (Eigene Darstellung in Anlehnung an Gadatsch, 2023, S. 18)	122
Abb. 4.6	Kunde-zu-Kunde-Geschäftsprozess einer Angebotserstellung. (Eigene Darstellung in Anlehnung an Gadatsch, 2023, S. 18)	123
Abb. 4.7	Integriertes Geschäftsprozess- und Workflowmanagement. (Eigene Darstellung in Anlehnung an Gadatsch, 2023, S. 28)	124

Abb. 4.8	Merkmale und Basiskriterien einer SOA. (Eigene Darstellung in Anlehnung an Melzer, 2010, S. 13)	128
Abb. 4.9	Rollenkonzept einer SOA. (Eigene Darstellung in Anlehnung an Melzer, 2010, S. 14)	129
Abb. 4.10	Business Process Management System (BPMS) mit SOA und ESB. (Eigene Darstellung)	129
Abb. 4.11	Rollenkonzept einer SOA mit Web-Services. (Eigene Darstellung in Anlehnung an Melzer, 2010, S. 64)	132
Abb. 4.12	Von der digitalen Repräsentation zur digitalen Wertschöpfung. (Eigene Darstellung in Anlehnung an Fasnacht, 2023, S. 24)	136
Abb. 4.13	Merkmalsebenen digitaler Plattformen. (Eigene Darstellung in Anlehnung an Hemmrich et al., 2024, S. 24)	141
Abb. 4.14	Vorgehensmodell zum Aufbau und Betrieb digitaler Plattformen. (Eigene Darstellung in Anlehnung Steur, 2022, S. 15)	142
Abb. 4.15	Smart Services und digitale Transformation. (Eigene Darstellung)	144
Abb. 5.1	Evolution der kooperativen Geschäftsprozessgestaltung. (Eigene Darstellung)	155
Abb. 5.2	Prozessmodell und Anwendungssystem. (Eigene Darstellung in Anlehnung an Scheer, 2020, S. 78)	157
Abb. 5.3	Process Mining Zyklus. (Eigene Darstellung in Anlehnung an Scheer, 2020, S. 86)	158
Abb. 5.4	EPK (Beispiel Zahlungsfreigabe) mit RPA-Einsatz. (Eigene Darstellung in Anlehnung an Scheer, 2020, S. 122)	160
Abb. 5.5	Gesamtarchitektur mit RPA-Technologie. (Eigene Darstellung in Anlehnung an Scheer, 2020, S. 130)	161
Abb. 5.6	Wertsteigerung in Ökosystemen. (Eigene Darstellung)	162
Abb. 5.7	Charakteristiken der Wertschöpfung in digitalen Ökosystemen. (Eigene Darstellung)	164
Abb. 6.1	Akteure und Objekte eines Plattform-Ökosystems. (Eigene Darstellung verändert nach Arnold et al., 2023, S. 14)	169
Abb. 6.2	Skalierungseffekte traditioneller Wertschöpfung vs. Wertschöpfung über eine digitale Plattform. (Eigene Darstellung in Anlehnung an Arnold et al., 2023, S. 10)	177
Abb. 6.3	Geschäftsmodell-Technologie-Portfolio. (Eigene Darstellung in Anlehnung an Gausemeier & Plass, 2014, S. 144)	189
Abb. 6.4	Strategiepfade im Geschäftsmodell-Technologie-Portfolio. (Eigene Darstellung in Anlehnung an Gausemeier & Plass, 2014, S. 144)	191
Abb. 6.5	Phasenmodell des Service Engineering. (Eigene Darstellung in Anlehnung an Siegfried, 2010, S. 21)	194

Abb. 6.6	Semi-iteratives Service Engineering Referenzmodell. (Eigene Darstellung verändert nach Bullinger & Schreiner, 2006, S. 73)	196
Abb. 6.7	Konzeption von Dienstleistungen. (Eigene Darstellung in Anlehnung an Meiren & Barth, 2002, S. 15)	197
Abb. 6.8	Plattform-Ökosystem für den Vermietungsprozess. (Eigene Darstellung)	201

Tabellenverzeichnis

Tab. 2.1 Vor- und Nachteile des BPMS-Einsatzes. (Eigene Darstellung nach Allweyer, 2014, S. 29 ff.) 46

Digitale Transformation und Geschäftsprozessmanagement

Die digitale Transformation beschreibt eine wegweisende und fundamental verändernde Entwicklung von gewinnorientierten Organisationen, welche massive strukturelle Veränderungen auf allen Ebenen einer solchen sich transformierenden Organisation zur Folge hat. Der Startpunkt einer digitalen Transformation liegt i. d. R. in einer gänzlich neuen Geschäftsidee oder einer Idee für eine disruptive Veränderung des Geschäfts, die aus neuartigen Informations- bzw. Digitalisierungstechnologien erwächst und auf Basis eines digitalen Geschäftsmodells eine umfassende Neugestaltung der strategischen, taktischen sowie operativen Ausrichtung der jeweiligen Organisation bedeutet. Damit berührt die digitale Transformation alle Gestaltungsfelder dieser Organisation.

Das vorliegende Kapitel zielt vor dem geschilderten Hintergrund darauf ab, den grundlegenden Rahmen für das vorliegende Lehrbuch abzustecken, indem es das Geschäftsmanagement beschreibt, es einordnet und abgrenzt sowie dies mit der Digitalisierung und den Feldern Geschäftsmodell, Strategie, aufbau- und ablauforganisatorische Gestaltung der unterstützenden IT-Systeme zusammenführt. Dazu werden in den nachfolgenden Abschnitten wichtige Inhalte der genannten Felder ausgeführt und diskutiert:

- Zur Einführung in das Thema dieses Lehrbuchs nehmen die Autoren eine Bewertung und Einordnung der *digitalen Transformation* und deren Bedeutung für die Leistungserstellung in Unternehmen vor. Weiterhin beschreiben sie die Effekte der digitalen Transformation und deren Abbildung auf Geschäftsmodelle. Veränderungen der Geschäftsmodelle wirken auf die Wertschöpfungskette und haben damit Einfluss auf die Geschäftsprozesse, die ebenfalls einer digitalen Transformation unterliegen.
- Die Geschäftsprozesse einer Organisation bilden ein maßgebliches Gestaltungsfeld der digitalen Transformation in Organisationen. Vor diesem Hintergrund führen

die Autoren das *Geschäftsprozessmanagement* ein, definieren dies und diskutieren Geschäftsprozesse und deren Ausgestaltung im operativen Betrieb von Organisationen. Auch werden die Lebenszyklusphasen eines Geschäftsprozesses beschrieben und eingeordnet.
- Das Gestaltungsfeld *Digitalisierung* bzw. die *digitale Transformation* wird in einem weiteren Abschnitt mit dem Gestaltungsfeld Geschäftsprozess zusammengeführt. Mit der Darstellung von Methoden und Instrumenten für die Sicherung und die Messung der Qualität der Prozessausführung beschreiben die Autoren zunächst wichtige Grundlagen der Digitalisierung von Geschäftsprozessen. Darauf aufbauend zeigen sie die Rahmenbedingungen und Mechanismen der Digitalisierung von Geschäftsprozessen auf.
- Die Modellierung von Geschäftsprozessen unterstützt deren Transformation, denn sie macht erstens Potenziale einer Optimierung von Ist-Prozessen transparent und zeigt zweitens auf, wie sich diese Potenziale mit geeigneten Digitalisierungsmaßnahmen ausschöpfen lassen. Die dargestellten Modellierungssprachen können die jeweils relevanten Aspekte von Geschäftsprozessen hervorheben. Insbesondere die Beschreibung und Darstellung von Dienstleistungsprozessen bzw. softwaregestützten Prozessen verlang nach spezifischen Beschreibungsmethoden, welche deren besondere Merkmale berücksichtigen. Die für eine digitale Transformation bestimmenden Modellierungssprachen sollten die mit einer Veränderung verbundenen Soll-Prozesse in hinreichender Detaillierung und soweit möglich unter Darstellung der genutzten Digitalisierungslösung visualisieren und beschreiben.

1.1 Digitale Transformation – Von der Geschäftsmodell- zur Geschäftsprozess-Transformation

Die Digitalisierung, wie sie heute zu beobachten ist, hat tiefgreifenden Einfluss auf die Wirtschaft und erreicht mittlerweile fast alle Bereiche der Gesellschaft. Sie fördert unternehmerische Innovationsfähigkeit, unterstützt eine Produktivitätssteigerung und sorgt damit für Wirtschaftswachstum. Darüber hinaus hat sie Einfluss auf den Arbeitsmarkt und stellt neue Anforderungen an die Wohnungs- und Immobilienwirtschaft, dies nicht nur im Zusammenhang mit der Informations- und Kommunikationstechnologie selbst, sondern auch in Verbindung mit z. B. einer mediengestützten Kommunikation über mobile Geräte zwischen Vermietern und Mieter:innen oder mit der Integration neuer Technologien in die immobilienwirtschaftlichen Geschäftsprozesse in fast aller Phasen des Immobilienlebenszyklus. Während die genannten Beispiele die Digitalisierung als einen Erfolgsfaktor zur teilweisen innovativen Prozessgestaltung ausweisen, stellt die digitale Transformation ganzer Geschäftsmodelle ein tiefergehendes Veränderungsphänomen dar, welches die Art und Weise des Wirtschaftens mehr und mehr modifiziert. Durch die Durchdringung mit internetgestützten Kommunikationslösungen – Stichwort: Internet of Things

(IoT) – wird die Wertschöpfung neu ausgerichtet, sodass die daran beteiligten Stakeholder vielfach nahezu epochale Einschnitten erleben: Die Kombination aus neuen Technologien mit großen Datenmengen eröffnen Möglichkeiten, die noch vor einigen Jahren als unrealistisch gegolten hätten. So erschließen Big Data, Data Science und Künstliche Intelligenz (KI) zusammen mit einem Echtzeitverhalten nicht nur neue Dimensionen in der Daten- und Informationsverarbeitung, sondern sie machen Informationen und das daraus für Entscheidungssituationen ableitbare Wissen zu Produktionsfaktoren, die schon jetzt für das Überleben von Unternehmen im Wettbewerb unverzichtbar sind.

Zukünftig wird sich die skizzierte Entwicklung noch verstärken und für die deutsche und europäische Wirtschaft wird es eine wichtige Aufgabe sein, durch die Durchdringung der Wertschöpfung mit digitalen Prozessen, Produkten und Dienstleistungen, die Produktivität weiter zu steigern sowie die Beschäftigung in den Unternehmen und die Wettbewerbsfähigkeit von Unternehmen so zu gestalten, dass ein relevanter Anteil am globalen Geschehen im europäischen Wirtschaftsraum verbleibt. Wie prekär es diesbezüglich bereits aussieht, lässt sich aus den aktuellen Diskussionen ablesen, die einen Vergleich der weltweit konkurrierenden Wirtschaftsräume und -systeme vornehmen. Die Zukunft der europäischen Wirtschaft hängt demnach wesentlich von dem Maß ab, in welchem es gelingt, die digitale Infrastruktur so auszubilden, dass ihre Leistungsfähigkeit die Anforderungen der industriellen, staatlichen und privaten Nutzer befriedigen kann. Mit dem Begriff *Industrie 4.0* lässt sich heute eine digitale Transformation der Industrie fassen, die sich anschickt, diese Leistungsfähigkeit in konkrete Geschäftsmodelle umzusetzen. Die Potenziale dieser Geschäftsmodelle sollten zukünftig die Wettbewerbsfähigkeit der sie nutzenden Unternehmen sicherstellen.

Die Digitalisierung in Unternehmen betrifft insbesondere die Ebenen der Leistungserstellung sowie deren unterstützenden Systeme und Infrastrukturen. Die Leistungserstellung wird bestimmt durch den Wettbewerb, in dem das jeweilige Unternehmen steht, sowie dessen zu erreichende Effizienz- und/oder Effektivitätsziele. Hier ist eine Strategie umzusetzen, mit der das Unternehmen seine langfristigen Ziele in diesem Umfeld erreichen kann. Die Managementkompetenz des Unternehmens entscheidet darüber, inwieweit die strategischen Zielsetzungen stimmig sind und ob und wie sie realisiert werden können. Ein Unternehmen wird in der Marktbearbeitung von seinem Geschäftsmodell repräsentiert, das wiederum für die Gesamtheit der Prozesslandschaft und für das zugehörige Ertragsmodell aus der kundenorientierten Leistungserstellung steht. Innovative Elemente und der Servicegedanke sind wichtige Faktoren für eine erfolgreiche Positionierung im Wettbewerb. In Abb. 1.1 wird deutlich, dass die erste Interventionsebene *digitale Transformation der Prozesse* vor diesem Hintergrund die Gestaltung der beiden anderen Ebenen *digitale Transformation der Systeme* und *digitale Transformation der Infrastrukturen* wesentlich bestimmt.

Die Systemebene umfasst vor allem Funktionen, welche die arbeitsteilige Organisation in und zwischen Unternehmen kennzeichnen. *Enterprise Collaboration* repräsentiert

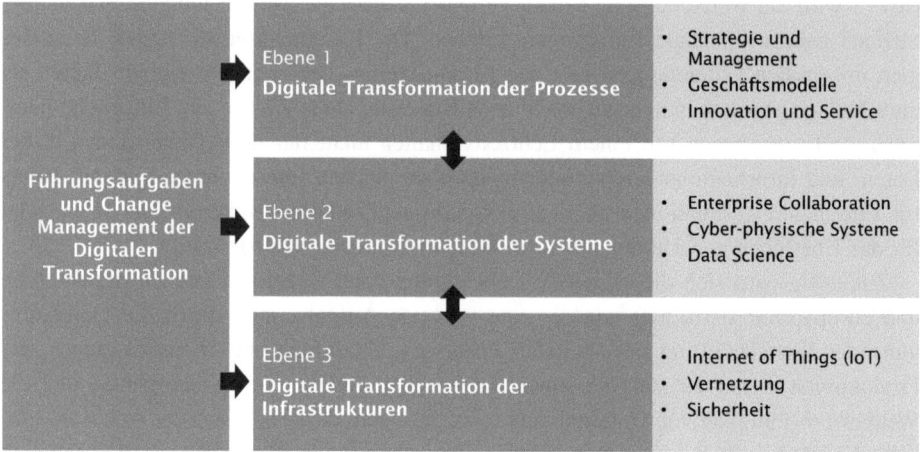

Abb. 1.1 Interventionsebenen für die digitale Transformation in Unternehmen. (Eigene Darstellung)

dabei eine Vernetzung von Unternehmen zur gemeinsamen Gestaltung von Wertschöpfungssystemen, wofür Supply Chain Management (SCM)-Systeme Beispiele darstellen. *Cyber Physische Systeme (CPS)* kommen üblicherweise im industriellen Umfeld zum Einsatz und verbinden die physische Wertschöpfung mit den administrativen Vorstufen der Auftrags-/Produktionsplanung und -steuerung. Sie verbinden informationstechnische mit mechanischen Komponenten und unterstützen den Transfer bzw. Austausch von Daten und die Steuerung der Komponenten in Echtzeit über das Internet (Vgl. Bender, 2021). Intelligente Maschinen können dabei zu einem cyber-physischen Verbund bis hin zu einer Smart Factory vernetzt werden, in der auch die Ablaufsteuerungen den maschinellen Automatismen folgen und so eine sich selbst steuernde Produktionsanlage entsteht. Die für die Steuerung notwendige und entstehende Menge an Daten ist selbst wiederum Quelle von Erkenntnissen, die eine Optimierung der Systeme und Infrastrukturen initiieren können. Der wissenschaftliche Umgang mit Daten, als eine eigene Disziplin *Data Science* präsent, ist notwendig, um die in Echtzeit zu realisierenden systemischen Aktionen und Reaktionen möglich zu machen. Auf der Ebene der Infrastrukturen und seiner Transformation spielt das Internet of Things (IoT) eine wichtige Rolle, um den hohen Grad intensiver Vernetzung und Kommunikation sicherzustellen. Gleichzeitig führt dies dazu, dass die Sicherheit solcher Infrastrukturen die Stabilität der gesamten Wertschöpfung tangiert. So muss das Thema IT-Sicherheit in diesem Kontext mit einem hohen Stellenwert berücksichtigt werden.

Es ist bereits ausgeführt worden, dass Produkte und Dienstleistungen die Marktsicht repräsentieren und diese damit die wichtigsten Objekte der Marktbearbeitung und zugleich die wichtigsten Teile der Geschäftsmodelle von Unternehmen darstellen. Daher sind mit einer Analyse von Markt und Unternehmen die Geschäftsmodelle als Bindeglied zwischen der internen Wertschöpfung und der Vermarktung zu hinterfragen, wenn es um die strategischen und operativen Maßnahmen der Marktbearbeitung geht. Es findet sich allerdings in einem Unternehmen keine Abteilung für Geschäftsmodelle oder eindeutige Modelldokumentationen, die ein vollständiges Bild dieses Bereichs liefern könnten. Dies liegt darin begründet, dass sich ein Geschäftsmodell aus verschiedenen Komponenten bzw. Teilmodellen bildet. Für eine Geschäftsmodellanalyse als Vorstufe einer umfänglicheren Untersuchung im Kontext einer geplanten Transformation sind die internen Prozesse der Wertschöpfung von großer Bedeutung, da sie die Positionierung des jeweiligen Unternehmens über seine Wettbewerbsvorteile im Markt spiegeln. Die Produkte und Dienstleistungen als Ergebnis der Wertschöpfung werden angeboten, um Erlöse zu erwirtschaften. Dies erfolgt nach Regeln, die aus dem Ertragsmodell des Unternehmens einerseits und den Paradigmen des Zielmarktes andererseits resultieren. Ein Unternehmen kann seine Produkte und Dienstleistungen verkaufen oder vermieten und es kann diese Leistungen nach den im Zielmarkt üblichen Verfahrensweisen Konsumenten oder anderen Unternehmen anbieten. Das Geschäftsmodell bestimmt somit die Prozesslandschaft eines Unternehmens und daher stellt sich mit der Frage nach einer Transformation des Geschäftsmodells auch die Frage nach einer Transformation der Prozesslandschaft und damit der Prozesse selbst.

Der Begriff *Geschäftsmodell* stammt aus der Wirtschaftsinformatik und wird zunehmend auf die Betriebswirtschaftslehre übertragen. Die vor einer Transformation notwendige Analyse von Geschäftsmodellen zielt vor diesem Hintergrund auf eine Untersuchung „von ausgewählten Aspekten der Ressourcentransformation des Unternehmens, sowie seiner Austauschbeziehungen mit anderen Marktteilnehmern" (Becker et al., 2021, S. 268) ab. Der Begriff ist von großer Bedeutung, weil der Analyse von Geschäftsmodellen sehr häufig eine Veränderung durch eine Digitalisierung bestimmter Teilbereiche des Geschäftsmodells folgt. I. d. R. sollen damit eine Steigerung der Kundenorientierung einerseits und/oder eine Verbesserung der Effizienz in der Leistungserzeugung andererseits erzielt werden, was die Nähe zu den Wettbewerbsdimensionen Effizienz und Effektivität deutlich macht. In ihren Märkten können Unternehmen eine starke Position erlangen, wenn sie über Effizienzvorteile in ihrer Wertschöpfung beispielsweise Preisspielräume erlangen, um damit günstigere Angebote offerieren zu können. Ein gutes Beispiel sind die Discounter im Einzelhandel, die eine hohe Effizienz in der Sortimentsgestaltung und Logistik/Distribution aufweisen und ihre Waren daher im Vergleich zum Fachhandel preisgünstiger anbieten können. Zielen Unternehmen dagegen mehr auf die Effektivität ihrer Marktbearbeitung ab, möchten sie die Nachfrager mit sehr guten Produkten und ggf. einem ergänzenden Serviceangebot überzeugen. Ein Beispiel dafür sind Premiumanbieter, die über eine Markenpflege und einen sehr guten Service eine hohe Kundenbindung auch bei höheren Preisen erreichen. Geschäftsmodelle integrieren demnach diejenigen Einflussbereiche, über die die Unternehmen ihren Vorteil im Wettbewerb erreichen und verstetigen können. Dies erfordert Anpassungen und Neuausrichtungen und je nach Veränderungsumfang können dabei entweder geringfügig angepasste Geschäftsmodelle entstehen oder ganz neue und radikale Ansätze, wenn sich durch eine neue Kombination von Modellkomponenten die bisherigen Gegebenheiten, Strukturen und Paradigmen eines Marktes grundlegend verändern. Solche umfänglichen Veränderungen eröffnen ggf. neuen Anbietern Chancen für einen erfolgreichen Markteintritt, sofern sie ohne Rücksicht auf eine gewohnte und damit oft schwerfällige und änderungsresistente Marktbearbeitung agieren können.

Wenn also die Inhaltselemente eines Geschäftsmodells betrachtet werden, muss der Blick zunächst auf die Kunden und Zielmärkte und anschließend auf den Kundennutzen, den ein Unternehmen mit seinem Leistungsangebot erzeugen möchte, gerichtet sein. Ein in dieser Art marktorientiertes Unternehmen, das sich über die Erlöse seiner Markttransaktionen finanzieren muss, muss mit seiner Preisgestaltung ein Erlösmodell finden, das den Ressourcenaufwand für die Erzeugung von Produkten und Dienstleistungen tragen kann (Vgl. Jodlbauer, 2020, S. 1 f.). Diese Zusammenhänge werden im sog. *magischen Dreieck* eines Geschäftsmodells visualisiert (Vgl. Abb. 1.2). Magisch ist das Dreieck deshalb, weil die Optimierung einer der Dimensionen jeweils zu Gestaltungsfragen in den anderen Dimensionen führt (Vgl. Gassmann et al., 2021, S. 9). Die Geschäftsmodelloptimierung weist also eine Komplexität auf, die in der Praxis auch in der Umsetzung von Geschäftsmodellveränderungen zu größeren Herausforderungen führt.

Geschäftsmodellanalysen bilden insbesondere dann wichtige Instrumente, wenn ein Geschäftsmodell durch die Dynamik des Wettbewerbs geändert oder angepasst werden muss. Für diesen Fall stehen Vorgehensmodelle und Werkzeuge zur Verfügung, die Veränderungsmaßnahmen zur Entwicklung und Erneuerung von Geschäftsmodellen gestaltend begleiten können. Beispiele für derartige Analyse- und Gestaltungswerkzeuge sind das

Abb. 1.2 Das magische Dreieck eines Geschäftsmodells. (Eigene Darstellung in Anlehnung an Gassmann et al., 2021, S. 9)

Vorgehensmodell nach Jodlbauer (2020) und die Werkzeuge der Business Model Generation nach Osterwalder und Pigneur (2011). Es gibt jedoch keine einfache Methode zur direkten Analyse und Bewertung von Geschäftsmodellen. Für die Analyse von Unternehmen, Märkten und Umweltfaktoren sind daher methodisch bewährte Instrumente zu nutzen, wie sie bereits seit vielen Jahren erfolgreich eingesetzt werden.

Eine zentrale Dimension in einem Geschäftsmodell bildet die Wertschöpfungskette, also der konkrete Leistungserstellungsprozess eines Unternehmens. Im Mittelpunkt dieses Prozesses stehen die Ressourcen, die das jeweilige Unternehmen einsetzen kann, sowie die Kernkompetenzen, auf die es dabei bauen kann. Der amerikanische Ökonom *Michael E. Porter* machte dies bereits in den 1980ern mit seiner Analyse der Wertkette (engl. *Value Chain*) deutlich (Vgl. Porter, 1980). Die von *Porter* entwickelte Methode erlaubt die Identifizierung von Potenzialen, die das Erreichen von Wettbewerbsvorteilen für ein Unternehmen unterstützen können. Der Grundansatz dieser Methode liegt in der Sicht auf ein Unternehmen als Prozesslandschaft mit Eingangs- und Ausgangsfaktoren sowie einer zwischen diesen beiden Faktoren angeordneten Transformationsleistung. Die Ausführung der Prozesse von der Eingangs- bis zur Ausgangslogistik und dem Kundendienst bestimmt die Kosten, den Umsatz und damit den Gewinn des Unternehmens. *Porter* teilt die Prozesslandschaft in primäre und sekundäre Aktivitäten ein – diese Einteilung ist am Beispiel des Baumanagements in Abb. 1.3 visualisiert. Die Aktivitäten leisten jeweils einen Beitrag in der Wertschöpfung und unterstützen die Erzeugung eines Produkts oder einer Dienstleistung mit einem Kundennutzen und Wert (Vgl. Porter, 1985, S. 11 ff.).

Im Zuge einer Wertkettenanalyse lassen sich die entlang der Wertschöpfungskette genutzten Ressourcen und Kernkompetenzen identifizieren, die sich für das Erreichen eines Wettbewerbsvorteils eignen. Demnach leistet jede Einzelaktivität einen Beitrag zur Wertschöpfung, verursacht Kosten und muss daher isoliert betrachtet werden. Mittels einer

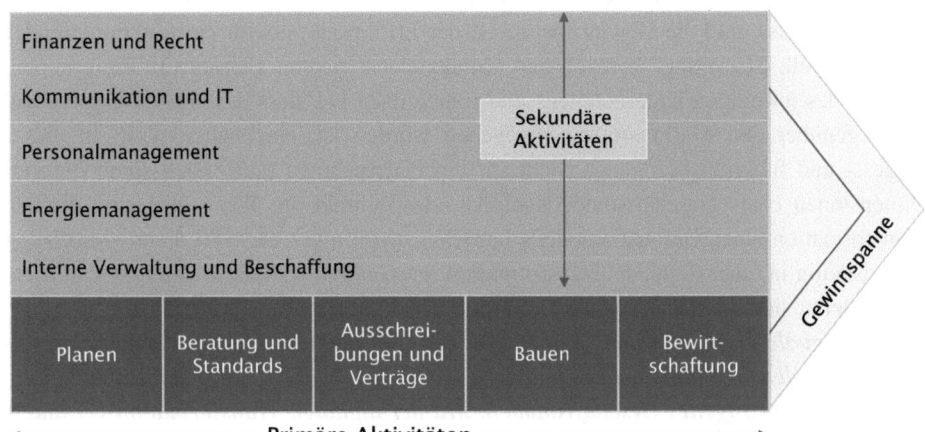

Abb. 1.3 Wertkette des Baumanagements. (Eigene Darstellung verändert nach Porter, 1985, S. 11)

Kosten-/Nutzenbetrachtung dieser Einzelaktivitäten können kostentreibende und wertsteigernde Faktoren gefunden werden, die für eine weitergehende Klassifizierung nutzbar sind. Die Aktivitäten, die einen besonders hohen positiven Wertbeitrag leisten, bieten sich für die Übernahme in das Kernkompetenzportfolio an. Aktivitäten, die kostenintensiv sind, sind Kandidaten für eine Substitution, z. B. durch externe Zulieferer oder Dienstleistungsunternehmen. Neben dem dargestellten Nutzen weist die kunden- und wertorientierte Analyse einige kritische Punkte auf, die sich wie folgt beschreiben lassen (Vgl. Herrmann & Huber, 2013, S. 70 f.):

- Die Einteilung bzw. Zuordnung der analysierten Einzelaktivitäten in/zu Primär- bzw. Unterstützungsaktivitäten erscheint nicht immer eindeutig und kann teilweise nicht trennscharf genug vorgenommen werden.
- Die unterstützenden Funktionen könnten zu wenig differenziert dargestellt werden.
- Die Quantifizierung des Nutzens einzelner Aktivitäten kann sich schwierig gestalten.
- Es überwiegt eine Funktionsorientierung gegenüber einer Prozessorientierung; unter Berücksichtigung dieses Punkts leiten sich Wettbewerbsvorteile häufig aus übergreifenden Prozessen bzw. der Kombination unterschiedlicher Ressourcen ab.
- In zahlreichen Branchen unterscheiden sich die Primäraktivitäten sowie die Verknüpfungen dieser Aktivitäten von ihrem Wertkettenmodell, d. h. das Modell der Wertkette bildet die relevanten Aktivitäten nicht zielführend ab.
- Für viele Dienstleistungs- und Serviceunternehmen lässt sich die Wertkettenanalyse nicht anwenden, da sich das Modell sehr an der industriellen Produktion orientiert.

Trotz der aufgelisteten kritischen Faktoren ist es wichtig, dass die Wertkette die betriebliche Prozesslandschaft repräsentiert und damit entsprechend der vorangehenden Argumentation das Geschäftsmodell eines Unternehmens ausformuliert. Primäre und sekundäre Aktivitäten stehen für den Prozessaufwand, den ein Unternehmen für seine Wertschöpfung aufbringen muss, und die Gewinnspanne ist der Erfolgsausweis für ein funktionierendes Ertragsmodell. Marketing, Vertrieb und Kundendienst richten sich an die Zielgruppen/Kunden des jeweiligen Unternehmens und tragen dazu bei, dass das Nutzenversprechen, das gegenüber den Marktpartnern abgegeben worden ist, eingehalten wird. In dieser prozess- und funktionsbezogenen Sicht auf ein Unternehmen bilden sich somit die vier Dimensionen eines Geschäftsmodells direkt oder indirekt ab. Wenn also eine digitale Transformation eines Geschäftsmodells betrieben wird, muss diese zu deren Umsetzung zwangsläufig in einer digitalen Transformation der Geschäftsprozesse abgebildet werden. Daraus leitet sich die nachfolgende Definition der digitalen Transformation ab:

Eine digitale Transformation bedeutet für ein Unternehmen eine Transformation seines bestehenden Geschäftsmodells und der zugehörigen Teilmodelle in ein durch digitale Technologien getragenes Geschäftsmodell. Mit der digitalen Transformation verändert sich insbesondere die Wertschöpfung des Unternehmens, die über die Konfiguration und Koordination seiner Geschäftsprozesse abgebildet wird.

Die aus dieser Definition folgenden Gestaltungsaufgaben zur Konfiguration und Koordination der Geschäftsprozesse bilden die Aufgabenbereiche des *Geschäftsprozessmanagements*. Diese werden im nachfolgenden Abschnitt näher betrachtet und erläutert.

1.2 Einführung in das Geschäftsprozessmanagement

Dieser Abschnitt definiert das Geschäftsprozessmanagement zunächst und ordnet es in den aufbau- und ablauforganisatorischen Zusammenhang von Organisationen ein. Weiterhin werden das Lebenszyklusmodell des Geschäftsprozessmanagements nach Dumas et al. (2021) sowie die einzelnen Phasen des Lebenszyklus, die durch dieses Modell repräsentiert werden, beschrieben. Mit diesen Darstellungen wird die hohe Bedeutung des Geschäftsprozessmanagements für die Ausgestaltung und Steuerung effizienter Geschäftsprozesse in einer Organisation, für die Digitalisierung von Organisationen sowie für die digitale Transformation der Geschäftsprozesse in diesen Organisationen aufgezeigt. Die Ausführungen orientieren sich an der industriellen Wertschöpfung zur Herstellung von physischen Produkten, sie lassen sich jedoch direkt auf das Erbringen von Dienstleistungen und damit auf die Wohnungs- und Immobilienwirtschaft übertragen.

1.2.1 Grundlagen und Orientierung

Mit dem Begriff *Management* werden Aktivitäten verbunden, die auf Basis einer Situationsanalyse und auf der Grundlage strategisch fundierter Annahmen und Zielstellungen Entscheidungsprozesse so gestalten, dass aus ihnen operativ umsetzbares Handeln resultiert, über dessen Feinabstimmung und Kontrolle eine Verbesserung der Ausgangslage erreicht werden kann. Auch das Geschäftsprozessmanagement (engl. *Business Process Management*) folgt diesem Anspruch und widmet sich der Gestaltung organisatorischer Belange in einer Art und Weise, die sinnvolle Ergebnisse erwarten lässt und insgesamt zu einer Ausnutzung von vorhandenen Verbesserungspotenzialen in Unternehmen führt.

Die Verbesserungspotenziale können in verschiedenen Interventionsebenen dargestellt werden. Im Sinne der Wettbewerbsfähigkeit liegen Verbesserungspotenziale vielfach in der *Effizienz* mit Blick auf Zielstellungen, die eine Kostenersparnis erwarten lassen. Zugleich ist die Dimension *Effektivität* prägend, wenn Unternehmen in ihrem Wettbewerb z. B. einem Innovationswettlauf ausgesetzt sind, den sie nur mit immer besseren Produkten und Dienstleistungen bestehen können. Der Effizienz bzw. Effektivität nachgelagerte Zielstellungen betreffen die Durchlaufzeiten für die Auftrags- und Vorgangsbearbeitung und das Qualitätsmanagement, welches Produktentwicklung und Prozessausführung gleichermaßen tangiert. Durch eine Projektierung von Maßnahmen können Verbesserungen einmalig umgesetzt und damit in radikalen Veränderungen erreicht werden. Sie können sich jedoch auch in kleinen Schritten und damit kontinuierlich vollziehen. In aller Regel bestehen sie nicht aus isolierten Aktivitäten, sondern umfassen – im Sinne der ganzheitlichen Definition von Management – ein Bündel von Analysen, Entscheidungen und Maßnahmen, welche die Organisation selbst sowie die Marktpartner eines Unternehmens in eine bessere Position bringen sollen.

Analysen, Ereignisse, Entscheidungen und resultierende Maßnahmen sind somit die Inhaltselemente der *Prozesslandschaft,* wie sie von einem Geschäftsprozessmanagement in der beschriebenen Form gestaltet werden muss. Diese Faktoren prägen die Prozesse im und zwischen Unternehmen. Sie bilden daher die Aktionsfelder für die Prozessorientierung als taugliche Philosophie eines Handelns, das die Wettbewerbsfähigkeit über ihre Erfolgsdimensionen *Effizienz* und *Effektivität* entwickeln und sichern möchte. Vor dem Hintergrund dieser Einordnung wird das Geschäftsprozessmanagement wie folgt definiert:

Geschäftsprozessmanagement als Führungsdisziplin widmet sich der Gestaltung einer betrieblichen Prozesslandschaft mit dem Ziel, die Wettbewerbsfähigkeit durch eine Optimierung und Ausnutzung von Effizienz- und/oder Effektivitätspotenzialen zu entwickeln und zu sichern. (Vgl. Abb. 1.4).

Nahezu alle organisierten Institutionen, wie z. B. Unternehmen, Behörden und Organisationen, die nicht auf eine Gewinnerzielung setzen, implementieren eine Prozesslandschaft. Typische Prozesse in dieser Landschaft sind die folgenden (Vgl. Dumas et al., 2021, S. 2):

- die Auftragsverarbeitung bis zu einem Zahlungseingang,
- eine Angebotserstellung bis zur Auftragserteilung,
- die Bestellabwicklung bis zur Bezahlung,
- eine Problemfeststellung bis zur -behebung oder
- die Antragstellung bis zur Genehmigung/Ablehnung.

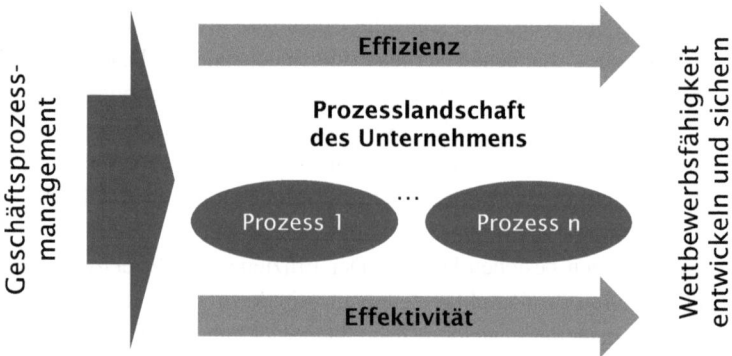

Abb. 1.4 Geschäftsprozessmanagement und Wettbewerbsfähigkeit. (Eigene Darstellung)

Die vorangehenden Beispiele zeigen, dass Geschäftsprozesse dann ins Spiel kommen, wenn Organisationen und Unternehmen das tun, was zur Bereitstellung von Produkten und Dienstleistungen für ihre Abnehmer notwendig ist. Wie bereits dargestellt, bestimmt die Gestaltung der Prozesse die im Markt registrierte Qualität der Leistung von Unternehmen sowie die Effizienz der Leistungserstellung im Rahmen der eigenen Wertschöpfung. Ein Unternehmen kann so zu Wettbewerbsvorteilen kommen, die aus einer überlegenen Gestaltung und damit dem besseren Management von Geschäftsprozessen resultieren. Von dieser Wettbewerbsorientierung sind die externen auf die Kunden ausgerichteten Prozesse sowie die internen Prozesse, die zur Erstellung von Leistungsbündeln notwendig sind, gleichermaßen betroffen (Vgl. Dumas et al., 2021, S. 3).

Verschiedene Prozesse weisen häufig eine sehr unterschiedliche Komplexität auf. Dies liegt darin begründet, dass sie die organisatorischen Einheiten, die sie tangieren, unterschiedlich intensiv beanspruchen. Auch hängt die zeitliche Dauer eines vollständigen Prozessablaufs von den einzelnen Prozessschritten ab, die wiederum in sehr unterschiedlicher Art und Weise konfiguriert sein können. Es gibt Prozesse, die sehr lange dauern, weil die einzelnen Prozessschritte nur nacheinander und in Abhängigkeit voneinander ausgeführt werden können. Andererseits gibt es zeitlich kurze Prozesse, die dennoch zahlreiche Prozessschritte enthalten können, deren Abarbeitung aufgrund ihrer Unabhängigkeit voneinander parallel erfolgen kann. Da Abhängigkeiten zwischen Prozessschritten bestehen, muss es Elemente geben, welche die Prozessabfolge steuern. Dabei handelt es sich um Ereignisse, die eine oder mehrere Bedingungen für das Auslösen von Prozessschritten feststellen, selbst aber keine Zeit verbrauchen.

Innerhalb der Prozessschritte und -aktivitäten werden einzelne Aufgaben verrichtet, die von Aufgabenträgern, i. d. R. Mitglieder der tangierten organisatorischen Einheiten, übernommen werden. Eine Aufgabe entspricht einer bestimmten Funktion, die in einem Prozess benötigt wird. Funktionen können auch von Informationssystemen ausgeführt werden, die die Aufgabenträger bei ihrer Prozessausführung unterstützen. Die genannten Elemente *Prozess, Prozessschritt, EreignisAufgabe, Aufgabenträger,* und *Funktion* kennzeichnen also diejenigen Gegenstände, die im Geschäftsprozessmanagement zu konfigurieren und zu koordinieren sind.

In Abb. 1.5 sind ein Prozessschritt mit seinen Aufgaben/Funktionen „Antrag prüfen" und „Antrag erfassen" sowie die Ereignisse, die sie auslösen oder aus ihnen resultieren (Kreise) dargestellt. Das „X" steht für die eindeutige Entscheidung, welche die Antragsdaten als „in Ordnung" oder „fehlerhaft" qualifiziert und alternative Ereignisse auslöst. Die Pfeile zeigen die Verarbeitungsrichtung an. Aus dieser Abbildung wird auch deutlich, dass es sich bei einem Geschäftsprozess um eine „Folge von Wertschöpfungsaktivitäten [...] mit einem oder mehreren Inputs und einem Kundennutzen stiftenden Output" (Schewe, 2018) handelt.

Dumas et al. (2021) sehen einen Geschäftsprozess „als die Gesamtheit von zusammenhängenden Ereignissen, Aktivitäten und Entscheidungspunkten, an der eine Reihe von Akteuren und Objekten beteiligt sind, die gemeinsam zu einem Ergebnis führen, das

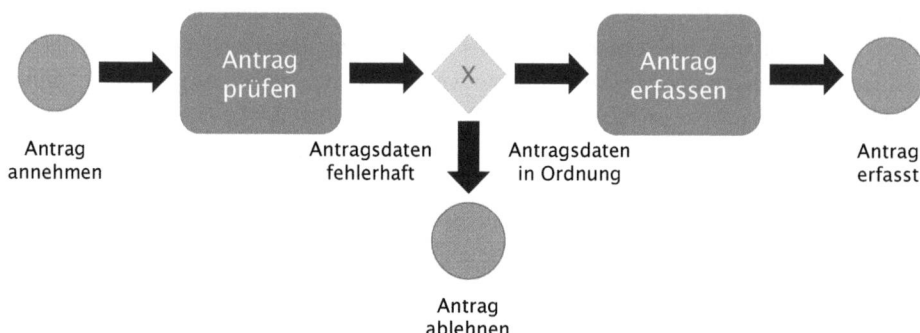

Abb. 1.5 Prozesssicht einer Auftragserfassung und –prüfung. (Eigene Darstellung)

für mindestens einen Kunden einen Mehrwert darstellt" (Dumas et al., 2021, S. 7). Es umfasst daher Methoden, Techniken und Werkzeugen, um Geschäftsprozesse zu identifizieren, zu erheben, zu analysieren, zu verbessern, auszuführen und zu überwachen, um deren Leistung zu optimieren.

Die bereits angeführte Verbindung von Geschäftsprozessen mit Informationssystemen bestätigt, dass sich eine Transformation, also eine grundlegende Veränderung von Strukturen, auf mehrere Ebenen beziehen muss. Neben der Ebene der Geschäftsprozesse ist eine Transformation der Ebene der Systeme und der Ebene der Infrastrukturen, die für den Systemaufbau und -einsatz benötigt werden, zu gestalten. Auf jeden Fall steht am Anfang immer eine Identifizierung der Prozesse, um überhaupt die gestalterischen Maßnahmen mit einem konkreten Aktionsfeld in Verbindung bringen zu können.

Geschäftsprozesse bilden die relevanten Handlungsfelder für die Wertschöpfung in Unternehmen. Es ist daher ein besonderer Systemeinsatz mit Fokus auf die Effizienz der betrieblichen Prozesslandschaft und auf eine Automatisierung von wiederkehrenden Arbeitsabläufen notwendig. Mit dem Einsatz von IT-Systemen können Redundanzen in der Vorgangsbearbeitung vermieden werden. Der Umgang mit der wichtigen Ressource Information erfolgt nach den Grundsätzen einer intelligenten Organisationsgestaltung. Durchlaufzeiten können verkürzt werden, die Effektivität der Prozesse steigt idealerweise bei nachhaltig fallenden Kosten. Die Bedeutung der Prozessorientierung und -optimierung sowie eines diesbezüglichen Systemeinsatzes ist daher für Organisationen i. d. R. hoch. Eine intelligente Organisationsgestaltung erfordert zudem einen Managementansatz, der die Geschäftsprozessorientierung der Organisation als die die Wettbewerbsposition absichernde Grundhaltung zur Geltung bringt.

Geschäftsprozesse gibt es in allen Unternehmen aller Branchen und unabhängig von ihrer Institutionalisierung als privatwirtschaftliche, kommunale oder staatliche Organisation. Sie erlauben eine Zerlegung umfänglicher Aufgabenstellungen in ihre Teilaufgaben, damit eine Bearbeitung arbeitsteilig erfolgen kann. Aufgrund ihrer Abhängigkeit vom

1.2 Einführung in das Geschäftsprozessmanagement

jeweiligen Geschäftsmodell eines Unternehmens sind dessen Geschäftsprozesse sehr spezifisch ausgestaltet. In den meisten Fällen werden sie ausgeführt, um Produkte und/ oder Dienstleistungen zu erstellen bzw. zu erbringen. Die Qualität der Prozessausführung bestimmt die betriebliche Leistung insgesamt. Effektivität und Effizienz von Geschäftsprozessen sind, wie bereits festgestellt, die Eigenschaften, mit denen sich ein Unternehmen im Wettbewerb durchsetzen kann. Die Teilfunktionen und Aktivitäten in einer Geschäftsprozessstruktur verbinden ein zeitlicher und ein logischer Zusammenhang, der den ökonomischen Zielen folgt. Prägend ist auch die Arbeitsteilung, nach deren organisatorischen Prinzipien die verschiedenen Prozessbeteiligten mit der gemeinsamen Absicht handeln, die Informationen und Prozessteilleistungen zur Erstellung von Produkt und/oder Dienstleistung zu verwenden (Vgl. Hansen et al., 2019, S. 92 ff.). „Die Bedeutung des Geschäftsprozessmanagements [...] rührt daher, dass einerseits informationsanalytische Methoden für die Analyse von Prozessen genutzt werden" und andererseits „bietet der Einsatz von Informationssystemen oft ein großes Potenzial, um Geschäftsprozesse besser zu organisieren. Dies gilt [...] insbesondere für Prozesse, die funktionsbereichsübergreifend sind und über Betriebsgrenzen hinaus reichen" (Hansen et al., 2019, S. 96). Geschäftsprozesse erlauben daher unterschiedliche Sichten auf ihre Inhaltselemente und deren Eigenschaften. Nachfolgend werden diese Sichten benannt (Vgl. Hansen et al., 2019, S. 97 ff.):

- *Funktionssicht* mit der funktionalen Gliederung von Prozessen und ihrem zeitlichen und sachlogischen Zusammenhang.
- *Steuerungssicht,* die alle Aspekte eines Prozesses umfasst, die mit der Ausführung von Vorgängen und den sie auslösenden Ereignissen und Ablaufregeln zwischen den Funktionen verbunden sind.
- *Datensicht,* da im Zusammenhang mit der Integrationsleistung alle Informationen in ihrer unterschiedlichen Struktur beschrieben und erzeugt werden müssen.
- *Organisationssicht,* welche die Verbindung zur Aufbauorganisation darstellt und damit die Prozessbeteiligten als Aufgabenträger oder Stelleninhaber definiert bzw. die Prozessbeteiligten organisatorischen Einheiten zuordnet.
- *Leistungssicht,* die das Produkt sowie Zwischen- und Vorleistungen im Funktionsverbund umfasst.

Diese Strukturierung in Sichten findet sich auch in der Definition für die *Architektur Integrierter Informationssysteme (ARIS)* (Vgl. Scheer, 1994, S. 11). Die in ARIS genutzten Methoden zur Beschreibung dieser Sichten orientieren sich an den Geschäftsprozessen, die unterstützt werden sollen. Im Rahmen der Softwareentwicklung und ausgehend von der Problembeschreibung in einer Fachabteilung wird zunächst ein Fachkonzept erstellt. Daraus können Vorgaben für die DV-technische Umsetzung in einem DV-Konzept abgeleitet werden, aus dem sich schließlich die Implementierung konkretisieren lässt. Abb. 1.5 visualisiert eine solche Beschreibung im Ausschnitt und stellt so einen Teil der

Steuerungssicht dar. In Projekten der Softwareentwicklung werden die Sichten auf die Inhaltselemente von Geschäftsprozessen so detailliert beschrieben, dass die Anwendungsentwicklung die Prozessanforderungen möglichst umfassend, also unter Einschluss aller Sichten, berücksichtigt. Mit Bezug zur Prozesslandschaft von Organisationen ergeben sich zwei typische Aufgabenstellungen: Erstens müssen Prozesse *konfiguriert* und zweitens müssen sie *koordiniert* werden. Die beiden Aufgaben stehen für zwei mögliche Dimensionen der Prozessgestaltung, nämlich die *Prozessstatik* als Konfigurationsaufgabe und die *Prozessdynamik* als Koordinationsaufgabe. Im Geschäftsprozessmanagement werden beide Aufgabenfelder adressiert, deren Charakteristiken einerseits die Prozessarchitektur bestimmen und andererseits die Systemunterstützung parametrisieren.

1.2.2 Lebenszyklus von Geschäftsprozessen

Ebenso wie zahlreiche Objekte und Systeme unterliegen auch Geschäftsprozesse einem Lebenszyklus und weisen damit unterschiedliche Status auf. Vor diesem Hintergrund bilden die Aktivitäten des Geschäftsprozessmanagements keine einmaligen Maßnahmen, sondern sie folgen vielmehr einer dauerhaften Optimierung. So lassen sich die Lebenszyklusphasen eines Geschäftsprozesses wie folgt beschreiben (Vgl. Dumas et al., 2021, S. 25 ff.):

- Prozessidentifizierung: Im Zuge der *Prozessidentifizierung* werden Geschäftsprozesse, die für ein zu lösendes Problem benötigt werden, identifiziert, voneinander abgegrenzt und in Beziehung zueinander gesetzt. So entsteht eine aktuelle Prozessarchitektur mit einem Gesamtbild der Geschäftsprozesse, die es in einer Organisation gibt. Die Prozessarchitektur erlaubt eine Auswahl von Prozessen, die danach detaillierter betrachtet werden sollten. Damit verbunden sind üblicherweise auch die den Prozess beschreibenden Kennzahlen.
- Prozesserhebung: Mit der *Prozesserhebung* wird der aktuelle Status der identifizierten Geschäftsprozesse in Form von Ist-Modellen dokumentiert.
- Prozessanalyse: Im Schritt *Prozessanalyse* werden Schwachstellen und Probleme des bestehenden Geschäftsprozesses identifiziert und dokumentiert, i. d. R. auch mit den relevanten Geschäftsprozesskennzahlen. Daraus resultiert eine Problemliste, deren Inhalt nach Auswirkung und Lösungsaufwand mit Prioritäten versehen wird.
- Prozessverbesserung: In der *Prozessverbesserung* sollen Verbesserungsoptionen gefunden werden, um die identifizierten Schwachstellen eliminieren, die Probleme lösen und die Ziele einer neuen Prozessleistung erreichen zu können. Dazu müssen Alternativen erarbeitet werden, deren jeweilige Kennzahlen vergleichend analysiert werden. Geschäftsprozessverbesserung und -analyse erfolgen dabei integriert. Die für eine Verbesserung tauglichsten Optionen werden schließlich ausgewählt und zur Prozessoptimierung verwendet. So entsteht ein *Soll-Modell des Geschäftsprozesses*.

- Prozessimplementierung: In der Phase *Prozessimplementierung* muss die Ablösung des *Ist* durch das erarbeitete *Soll* erfolgen. Dies umfasst zwei Aktivitäten, nämlich erstens ein organisationsbezogenes Änderungsmanagement zur Veränderung der Arbeitsweisen und zweitens eine Prozessautomatisierung, die sich auf die Entwicklung und Einführung von Informations- und Kommunikationstechnik bezieht, mit welcher der zukünftige Geschäftsprozess unterstützt werden soll.
- Prozessüberwachung: Nach Einführung der neuen Prozessvariante können im Zuge einer *Prozessüberwachung* die wichtigen Daten und Informationen, die bei der Ausführung entstehen, analysiert sowie die Leistungsfähigkeit gemessen und bewertet werden. Zur Beseitigung von dabei noch festgestellten Fehlern und/oder Abweichungen werden korrigierende Maßnahmen eingeleitet. Mit dem erneuten Durchlaufen der Phasen im Lebenszyklus des Geschäftsprozesses können dann erneut notwendige Optimierungen angestrebt werden.

Abb. 1.6 zeigt die Zusammenhänge und Lebenszyklusphasen von Geschäftsprozessen in einer grafischen Darstellung. Diese Darstellung ist hilfreich, wenn insbesondere ein Verständnis des Stellenwerts der Informations- und Kommunikationstechnik für das Geschäftsprozessmanagement aufgebaut werden soll. Technologien, vornehmlich Informationstechnologien, sind i. d. R. die Befähiger von Optimierungen innerhalb einer betrieblichen Prozessarchitektur. Deshalb spielen die Experten des jeweiligen Fachbereichs für das Geschäftsprozessmanagement eine wichtige ergänzende Rolle. Für ein detailliertes Prozessverständnis als Voraussetzung z. B. für eine Prozessautomatisierung müssen insbesondere Prozessanalysten vorgenommen werden. Die Fachexperten verstehen die Probleme, die einen spezifischen Prozess betreffen, und verfügen über ein valides Urteilsvermögen, um die geeigneten Maßnahmen für eine Prozessverbesserung zu identifizieren. Dies bestätigt, dass die Gestaltung und Verbesserung der Geschäftsprozesse im Mittelpunkt stehen müssen, nicht deren Automatisierung zum Selbstzweck (Vgl. Dumas et al., 2021, S. 27).

Entlang des Lebenszyklus von Geschäftsprozessen werden eine Reihe von Methoden und Werkzeugen zur Identifikation von Prozessen sowie zur Steuerung einzelner Prozesse eingesetzt. Mit der Nutzung der geeigneten Werkzeuge muss sichergestellt werden, dass die Geschäftsprozesse und deren Weiterentwicklung an den strategischen Zielen der Organisation ausgerichtet werden. Somit sollten Kennzahlensysteme, Richtlinien und Konventionen vorhanden sein, welche diese Ziele abbilden und messbar machen und schließlich eine Nachsteuerung und Optimierung dieser Prozesse erlauben. Auch ist es wichtig, eine Kultur in der jeweiligen Organisation zu etablieren, die Prozessanpassungen an neue Marktgegebenheiten fördert und das Prozessdenken impliziert. Zusammenfassend ist festzustellen, dass das Geschäftsprozessmanagement ebenso großen Einfluss auf einen nachhaltigen Unternehmenserfolg hat, wie andere Managementdisziplinen einer Organisation, beispielsweise das Risikomanagement oder das Leistungsmanagement (Vgl. Dumas et al., 2021, S. 30).

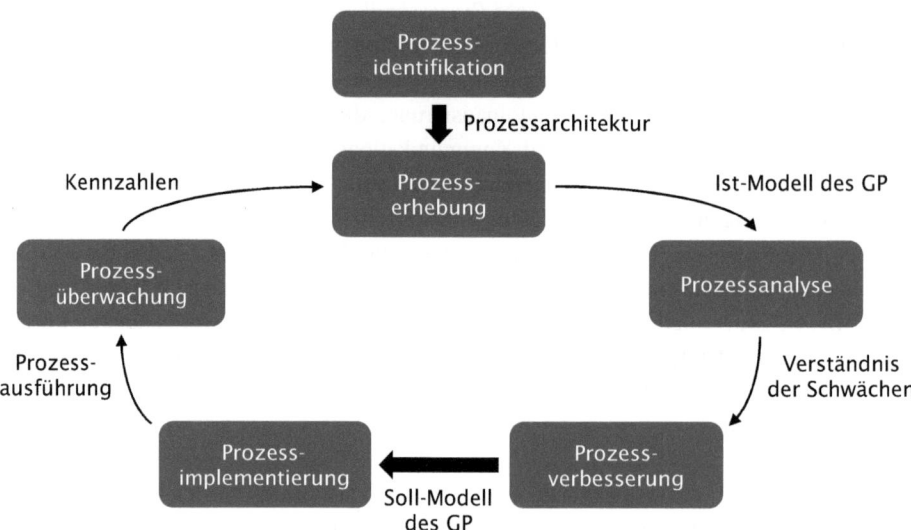

Abb. 1.6 Prozessmanagement im Lebenszyklusmodell. (Eigene Darstellung in Anlehnung an Dumas et al., 2021, S. 26)

1.3 Grundlagen der Digitalisierung von Geschäftsprozessen

Die Digitalisierung von Geschäftsprozessen steht in direktem Zusammenhang mit der Digitalisierung von Geschäftsmodellen, Produkten und Dienstleistungen sowie Softwarediensten. Der Begriff beschreibt jedoch keine Vollautomatisierung der Prozesse, sondern vielmehr können Softwaresysteme, die einen Prozess steuern, Aktionen umfassen, welche von Menschen oder Cyber Physischen Systemen (CPS) angestoßen und ausgeführt werden (Vgl. Fleischmann et al., 2018, S. 10 f.). Eine Einordnung der Digitalisierung von Geschäftsprozessen sowie eine Diskussion der gestaltenden Aspekte dieser Digitalisierung werden in den nachfolgenden Abschnitten vorgenommen.

1.3.1 Geschäftsprozessbeschreibung und Kennzahlen zur Erfolgsmessung

Ausgehend von den bisherigen Ausführungen lässt sich eine Geschäftsprozessbeschreibung in drei Perspektiven aufteilen: Zunächst legt eine *Prozessstrategie* den Zweck, die Eingangsgrößen bzw. den Input und die Ausgangsgrößen bzw. den Output eines Vorgangs fest. Prozessauslöser ist ein Ereignis, das den Vorgang, in einem Unternehmen i. d. R. eine Leistungserstellung, in Gang setzt. Der Input soll in das geplante Ergebnis

1.3 Grundlagen der Digitalisierung von Geschäftsprozessen

transformiert und dem Leistungsempfänger verfügbar gemacht werden. Der Geschäftsprozess ist auf diese Art wertschaffend und für den entstandenen Wert kann ein Ertrag erzielt werden. Diese prozessstrategische und äußere Sicht eines Geschäftsprozesses hat im zweiten Gedankenschritt eine *Prozesslogik,* welche aus einer inneren Perspektive die Organisationseinheiten und ihr Handeln im Verbund beschreibt. Die einzelnen Prozessschritte werden in einer sachlich und zeitlich sinnvollen Reihung ausgeführt und Teilergebnisse von den Funktionsträgern und Stellen koordiniert weitergegeben. Handelnde Stellen können Menschen, Maschinen und Informationssysteme sein, wobei in der modernen Organisation die digitalen Elemente, also oftmals durch Software gesteuerte Einheiten, die Ablaufregelung nach dem definierten Prozessmodell übernehmen. Als Hilfsmittel bei der Prozessausführung kommen Informationen, Anwendungsprogramme und/oder maschinelle Werkzeuge zum Einsatz. Im Zuge der *Prozessrealisierung,* der dritten Perspektive der Prozessbeschreibung, können die Ressourcen so eingesetzt werden, dass mehrere Prozessinstanzen parallel und unabhängig voneinander ablaufen können.

Aus den geschilderten Perspektiven heraus stehen die Geschäftsprozesse als Ebene zwischen dem Geschäftsmodell, das mit der Unternehmensstrategie und -architektur verbunden ist, und den Informationssystemen und ihrer Infrastrukturen, welche die Prozessausführung unterstützen. Für die Entwicklung von Informationssystemen und IT-Anwendungen zur Digitalisierung von Geschäftsprozessen müssen daher definierte Vorgaben eingehalten werden, damit die Definition der Prozessmodelle den Anforderungen an eine optimale Entwicklung von Informationssystemen sowie höchster Informationssicherheit gerecht werden kann (Vgl. Elstermann et al., 2023, S. 5 f.).

Im vorangehenden Abschnitt ist aufgezeigt worden, dass neue und/oder geänderten Geschäftsprozesse die Optimierung und Umsetzung eines auf diese Prozesse basierenden Geschäftsmodells und der zugehörigen Unternehmensstrategie zum Ziel haben. Damit ist es erforderlich, diese Zielstellungen sowie die Qualität und Quantität der Zielerreichung messbar zu machen. Für die Beschreibung der Leistungsfähigkeit eines Geschäftsmodells werden sog. *Key Performance Indicators (KPI)* genutzt. Dabei handelt es sich üblicherweise um Erlös- und Kostengrößen, welche der Hierarchie der Organisation folgend in Gesamtunternehmens-, Bereichs- und Abteilungsstatistiken festgehalten werden und insbesondere die Effektivität der Organisationseinheiten ausweisen. In den Geschäftsprozessen werden diese KPI als Vorgaben verwendet und dienen als Orientierung für die Effizienzziele des Geschäftsprozessmanagements. Aus diesen Vorgaben resultieren wiederum die Prozesskennzahlen, *Process Performance Indicators (PPI)),* als Detaillierung der Ziele aus dem Geschäftsmodell (Vgl. Abb. 1.7). Die Prozessarchitektur muss so gestaltet werden, dass eine Messung der Indikatoren möglich ist. Sollte dies nicht der Fall sein, muss sie entsprechend angepasst werden. In einigen Fällen kann es notwendig sein, alternative Größen zu bestimmen, deren Messung einen Bezug zu den eigentlichen KPI zulässt. In jeden Fall müssen für die Prozesskennzahlen die Zielwerte bestimmt werden, die ein optimierter oder neu gestalteter Geschäftsprozess erreichen muss. Von den Phasen der Problemidentifizierung bis zur Inbetriebsetzung eines Geschäftsprozesses

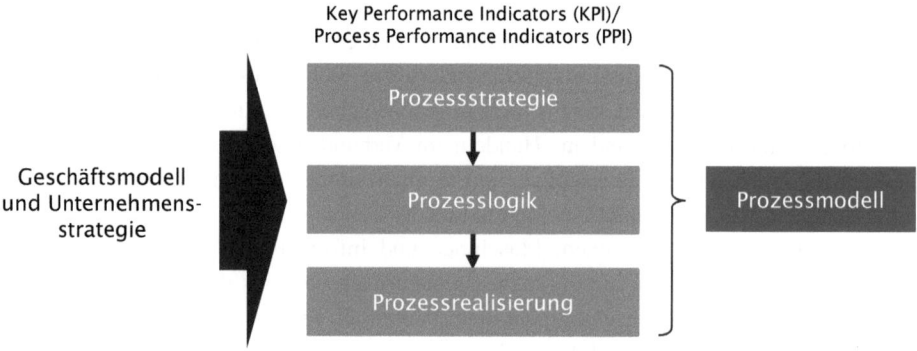

Abb. 1.7 Geschäftsprozessbeschreibung und Indikatoren. (Eigene Darstellung)

muss kontinuierlich überprüft werden, ob die festgelegten Ziele erreicht werden können (Vgl. Elstermann et al., 2023, S. 7 f.).

Um Prozessmodelle für die Digitalisierung verwertbar zu machen, werden weitere Konzepte benötigt, die insbesondere eine Visualisierung der verschiedenen Architekturen und Perspektiven unterstützen. Dazu gehören Vorgehensmodelle und Beschreibungssprachen, wie sie für verschiedene Verwendungszusammenhänge vorliegen. Beispiele sind die Frameworks des *Total Quality Management (TQM)*, der *European Foundation for Quality Management (EFQM)* oder das *Zachman Framework* für das Unternehmensarchitekturmanagement sowie die *IT Infrastructure Library (ITIL)* für das IT-Management. Die *(erweitere) Ereignisgesteuerte Prozessketten ((e)EPK)* und die *Business Process Model and Notation (BPMN)* eignen sich für die Visualisierung von Prozesslogiken (Vgl. Elstermann et al., 2023, S. 9 f.).

1.3.2 Digitalisierung von Geschäftsprozessen (Methodik)

Die Digitalisierung steht heute bei der Transformation der Wertschöpfung eindeutig im Mittelpunkt. Digitalisierung bedeutet in diesem Kontext Digitalisierung von Geschäftsmodellen und Geschäftsprozessen oder von Teilen von Geschäftsprozessen. Nicht immer ist damit eine Vollautomatisierung der Prozesslandschaft verbunden. Sehr häufig agieren Menschen und Systeme in einem sozio-technischen Verbund, wobei die Einsatzsteuerung beim Menschen sowie zunehmend auch bei Programmen und Systemen liegen kann. So wird in der Industrie 4.0 zum Beispiel „die Kommunikation zwischen Menschen, Maschinen und Werkstücken angestrebt" (Fleischmann et al., 2018, S. 10). Diese Anforderungen müssen in einem Prozessmodell abgebildet werden, denn die vorangehend erläuterten Zusammenhänge „müssen bei der Modellbildung bereits mit einfließen,

1.3 Grundlagen der Digitalisierung von Geschäftsprozessen

um die technische Implementierung von Prozessen zu erleichtern, ohne jedoch bereits Implementierungsdetails vorweg zu nehmen" (Fleischmann et al., 2018, S. 10).

Aktivitäten, deren genaue Ablauflogik bei der Modellierung noch nicht bekannt ist, sollten im Zuge der Modellbildung gekennzeichnet werden. Auch müssen die Aktivitäten so detailliert beschrieben werden, dass erkennbar ist, ob sie im Rahmen einer vollständigen oder teilweisen Digitalisierung oder in einer manuellen Ausführung umgesetzt werden. Bei der Prozessgestaltung müssen die fachlichen Anforderungen immer im Vordergrund stehen – nicht die Funktionalität eines Informationssystems, das sich als vermeintlicher Problemlöser anbietet, weil es ggf. bereits vorhanden ist. Vor einer Änderung der Organisationsstruktur sollte somit geprüft werden, ob eine ideale fachliche Umsetzung durch die Anpassung eines Informationssystems erzielt werden kann (Vgl. Elstermann et al., 2023, S. 10 f.).

Nach Erstellung eines Geschäftsprozessmodells muss dies in die Organisationsstruktur eines Unternehmens integriert werden. Im Rahmen der Integration werden die Aktivitäten und Tätigkeiten den organisatorischen Einheiten und Stellen zugeordnet. Die Ablauflogik kann dabei von Prozessinstanz zu Prozessinstanz variieren, da nicht immer die gleichen Organisationseinheiten für spezifische Ablaufvarianten der Prozesse aktiv werden müssen. So können z. B. unterschiedliche Abteilungen in Bestellprozessen für die Beschaffung unterschiedlicher Produkte oder Dienstleistungen zuständig sein. Wichtig ist, dass alle Regeln so abgebildet werden, dass ein Geschäftsprozess umfänglich und in allen möglichen Laufzeitausprägungen mit der Aufbauorganisation verbunden wird. Wenn Aktivitäten im Prozess vorhanden sind, deren Ausführung von Informationssystemen übernommen wird, muss dies exakt modelliert werden, um die Ablauflogik vollständig und richtig zu beschreiben. Je genauer eine mögliche Digitalisierung bereits im Modell erkennbar ist, umso unproblematischer sollte die eigentliche Umsetzung sein. Eine andere Art der Softwareeinbindung bildet die Integration von intelligenten Einheiten zur Steuerung des Geschäftsablaufs. Softwaresysteme, welche eine solche Steuerung unterstützen, werden als *Process oder Workflow Engine* bezeichnet. Idealerweise können diese Engines die Geschäftsprozessbeschreibungen direkt übernehmen und ausführen.

Nach Abschluss der Integration in die Organisation und in die IT-Infrastruktur kann der implementierte Geschäftsprozess genutzt werden, d. h. es können ab diesem Zeitpunkt echte Geschäftsvorfälle als Instanzen die Prozesslogik des Modells konkret durchlaufen. Im laufenden Betrieb können damit die *Prozesskennzahlen/Process Performance Indicators* gemessen und mit den Zielwerten verglichen werden. Der Vergleich lässt sich heute in Echtzeit ausführen, was ein direktes Reagieren bei Abweichungen ermöglicht. Oftmals reichen jedoch Vergleiche über Zeitintervalle aus, um nachlaufend Anpassungen vornehmen zu können. Dieses Monitoring und die Ergebnisse von Kennzahlenvergleichen werden in der Praxis über Prozesscockpits visualisiert (Vgl. Elstermann et al., 2023, S. 13 f.).

1.4 Geschäftsprozessmodellierung

Die Modellierung von Geschäftsprozessen dient der Unterstützung des Geschäftsprozessmanagements. Sie umfasst die Konstruktion, Wartung und Anwendung konzeptioneller Modelle der Geschäftsprozesse von Organisationen. Damit dient die Modellierung der Gestaltung von Anwendungssystemen und Organisationen aus Sicht dieser Abläufe. Ziel ist die Planung, Steuerung und Kontrolle von inner- und überbetrieblichen Prozessen, um die Ablauf- und Aufbauorganisation von Unternehmen und anderen Organisationen möglichst effizient und mit qualitativ hochwertig auszurichten (Vgl. Becker, 2019). Um ein Verständnis für Modelle und das einschlägige Instrumentarium für die Gestaltung von Geschäftsprozessen herzustellen, werden diese beiden Punkte nachfolgend ausführlich behandelt.

1.4.1 Modelle und Modellbildung

Wenn bestimmte Sachverhalte der Umwelt beobachtet und beschrieben werden, erfolgt eine Orientierung an den Aspekten und den Objekten sowie den Beziehungen zwischen diesen Objekten. Dabei erfolgt eine Reduzierung auf die Sachverhalte, welche für den jeweiligen Beobachter von Interesse sind. Wenn diese Aspekte, Objekte und Beziehungen einer bestimmten Ordnung folgend visualisiert werden, entsteht ein Modell der interessierenden Wirklichkeit und seiner Eigenschaften. Damit ist der Kern einer Modellierung und der Modellbildung bereits erläutert.

Die Modellierung und Modellbildung findet sich in vielen Wissenschaftsgebieten, so in der Philosophie, der Soziologie, der Physik, der Chemie, in den Ingenieurwissenschaften und in der Ökonomie. Die jeweils genutzten Modelle haben unterschiedliche Zwecke. Einerseits sorgen sie für eine Abbildung einer Realität aus der Wirklichkeit, andererseits können sie verwendet werden, um die Realität nach einer Veränderung bestimmter Eigenschaften zu überprüfen. Dies geschieht zum Beispiel bei *Simulationen,* um durch eine Änderung bestimmter Modelleigenschaften das Verhalten des Modells insgesamt zu untersuchen. Solche Simulationen kommen im Zusammenhang mit Prozessmodellen häufig zum Einsatz. So besteht das Ziel von digitalen Zwillingen, also von virtuellen Abbildern von realen Prozessen, beispielsweise darin, das reale Laufzeitverhalten einer Prozessumgebung in einem Modellsystem nachzubilden. Simulationen stellen demnach „eine gewünschte Wirklichkeit dar" (Fleischmann et al., 2018, S. 22). Die Ergebnisse von Simulationen können die Wirklichkeit auch verändern, wenn die in der Simulation angewendeten Eigenschaften im realen Prozessablauf genutzt werden. Diese Abbildung und die damit verbundene Gestaltung der Wirklichkeit stellt das wichtigste Ziel der Modellbildung dar (Vgl. Elstermann et al., 2023, S. 21).

1.4 Geschäftsprozessmodellierung

Im Prozessmanagement lässt sich ein Wissenserwerb in einem Regelkreis für die Modellbildung ausmachen: So stellt die beobachtete Wirklichkeit das Verhalten einer Zielgruppen eines Unternehmens dar, das in der Marktbearbeitung initial erkundet wird. Das Unternehmensziel, das Geschäftsmodell und die Architektur des Unternehmens bestimmen seine Geschäftsprozesse, die in einem Modell beschrieben werden können. Die Leistungsfähigkeit der Prozesse lässt sich über die Prozesskennzahlen messen. Deren Analyse führt zu Aktionen, welche die Wirklichkeit durch die Änderungen von bestehenden Prozessen oder die Einführungen neuer Geschäftsprozesse in der Prozesslandschaft neugestalten. Diese Prozesslandschaft ist wiederum die Quelle neuer Prozesskennzahlen, die nach einer erneuten Analyse zu weiteren Veränderungsmaßnahmen führen (Vgl. Elstermann et al., 2023, S. 22 f.). Die beschriebene Regelkreischarakteristik des Erkenntnisgewinns über Modellierung und Modellbildung unterstreicht die Relevanz der Modelleigenschaften, die nachfolgend skizziert werden (Vgl. Elstermann et al., 2023, S. 23 ff.):

- Abbildungseigenschaft: Modelle sind immer Modelle von Sachverhalten als Originale. Dabei können sie *Abbildungen oder Repräsentationen* eines natürlichen oder künstlichen Sachverhalts darstellen, wobei der Sachverhalt selbst auch ein Modell sein kann. Es gibt eine Vielzahl von Modellen, wie zum Beispiel gedankliche Vorstellungen, sprachliche Beschreibungen oder technische Zeichnungen von Gebäuden. Jedes Modell besitzt eine bestimmte Anzahl von Attributen, die als Merkmale und Eigenschaften von Objekten, Beziehungen zwischen Objekten und Eigenschaften von Beziehungen das Modell und damit die Realität, die ein Modell abbildet, näher bestimmen.
- Verkürzungsmerkmal: Ein Modell kann normalerweise nicht alle Attribute des betrachteten Sachverhalts und damit des Originals enthalten, sondern nur die Attribute, die für den Modellierer eine Relevanz haben. Die Beschränkung auf eine gewisse Menge von Attributen verkürzt den Modellumfang zwar, reduziert ihn jedoch gleichzeitig auf die Elemente, die für den Modellzweck notwendig und hinreichend sind. Somit stellt die *Verkürzung* zugleich eine pragmatische Vorgehensweise dar.
- Pragmatismusmerkmal: Nach der für das Modell notwendigen Auswahl der relevanten Attribute muss geprüft werden, ob mit diesem Beschreibungsumfang der Zweck der Modellierung erreicht werden kann. Damit wird geprüft, ob die Modellbildung für die Instanz ausreicht, die das Modell nutzen möchte. Das Modell muss über einen bestimmten Zeitraum stabil und zuverlässig sein. Da sich die betrachtete Wirklichkeit verändern kann, müssen Modelle diese Dynamik berücksichtigen. Diese Anforderung an einen *Pragmatismus* stellen die Modellierer vor Herausforderungen, da die notwendige Komplexität eines Modells seiner guten Handhabbarkeit widersprechen kann.

Es gibt zahlreiche Modelle in unterschiedlichen Wissenschaftsgebieten, welche die Geschäftsprozessmodellierung explizit oder implizit beeinflussen. Geschäftsprozesse haben häufig einen sozio-technischen Hintergrund, weil in ihrem Rahmen Menschen mit Maschinen kooperieren und kollaborieren. Es ist daher offensichtlich, dass die Modelle der Organisationstheorie einen relevanten Einfluss auf die Geschäftsprozessmodellierung haben. Hier sind die Funktions- und Prozessorientierung sowie Modelle zu berücksichtigen, die in diesem Kontext eine größere Rolle spielen. Genannt seien der *Taylorismus* als Modell für eine extrem funktionsorientierte Organisation, die Ergänzung der extremen Arbeitsteilung durch die Fließbandproduktion bei Ford Automotive sowie die organisationstheoretischen Ansätze insbesondere aus der japanischen Industriegeschichte, die Grundlagen der Prozessorientierung bilden (Vgl. Dumas et al., 2021, S. 10 ff.).

Dem Taylorismus und seiner den arbeitenden Menschen steuernden und verwaltenden Grundeinstellung widersprechend geht die *Theorie des kommunikativen Handelns nach Habermas* von einer Einsicht aus, zu der jeder Mensch fähig ist. Durch die Kommunikation, die zwischen Menschen möglich ist, kommen diese zu einem gemeinsamen und vernünftigen Handeln (Vgl. Fleischmann et al., 2018, S. 26). Einen ähnlichen Ansatz verfolgt der Soziologe *Luhmann*. Dieser „lässt ausschließlich Kommunikation als konstituierenden Aspekt für Organisationen zu – Kommunikation findet nicht zwischen Menschen statt, sondern zwischen mindestens zwei informationsverarbeitenden Prozessoren" (Fleischmann et al., 2018, S. 26). Damit sieht *Luhmann* die Kommunikation abstrakter als *Habermas* und betrachtet das Gesamtsystem somit eher als ein sozio-technisches System (Vgl. Elstermann et al., 2023, S. 27 f.).

Mit der Kombination der verschiedenen Ansätze von *Taylor, Habermas* und *Luhmann* und deren Verengung auf die Wertschöpfung, wird erkennbar, dass eine Organisation nicht nur gesamte Systeme umfasst, sondern auch Subsysteme als Ordnungsprinzip adressiert. So lassen sich auch die Modelle deuten, die für das Subsystem Unternehmen als Unternehmensorganisation bekannt sind, die wiederum nach Ordnungsprinzipien ebenfalls arbeitsteilig gestaltet werden kann. Neben der Unternehmensorganisation ist das Geschäftsprozessmanagement eine Disziplin der Betriebswirtschaftslehre, denn „Geschäftsprozesse dienen dazu die Wirtschaftlichkeit eines Unternehmens zu verbessern, und zwar mit all den zugehörigen Aspekten wie Kundenzufriedenheit, Mitarbeitermotivation, Einbindung von Partnern usw." (Fleischmann et al., 2018, S. 28). Mit dem Geschäftsmodell wird bereits zu Beginn dieses Kapitels ein Modell der Betriebswirtschaftslehre thematisiert, das direkten Einfluss auf das Geschäftsprozessmanagement hat. Und mit dem *Business Model Generation* ist ein Instrumentarium bekannt, mit dem sich Geschäftsmodelle beschreiben lassen. Aus den Teilmodellen und Bereichen eines Geschäftsmodells lassen sich die Prozesskennzahlen ableiten, die zugleich den Entwurf der Geschäftsprozesse tangieren. Stehen die Effizienz, die Kosten und damit eher niedrige Preise im Vordergrund, werden die Geschäftsprozesse nach diesen Dimensionen ausgerichtet, während eine Fokussierung auf die Effektivität und damit die Qualität der Prozessleistung zu einer anderen Schwerpunktsetzung führen.

1.4 Geschäftsprozessmodellierung

Eine Verbindung zwischen Geschäftsmodell und Strategie schafft die *Balanced Scorecard*, ebenfalls ein Modell der Betriebswirtschaftslehre, um ein Unternehmen aus verschiedenen Perspektiven zu beschreiben und Handlungsalternativen daraus abzuleiten. Auf der Basis von Vision und Unternehmensstrategie werden darin die Perspektiven Kunde, interne Geschäftsprozesse, finanzielle Struktur sowie Lern- und Entwicklungsprozesse mit ihrer jeweiligen Zielstellung, den relevanten Kennzahlen und den Vorgaben beschrieben (Vgl. Elstermann et al., 2023, S. 34).

Auch die für das Qualitätsmanagement bereits genannten Vorgehensmodelle *TQM* und *EFQM* stellen betriebswirtschaftliche Konzepte dar, mit denen das Qualitätsmanagement betrachtet wird. So stellt das *Total Quality Management (TQM)* die Optimierung der „Qualität von Produkten und Dienstleistungen eines Unternehmens in allen Funktionsbereichen und auf allen Ebenen durch Mitwirkung aller Mitarbeiter" (Fleischmann et al., 2018, S. 32) in den Mittelpunkt, während die *European Foundation for Quality Management (EFQM)* „Organisationen Hilfestellung für den Aufbau und die kontinuierliche Weiterentwicklung eines umfassenden Managementsystems" (Fleischmann et al., 2018, S. 33) anbietet. Ein dem TQM in abgeschwächter Form ähnliches Qualitätsmanagement beschreibt der Standard *EN ISO 9001* (Vgl. Elstermann et al., 2023, S. 34 ff.).

Die Modelle der Wirtschaftsinformatik verbinden i. d. R. Aspekte aus dem ökonomisch-sozialen und dem Bereich der Informatik, um daraus die Vorgaben für eine Informationssystementwicklung abzuleiten. Die Modelle beschreiben somit soziotechnische Systeme. Wichtige Vertreter sind die *IT Infrastructure Library (ITIL)* für das IT-Management und *die Control Objectives for Information and related Technology (COBIT)* für das IT-Service-Management (Vgl. Elstermann et al., 2023, S. 38 f.). Die *Architektur Integrierter Informationssysteme (ARIS)* (Vgl. Scheer, 1994, S. 11), die bereits in Abschn. 1.2.1 angeführt worden ist, stellt ein Rahmenwerk zur Definition von Unternehmensmodellen dar, welches die Daten-, Funktions-, Organisations-, Steuerungs- und Leistungssicht umfasst. Für jede Sicht sieht ARIS eine Reihe von Modelltypen für die Dokumentation vor und weist eine sehr enge Beziehung zum Geschäftsprozessmanagement und zur Geschäftsprozessmodellierung auf (Vgl. Elstermann et al., 2023, S. 46).

Ein wichtiges Modell aus der Informatik ist schließlich das Datenmodell. Um Informationen zu generieren, müssen Daten miteinander kombiniert und die dadurch entstandenen Beziehungen beschrieben werden. Die bekannteste Methode für diese Art von Datenmodellierung ist das *Entity Relationship Model (ERM)*, das sich aus drei Hauptkomponenten zusammensetzt (Vgl. Elstermann et al., 2023, S. 50 f.): Die erste Hauptkomponenten bilden die *Entitäten*, welche die Objekte eines Ausschnitts aus der realen Welt repräsentieren. Weiterhin beschreiben die *Beziehungen* oder *Relationen* die direkten Beziehungen zwischen Entitäten. Die *Attribute* bezeichnen schließlich die Eigenschaften einer Entität.

Die in einem Geschäftsprozess tangierten Funktionen, die mit den modellierten Daten umgehen, können z. B. mittels eines Flussdiagramms visualisiert werden. Beispiele für

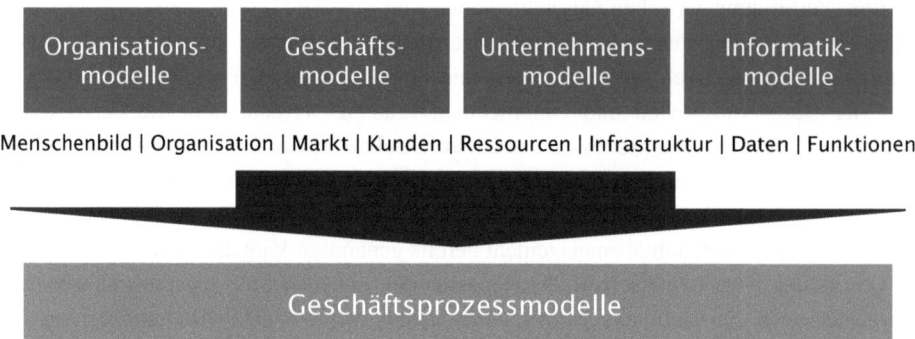

Abb. 1.8 Basismodelle von Geschäftsprozessmodellen. (Eigene Darstellung in Anlehnung an Elstermann et al., 2023, S. 67)

ein solches Flussdiagramm sind die bereits weiter oben angeführten *Ereignisgesteuerten Prozessketten (EPK)* bzw. die *erweiterten EPK (eEPK)*. Abb. 1.8 stellt die in diesem Abschnitt erläuterten Zusammenhänge dar.

Gemäß Abb. 1.8 ist in Geschäftsprozessmodellen anzugeben, im Rahmen welcher Aufgaben Daten erzeugt, verarbeitet und gespeichert werden. Auch ist die für die jeweilige Aktivität verantwortliche Person bzw. Organisationseinheit zu spezifizieren. In den Modellen werden betriebswirtschaftliche Funktionen in eine zeitliche und sachlogische Reihenfolge gebracht. Ganzheitliche Methoden zur Geschäftsprozessmodellierung, wie beispielsweise *ARIS,* die *multiperspektivische Unternehmensmodellierung (MEMO)* (Vgl. Frank, 2019) oder das *semantische Objektmodell (SOM)* (Vgl. Ferstl & Sinz, 2019) unterstützen diese Sichten orientierte Darstellung.

1.4.2 Modellierungssprachen

In den vorangehenden Abschnitten ist der Charakter der Modellierung bereits behandelt worden. Mit einer Modellierung werden subjektiv beobachtete Ausschnitte einer Realität beschrieben und die Relationen zwischen diesen Ausschnitten transparent gemacht. Für die konkrete konzeptionelle Umsetzung werden Modellierungssprachen verwendet, welche die für die Konzeption der Modellabbildung erforderlichen vokabularischen und grammatikalischen Konzeptelemente zur Verfügung stellen. Der Gebrauch einer spezifischen Modellierungssprache schafft so eine belastbare Grundlage für die Modellierung und deren Verständnis, auf die sich die damit befassten Personen und Institutionen beziehen können. Für die Automatisierung hat dies den Vorteil, dass Modellierungssprachen sich ggf. dazu eignen, sie direkt in Computersystemen als Verarbeitungsvorschrift für Geschäftsprozesse verwenden zu können. Die Wahl der Modellierungssprache ist demnach sehr wichtig, weil ihr Leistungsumfang bestimmt, was im Modell abgebildet und wie das Modell in anderen Kontexten des Geschäftsprozessmanagements verwendet werden kann. So gibt es einerseits Sprachen für eine eher einfache und auf das Verständnis der semantischen Strukturen abzielende Verwendung, andererseits gibt es Sprachen, deren Spezifikation eine direkte Umsetzung in *Workflow Management Systemen* mittels einer *Process Engine* unterstützen.

Je enger die Verwendung bzw. Nutzung eines Geschäftsprozessmodells mit IT-Systemen verknüpft ist, desto formaler müssen die Konzeptelemente der diesem Modell zugrunde liegenden Modellierungssprache strukturiert sein, um die Eindeutigkeit innerhalb eines regelbasierten Anwendungssystems herstellen zu können. „Die Wahl einer Modellierungssprache ist also abhängig von der jeweiligen Zielsetzung der Modellbildung und damit ein wesentlicher Schritt hin zu einer erfolgreichen Unterstützung jener Aktivitäten, in denen die Modellierung eingebettet ist" (Elstermann et al., 2023, S. 71 f.). Nachfolgend stellen die Autoren die wichtigsten Modellierungssprachen und -konzepte vor und erläutern deren Notationselemente, wobei die Auswahl bei der Vielzahl teilweise sehr spezieller Sprachen nicht vollständig sein kann.

Fluss- bzw. Ablaufdiagramm

Bei einem *Fluss- oder Ablaufdiagramm* handelt es sich um eine schematische Darstellung, welche ein Problem, eine Aufgabe, einen Prozess, ein System oder einen Algorithmus Schritt für Schritt beschreibt. Es bildet die allgemeinste Form einer Modellierungssprache und in Verbindung mit der Softwareentwicklung bzw. Programmierung stellt es sequenzielle Prozesse als sog. *Programmablaufplan* dar. In einem solchen Programmablaufplan wird zu jedem Zeitpunkt immer nur eine Aktivität ausgeführt, parallele Aktivitäten können nicht modelliert werden. Flussdiagramme werden seit über einhundert Jahren verwendet; in den 1940er Jahren erstmals für die Prozessmodellierung und seit den 1960er Jahren als Standard für Programmabläufe in der Softwareentwicklung. Auch heute werden sie in Verbindung mit der Prozessdarstellung häufig eingesetzt, insbesondere wenn die abzubildenden Abläufe eine eher geringe Komplexität aufweisen.

In einem Geschäftsprozess werden grundsätzlich eine beliebige Anzahl von Operationen (Aktivitäten/Tätigkeiten) definiert und diese in einem *Flussdiagramm* modelliert. Die Operationen werden über gerichtete Verbindungen (Kanten) in der Reihenfolge angeordnet, in der sie ausgeführt werden (sollen). Eigene Elemente (Rechtecke) kennzeichnen den Beginn und das Ende eines Prozesses. Ein wichtiges Element einer Prozessbeschreibung stellt die Abbildung alternativer Aktivitäten dar. Der Prozessablauf ist mit diesem Element von einer Bedingung abhängig, die geprüft werden muss. Dies kann zum Beispiel das Überschreiten eines bestimmten Wertes einer Variablen sein oder das Feststellen von vorhandenen/fehlenden Dokumenten. Alternative Prozesswege werden in Flussdiagrammen durch Verzweigungen (Rauten) dargestellt, die durch eine eingehende Kante von der vorhergehenden Aktivität und durch zwei ausgehende Kanten zu den alternativ ablaufenden nachfolgenden Aktivitäten verbunden sind (Vgl. Abb. 1.9). Typisch sind Rücksprünge, beispielsweise

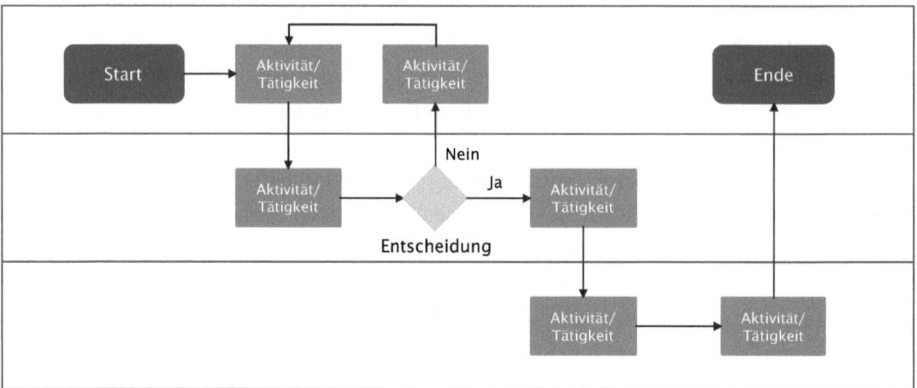

Abb. 1.9 Beispiel eines Flussdiagramms. (Eigene Darstellung)

bei fehlenden Dokumenten, um eine Aktivität zu wiederholen, dies ggf. mehrfach, bis die Bedingung für die Prozessfortsetzung erfüllt ist.

Die in Fluss- und Ablaufdiagrammen verwendeten Symbole sind in den Standards DIN 66.001:1983-12 und ISO 5807:1985 festgeschrieben (Vgl. Fleischmann et al., 2018, S. 51). Bei den wichtigsten dieser Notationselemente handelt es sich um eine Handvoll Symbole, die sich in vielen Modellierungssprachen ähnlich gestalten und mit denen in nahezu allen Modellierungssprachen Geschäftsprozesse vollständig dargestellt werden können.

Ereignisgesteuerte Prozesskette (EPK)

Lange Zeit haben *Ereignisgesteuerte Prozessketten (EPK)* als Standard für die Prozessmodellierung gegolten. Als Teil der ARIS-Philosophie dienen sie der Abbildung der Steuerungssicht in einer Organisation, also der Modellierung von Abläufen in der Organisation sowie deren Verknüpfung mit den Ressourcen, den eingebundenen Organisationseinheiten und den für die Handlung benötigten Daten. Eine EPK verknüpft die Funktionen, Aktivitäten und Tätigkeiten eines Geschäftsprozesses auf der Basis von Ereignissen miteinander, wobei eine Funktion immer durch ein Ereignis ausgelöst wird und in einem Ereignis resultiert. In der erweiterten EPK (eEPK) werden den Funktionen die für ihre Ausführung relevanten Inhaltselemente der anderen ARIS-Sichten zugeordnet. Dazu gehören aus der Organisationssicht die Akteure, Rollen oder Organisationseinheiten und aus der Datensicht die erforderlichen Datenobjekte. Für die Abbildung paralleler Prozessabläufe in einer EPK werden Operatoren genutzt, die den Gesetzmäßigkeiten der Bool'schen Algebra folgen: UND-Konnektoren spezifizieren hier parallele Abläufe, XOR-Konnektoren bilden Entscheidungen ab, bei denen genau eine Ablaufalternative zum Zuge kommt, und mit ODER-Konnektoren werden Abläufe dargestellt, die auf eine oder mehrere Alternativen führen.

1.4 Geschäftsprozessmodellierung

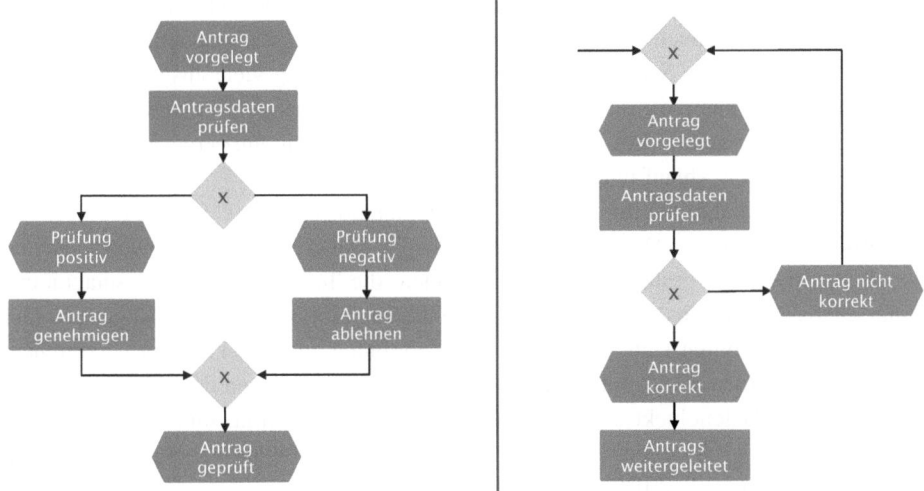

Abb. 1.10 Beispiele von Geschäftsprozesse zur Antragsprüfung mittels EPK. (Eigene Darstellung)

In Abb. 1.10 ist ein Beispiel für einen Geschäftsprozess einer Antragsprüfung dargestellt, welcher eine Entscheidung integriert. In diesem Prozess werden auf der linken Seite der Abb. 1.10 die Antragsdaten zunächst geprüft und das Prüfergebnis führt zu alternativen Abläufen in Abhängigkeit vom Ergebnis der Beurteilung, die entweder positiv oder negativ ausfallen kann. Das Bestätigen bzw. die Ablehnung sind wiederum Funktionen, die mit einem XOR-Konnektor zusammengeführt werden. Das Verzweigen und Zusammenführen kann demnach immer nur mit dem gleichen Konnektor erfolgen, da sich die Logik der Verzweigung nicht innerhalb der alternativen Prozesswege ändern kann.

Auf der rechten Seite der Abb. 1.10 werden die Antragsdaten ebenfalls geprüft und bei unvollständiger Datenlage muss der Antrag nach Vervollständigung erneut vorgelegt werden. Die Modellierung muss hier unter Nutzung einer Schleife erfolgen. Die Prüfung der Antragsdaten kann entweder bei einer erstmaligen Vorlage durchgeführt werden oder nach erfolgter Prüfung und erneuter Vorlage. Deshalb ist schon am Beginn des Prozesses ein XOR-Konnektor notwendig.

UML-Aktivitätsdiagramm

Das *UML-Aktivitätsdiagramm* ist eines von mehreren Konzeptelementen der *Unified Modeling Language (UML)* und besonders für die Anforderungsdefinition von Softwaresystemen geeignet. Es repräsentiert eine *Aktivität*, die sich einem Prozess vergleichbar aus mehreren Aktionen zusammensetzt. Eine *Aktion* ist mit einer Operation im Flussdiagramm bzw. mit einer Funktion in einer EPK vergleichbar. Aktivitäten beginnen mit einem Startknoten und enden mit einem Endknoten. Ablaufkanten zwischen den Aktionen legen die Reihenfolge der Abarbeitung fest. Es gibt außerdem Entscheidungselemente, deren Bedingungen semantisch denen der EPK ähneln. Um parallel ablaufende Teilprozesse zu modellieren, stellt das Aktivitätsdiagramm das *Split/Join-Element* bereit, das beliebig viele ausgehende Verbindungen aufweisen kann, die durch einen Join wieder zusammengeführt werden. Weiterhin werden Signale verwendet, um zwischen Teilprozessen zu kommunizieren. Sie sind ebenso wie Aktionen in den Ablauf integriert.

Das Aktivitätsdiagramm implementiert zudem Notationselemente, um organisatorische Verantwortlichkeiten und Datenflüsse zu modellieren. Dabei werden Verantwortlichkeiten mittels Partitionen dargestellt, also mit Elementen, die Teile eines Aktivitätsdiagramms umfassen, das wiederum den Umfang der Zuständigkeit repräsentiert. Überlappungen sind unzulässig, auch sollten keine Aktionen ohne Zuordnung zu einer Partition vorkommen. Datenobjekte werden in Aktivitätsdiagrammen im Ablauf zwischen den Aktionen dargestellt. Wird ein Datenobjekt an unterschiedlichen Stellen benötigt, muss es entlang des Ablaufs über die zwischen den relevanten Aktionen liegenden Stellen weitergegeben werden (Vgl. Fleischmann et al., 2018, S. 88 f.).

Business Process Model and Notation (BPMN)
Die *Business Process Model and Notation (BPMN)* ist die heute am häufigsten genutzte Notation zur Abbildung von Geschäftsprozessen. Sie bildet Geschäftsprozesse strukturiert entlang der organisatorischen Zuständigkeiten als eine zeitliche und logische Abfolge von *Aktivitäten (Aufgaben)* ab. Neben der Modellierung von Geschäftsprozessen soll sie diese so beschreiben, dass sie in einer geeigneten IT-Umgebung unter Verwendung der modellierten Konstrukte direkt ausführbar sind.

Prozessdiagramme, die mit der BPMN erstellt werden, werden *Business Process Diagrams (BPD)* genannt. Sie orientieren sich an den Aktivitätsdiagrammen und enthalten zusätzlich Elemente, die komplexere Ablaufsteuerungen in Geschäftsprozessen modellierbar machen. Aufgaben in einem Prozess werden unter bestimmten Bedingungen (sog. *Gateways*) abgearbeitet. Zudem können *Ereignisse* eintreten, auf die reagiert werden muss. Aufgaben, Gateways und Ereignisse werden miteinander verbunden und sind einem *Pool* bzw. einer *Lane* zugeordnet, welche die Verantwortlichkeiten entlang des jeweiligen Geschäftsprozesses repräsentieren. Sofern eine Verbindung über Pool/Lane-Grenzen hinweg dargestellt werden soll, wird dies über *Nachrichtenflüsse* modelliert.

Ein Geschäftsprozess besteht aus Aufgaben (Tasks), die nach dem Start durch ein Ereignis in ihrer Folge abgearbeitet werden. Eine Aufgabe kann einen Subprozess repräsentieren, der als separates BPD dargestellt werden kann. Weiterhin wird ein Prozess mit einem oder mehreren Startereignissen angestoßen und endet mit einem oder mehreren Endereignissen. Das angeführte Gateway repräsentiert eine Abzweigung im Kontrollfluss und kann als OR/XOR-Gateway oder *als AND-Gateway* modelliert werden. Der Prozessablauf wird nach einer Zusammenführung entsprechend der *Split/Join-Notation* bei Aktivitätsdiagrammen

1.4 Geschäftsprozessmodellierung

fortgesetzt, wenn alle eingehenden Prozessabläufe abgeschlossen sind. Ereignisse können – ebenso wie Daten – Gateways steuern, wenn keine Datenbasis vorhanden ist. So kann es sich bei einem Ereignis beispielsweise um eine eintreffende Nachricht handeln.

Die Business Process Model and Notation (BPMN) hat sich in der industriellen Praxis bewährt, denn sie eignet sich gleichermaßen für die einfache Dokumentation von Geschäftsprozessen wie auch für eine automatisierte Ausführung von Geschäftsprozessen. Der Sprachumfang und die damit verbundene Darstellungskomplexität können jedoch auch als Hürde für einen Einsatz gesehen werden. Um die erstellten Modelle verständlich zu halten, wird daher in der Praxis eher ein reduzierter Sprachumfang verwendet. Wenn jedoch ein Prozessmodell mittels Simulation ausgeführt und überprüft werden muss, ist zwingend eine vollständige Darstellung aller Details notwendig. Die BPMN weist hier die Stärke auf, dass sie Kommunikationsvorgänge zwischen den am abgebildeten Prozess beteiligten Organisationseinheiten aufnehmen und diese im Modell abbilden kann.

Service Blueprint
Mit dem *Service Blueprinting* steht bereits seit längerer Zeit eine Modellierungs- und Visualisierungsoption zur Verfügung, die explizit für Dienstleistungsprozesse genutzt werden kann. Im Mittelpunkt dieser Methode stehen der Kunde und seine Interaktionen mit der jeweiligen Organisation, welche die vom jeweiligen Kunden gewünschte Dienstleistung erbringt. Das „Produkt", das in einem *Service Blueprint* abgebildet wird, stellt i. d. R. eine Dienstleistung dar, die nicht bevorratet werden kann, sondern gleichzeitig hergestellt und verbraucht wird. In der Modellierung eines solchen Blueprints wird dargestellt, wie Handlungen der Kunden mit der jeweiligen Dienstleistung zusammenspielen.

Eine Dienstleistung wird in Schritten entlang verschiedener *Kontaktpunkte (Touchpoints)* erbracht, die der jeweilige Kunde mit seinem Dienstleister hat. Ausgehend von diesen Kontaktpunkten wird jeweils überprüft, welche Geschäftsprozessschritte im Hintergrund ausgeführt werden müssen, damit der Kunde zufriedengestellt wird. Die Strukturierung des Blueprints erfolgt entlang der sog. *Sichtbarkeitslinie,* welche zunächst die für den Kunden sichtbaren von den für ihn nicht sichtbaren Aktivitäten trennen. Der für den Kunden sichtbare Aktionsbereich lässt sich wiederum unterteilen in einen Bereich, in dem der Kunde aktiv agiert, und einen Bereich, der zwar sichtbar ist, in dem der Kunde jedoch nicht selbst handelt – die Abgrenzung erfolgt durch die sog. *Interaktionslinie.* Eine interne Interaktionslinie grenzt im Weiteren die Aktivitäten des im Fokus stehenden Bereichs ab, der die Dienstleistung erbringt, von denen anderer Organisationseinheiten ab. Ebenfalls getrennt werden die Aktivitäten, die direkt dem Kunden zugeordnet werden können, von den weiteren eher allgemeinen und kundenunabhängigen Aktivitäten. Zusätzlich werden die allgemeinen und administrativen Aktivitäten dokumentiert. Entlang dieser formalen Strukturierung wird analysiert, an welchen Stellen ein Kontakt zwischen Kunde und Dienstleister besteht und wie dieser inhaltlich ausgestaltet ist. Damit lassen sich bestehende Schwachstellen identifizieren. Zur Abbildung dieser Sachverhalte werden verschiedene Elemente genutzt, dazu gehören

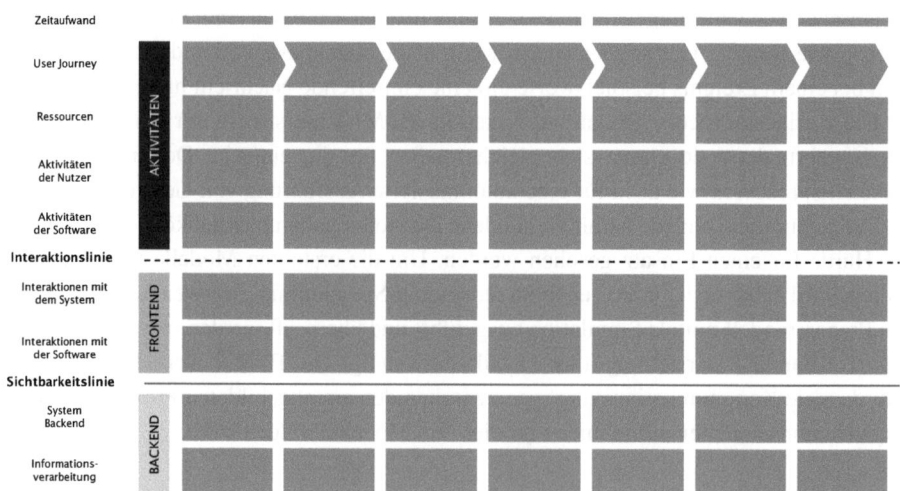

Abb. 1.11 Template für die Nutzung einer Anwendungssoftware als Service Blueprint. (Eigene Darstellung)

Kanten, Symbole sowie quantitative Angaben für Zeiten und Werte (Vgl. Rogowski & Schütz, 2023, S. 46).

Service Blueprints zeigen die Abhängigkeiten zwischen den unterschiedlichen Prozessschritten und den beteiligten Organisationseinheiten auf. So lassen sich kritische Interaktionen und damit verbundene Risiken identifizieren, die optimiert bzw. minimiert werden können. Die erforderlichen Rollen und Verantwortlichkeiten in den beteiligten Prozessen werden deutlich, was die interne Kooperation innerhalb der dienstleistenden Organisation unterstützt. Da der Schwerpunkt auf dem Kundenerlebnis liegt und die diesbezüglichen Touchpoints visualisiert werden, bildet die Methode ein sinnvolles Element einer Kundenorientierung. Mit der Möglichkeit, auch qualitative Angaben im Blueprint ergänzen zu können, ist überdies der Einsatz eines Kennzahlensystems möglich. Die Abb. 1.11 zeigt ein Template für ein Service Blueprint, das die Nutzung einer Anwendungssoftware visualisiert.

1.5 Zusammenfassung – Grundlagen der digitalen Transformation von Geschäftsprozessen

Die Digitalisierung hat tiefgreifende Auswirkungen auf Wirtschaft und Gesellschaft, indem sie Innovationen fördert, die Produktivität steigert und Geschäftsmodelle sowie Prozesse grundlegend verändert. Sie nutzt Technologien wie das Internet of Things (IoT), Big Data und Künstliche Intelligenz (KI), um Unternehmen wettbewerbsfähiger zu machen. Zugleich steht die europäische Wirtschaft vor der Herausforderung, digitale

Prozesse in der Wertschöpfung zu integrieren, um ihre Produktivität und Wettbewerbsfähigkeit zu steigern. Die digitale Transformation betrifft die Leistungserstellung und die unterstützenden Systeme, wobei die Organisation, Managementkompetenz und innovative Ansätze entscheidende Faktoren darstellen. Sie bildet einen notwendigen Prozess, um den Herausforderungen des Marktes gerecht zu werden und die eigene Wettbewerbsfähigkeit zu sichern.

Die Wertkettenanalyse identifiziert Wettbewerbsvorteile und Kernkompetenzen, während das Geschäftsprozessmanagement die Optimierung betrieblicher Prozesse im Fokus hat, um die Wettbewerbsfähigkeit durch Effizienz und Effektivität zu steigern. Es umfasst eine ganzheitliche Betrachtung von Analysen, Entscheidungen und Maßnahmen, die darauf abzielen, sowohl interne als auch externe Prozesse zu verbessern. Dabei spielen technologische Hilfsmittel wie Informations- und Kommunikationstechnologien eine Schlüsselrolle.

Für die Modellierung und Visualisierung von Geschäftsprozessen stehen Methoden wie Ereignisgesteuerte Prozessketten (EPK), Business Process Model and Notation (BPMN) und Service Blueprinting zur Verfügung. Sie machen Abläufe transparent und unterstützen deren Automatisierung sowie Optimierung, wobei Mensch und Maschine in diesem Kontext häufig im Zusammenspiel agieren. Vor diesem Hintergrund müssen Prozessmodelle auch die Kommunikation zwischen den Akteuren und die fachlichen Anforderungen abbilden. Die Modellierung kann mithilfe geeigneter Methoden realisiert werden, wie mittels eines Fluss- oder Ablaufdiagramm, einer Ereignisgesteuerte Prozessketten (EPK), einem UML-Aktivitätsdiagramm, einem Business Process Model and Notation (BPM) oder einem Service Blueprint. Die entsprechenden Modelle helfen dabei, Prozesse zu verstehen, zu optimieren und zu automatisieren sowie die Kundenerfahrung zu verbessern, indem sie die notwendigen Interaktionen und Verantwortlichkeiten transparent machen.

1.6 Orientierungsfragen

1.6.1 *Worin liegen die wesentlichen Auswirkungen der Digitalisierung auf die Wirtschaft?*
1.6.2 *Was verstehen Sie unter dem Begriff Industrie 4.0?*
1.6.3 *Welche Rolle spielen Geschäftsmodelle im Kontext der digitalen Transformation?*
1.6.4 *Nennen und erläutern Sie die Phasen des Lebenszyklus eins Geschäftsprozesses lt. Dumas et al. (2021).*
1.6.5 *Was sind Key Performance Indicators (KPI) und welche Rolle spielen sie im Geschäftsprozessmanagement?*

Literatur

Becker, J. (2019). *Geschäftsprozessmodellierung*. GITO. https://wi-lex.de/index.php/lexikon/entwicklung-und-management-von-informationssystemen/systementwicklung/hauptaktivitaeten-der-systementwicklung/problemanalyse/geschaeftsprozessmodellierung/. Zugegriffen: 2. Dez. 2024.

Becker, W., Ulrich, P., Schmid, O., & Feichtinger, C. (2021). Digitalisierung von Geschäftsmodellen. In D. Schallmo, A. Rusnjak, J. Anzengruber, T. Werani, & K. Lang (Hrsg.), *Digitale Transformation von Geschäftsmodellen – Grundlagen, Instrumente und Best Practices* (2. Aufl.). Springer Gabler.

Bender, O. (2021). *Cyberphysische Systeme. Gabler Wirtschaftslexikon*. Springer Gabler. https://wirtschaftslexikon.gabler.de/definition/cyber-physische-systeme-54077/version-384624. Zugegriffen: 1. Dez. 2024.

Dumas, M., La Rosa, M., Mendling, J., & Reijers, H. (2021). Grundlagen des Geschäftsprozessmanagements. Übersetzt von T. Grisold, S. Groß, J. Mendling, & B. Wurm. Springer Vieweg.

Gassmann, O., Frankenberger, K., & Choudury, M. (2021). *Geschäftsmodelle entwickeln: 55 + innovative Konzepte mit dem St. Galler Business Model Navigator* (3. Aufl.). Hanser.

Elstermann, M., Fleischmann, A., Moser, C., Oppl, S., Schmidt, W., & Stary, C. (2023). *Ganzheitliche Digitalisierung von Prozessen. Perspektivenwechsel – Design Thinking – Wertegeleitete Interaktion* (2. Aufl.). Springer Vieweg.

Ferstl, O., & Sinz, E. (2019). *SOM. Enzyklopädie der Wirtschaftsinformatik*. GITO. https://wi-lex.de/index.php/lexikon/entwicklung-und-management-von-informationssystemen/systementwicklung/hauptaktivitaeten-der-systementwicklung/problemanalyse/geschaeftsprozessmodellierung/som/. Zugegriffen: 2. Dez. 2024.

Fleischmann, A., Oppl, S., Schmidt, W., & Stary, C. (2018). *Ganzheitliche Digitalisierung von Prozessen: Perspektivenwechsel – Design Thinking – Wertegeleitete Interaktionen*. Springer Vieweg https://www.springerprofessional.de/ganzheitliche-digitalisierung-von-prozessen/16072014. Zugegriffen: 27. Okt. 2024.

Frank, U. (2019). *Multiperspektivische Unternehmensmodellierung. Enzyklopädie der Wirtschaftsinformatik*. GITO. https://wi-lex.de/index.php/lexikon/informations-daten-und-wissensmanagement/informationsmanagement/business-engineering/business-engineering-ansaetze-des/multiperspektivische-unternehmensmodellierung/. Zugegriffen: 2. Dez. 2024.

Hansen, H., Mendling, J., & Neumann, G. (2019). *Wirtschaftsinformatik. Grundlagen und Anwendungen. 12. völlig neu* (bearbeitete). de Gruyter.

Herrmann, A., & Huber, F. (2013). *Produktmanagement: Grundlagen – Methoden – Beispiele* (3. Aufl.). Springer.

Jodlbauer, H. (2020). *Geschäftsmodelle erarbeiten – Modell zur digitalen Transformation etablierter Unternehmen*. Springer Gabler.

Osterwalder, A., & Pigneur, Y. (2011). *Business Model Generation: Ein Handbuch für Visionäre, Spielveränderer und Herausforderer*. Campus.

Porter, M. (1980). *Competitive strategy: Techniques for analyzing industries and competitors*. Free Press.

Porter, M. (1985). *Competitive advantage*. Free Press.

Rogowski, W., & Schütz, T. (2023). Produkt- bzw. Leistungspolitik mit Service Blueprinting. In W. Rogowski (Hrsg.), *Management im Gesundheitswesen*. Springer Fachmedien.

Scheer, A.-W. (1994). *ARIS-Toolset: Die Geburt eines Softwareprodukts. IWi-Heft Nr. 111*. Universität des Saarlandes. https://www.uni-saarland.de/fileadmin/upload/lehrstuhl/loos/ALT/IWi-Hefte/IWi-Heft_Nr._111.pdf. Zugegriffen: 29. Nov. 2024.

Schewe, G. (2018). *Geschäftsprozess. Gabler Wirtschaftslexikon*. Springer Gabler. https://wirtschaftslexikon.gabler.de/definition/geschaeftsprozess-35399/version-258881. Zugegriffen: 28. Nov. 2024.

2   Entwicklung digitalisierter Geschäftsprozesse

Die Entwicklung von Geschäftsprozessen leitet sich aus einem zugrunde liegenden Geschäftsmodell ab und ihre Ausgestaltung muss sich an den strategischen Vorgaben der jeweiligen Organisation sowie an den organisatorischen, den IT-infrastrukturellen sowie den die IT-Systeme selbst betreffenden Rahmenbedingungen orientieren. Die Bedeutung des zugrunde liegenden Geschäftsmodells für die Gestaltung einer Organisation und damit der Geschäftsprozesse dieser Organisation wird in Abschn. 1.1 diskutiert. Auf die einzelnen Felder zur Beschreibung eines Geschäftsmodells in sog. *Canvases* gehen die Autoren in diesem Lehrbuch nicht ein – hier sei beispielsweise auf Osterwalder und Pigneur (2011) (Business Model Canvas), Osterwalder et al. (2015) (Value Proposition Canvas) und Pöppelbuß und Durst (2017) (Smart Service Canvas) verwiesen.

Es bleibt festzuhalten, dass Geschäftsmodelle auch ein durch Digitalisierung geprägtes Geschäft abbilden müssen. In dieser Logik müssen jegliche Geschäftsmodelle über definierte Gestaltungsparameter umgesetzt werden, um alle Aspekte eines Geschäfts vollständig zu erfassen. Ausgehend von der Strategie einer Organisation und dem zugrunde liegenden Geschäftsmodell wird für eine Digitalisierung von Geschäftsprozessen ein Rahmenwerk benötigt, welches deren Umsetzung beschreibbar macht. Die Elemente eines solchen Rahmenwerks werden in diesem Kapitel beschrieben:

- Auf Basis eines strategischen Grundgerüsts stellen die Autoren zunächst ein Referenzmodell eines digitalen Unternehmens vor, das unterschiedliche Inhaltselemente beschreibt. Diese Elemente beeinflussen wiederum die Digitalisierung der Prozesse, sodass sie in Abhängigkeit von den gegebenen Rahmenbedingungen differenziert ausgestaltet werden müssen. Weiterhin kann es sinnvoll sein, den Reifegrad einer Organisation bzw. deren Geschäftsprozesse hinsichtlich ihrer Digitalisierung zu erfassen und beschreibbar zu machen. Im Kontext der Wohnungs- und Immobilienwirtschaft stehen diverse Modelle zur Verfügung, um diesen Reifegrad darzustellen, so z. B. der *Reifegrad der Digital Leader Unternehmen* (Vgl. Rock & Schlesinger, 2023, S. 23 ff.), das *ZIA-Reifegradmodell* (Vgl. Rodeck et al., 2020, S. 10 f.) oder das *digitale Reifegradmodell für die Immobilienbranche* von *Drees & Sommer* (Vgl. Drees & Sommer, 2024, S. 9 ff.). Auf Basis eines erfassten Digitalisierungsreifegrads lässt sich ein strukturiertes Vorgehen für Organisationen beschreiben, um eine digitale Transformation von Geschäftsprozessen zu vollziehen. Ein solches Vorgehen beschreiben die Autoren in einem entsprechenden Vorgehensmodell.

- Der zweite Abschnitt dieses Kapitels nimmt die Modellierung insbesondere von digitalen Geschäftsprozessen auf und beschreibt deren besondere Anforderungen, um alle notwendigerweise darzustellenden Elemente und deren Zusammenspiel korrekt und vollständig zu beschreiben. Auch zeigen die Autoren in diesem Abschnitt auf, wie ein *Business Process Management System (BPMS)* eine Überführung eines in einem Geschäftsprozessmodell dokumentierten Prozesses in die Ausführung dieses Prozesses in einer Laufzeitumgebung realisiert.
- Die Implementierung von Geschäftsprozessen unterscheidet notwendige Aktivitäten vor der Implementierung und Aktivitäten zur Implementierung selbst. So müssen vor der Implementierung zahlreiche Punkte bedacht und ausgestaltet werden, um eine zielführende und erfolgreiche Implementierung eines digitalen Geschäftsprozesses zu realisieren. Diese Punkte werden im dritten Abschnitt dieses Kapitels diskutiert. Weiterhin erläutern die Autoren die Gestaltungsebenen für die Implementierung von digitalen Geschäftsprozessen, nämlich die Organisation sowie die Informationstechnik bzw. die Informationssysteme, und welche Faktoren mit Bezug zu diesen Ebenen zu beachten sind.
- Im einem kurzen abschließenden Abschnitt dieses Kapitels zeigen die Autoren noch einmal den Gesamtablauf der Implementierung von der Modellierung der Geschäftsprozesse über deren Optimierung und die Gestaltung von Organisation und IT bis hin zur Steuerung und Kontrolle der digitalisierten Geschäftsprozesse auf.

2.1 Strategie, Referenz- und Vorgehensmodell

Das Thema *Digitalisierung* spielt eine zunehmend bedeutende Rolle für Organisationen und befindet sich ganz oben auf der Agenda von Unternehmen fast aller Branchen. Bereits mit den Anfängen der industriellen Automatisierung hat auch die digitale Transformation begonnen, obwohl gerade dieser Begriff erst seit wenigen Jahren in unterschiedlicher inhaltlicher Ausformulierung dafür verwendet wird. In den letzten Jahren werden insbesondere der Einsatz neuer Technologien und die Etablierung digitaler Geschäftsmodelle mit der digitalen Transformation in und von Unternehmen verbunden (Vgl. Appelfeller & Feldmann, 2023, S. 1 f.).

Eine allgemeine Antwort auf die Frage nach der Definition der digitalen Transformation lautet, dass im Zuge einer derartigen Veränderung zu einer Digitalisierung analoge Objekte, wie z. B. Schriftstücke, in digitale Objekte, d. h. in diesem Fall in Dateien auf Datenträgern, umgewandelt werden. Einen Schritt weiter lassen sich Objekte mit intelligenten Technologien versehen, mit denen sie identifiziert werden können. Beispiele sind Mikroprozessoren, die in einem großen Werkstück in der industriellen Verarbeitung und Fertigung dafür sorgen, dass dieses Werkstück die für seine spezifische Verarbeitung notwendigen Vorschriften den verarbeitenden Maschinen übermitteln kann, was zu einer automatisierten und in einer *Smart Factory* sich weitgehend selbst steuernden Produktion führt. Technisch mit etwas weniger Aufwand verbunden sind Chips, die an Objekten angebracht, ebenfalls zu deren Identifizierung genutzt werden können. Die Kommunikation erfolgt in diesem Fall über die Technologie *RFID (Radio Frequency Identification)* und erlaubt z. B. die Warenverfolgung im Einzelhandel. Es lassen sich je nach Kontext weitere Beispiele für digitale transformierte Elemente finden.

2.1.1 Strategie und Referenzmodell des digitalen Unternehmens

Aus den Darstellungen der vorangehenden Einführung folgt, dass Unternehmen für sich eindeutig bestimmen müssen, welche Elemente digitalisiert und über technische Infrastrukturen vernetzt werden sollen. Appelfeller und Feldmann (2023) haben diese Elemente und Optionen in einem Referenzmodell abgebildet, das eine Strukturierung des Entscheidungsproblems unterstützen kann (Vgl. Abb. 2.1). Das dargestellte Referenzmodell kann einerseits der Ausgangspunkt für die Entwicklung unternehmensspezifischer Modelle für eine digitale Transformation sein. Andererseits schaffen die Konkretisierung der dafür relevanten Teilaspekte und die Analyse der zwischen ihnen bestehenden Wirkbeziehungen ein gemeinsames Verständnis und machen die Absichten und inhaltlichen Erfordernisse transparent, die für eine digitale Transformation von Unternehmen im Mittelpunkt stehen sollten (Vgl. Appelfeller & Feldmann, 2023, S. 3 f.).

Die Inhaltselemente des digitalen Unternehmens haben Einfluss auf die Digitalisierung der Prozesse, die den Kern des Referenzmodells bilden und die Wertschöpfung über eine Supply Chain von den Lieferanten bis hin zu den Kunden realisieren. Nachfolgend werden diese Elemente des Referenzmodells kurz erläutert (Vgl. Appelfeller & Feldmann, 2023, S. 4 ff.):

- Digitalisierte Prozesse: Zentral für ein digitales Unternehmen sind seine *digitalisierten Geschäftsprozesse* als Kern und Unterstützer seiner Wertschöpfung. Beispiele sind die Beschaffung, die Produktion oder das Personalwesen. Werden die Teilprozesse und Aktivitäten von IT-Systemen unterstützt, ist der Geschäftsprozess vollständig oder

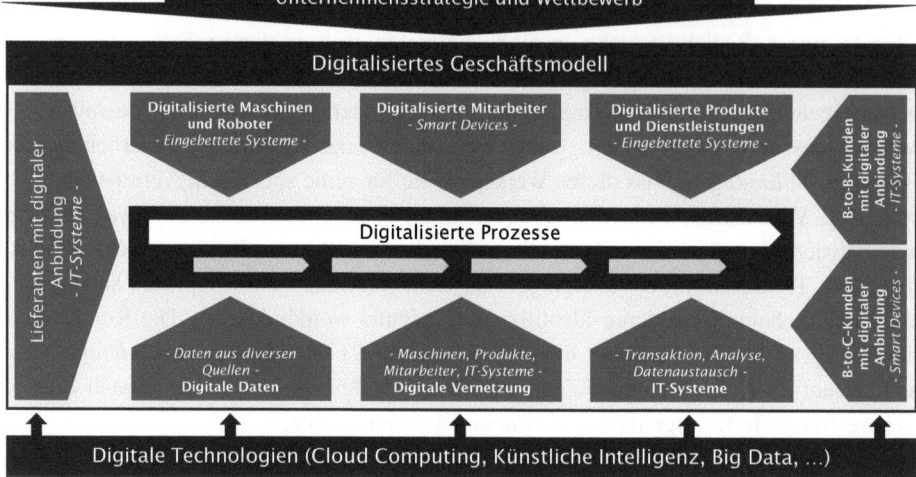

Abb. 2.1 Elemente des digitalen Unternehmens (Referenzmodell) und digitale Technologien. (Eigene Darstellung in Anlehnung an Appelfeller & Feldmann, 2023, S. 5)

teilweise digitalisiert oder bei einer Selbststeuerung durch ein IT-System auch automatisiert. Das Hauptzweck einer Digitalisierung/Automatisierung von Geschäftsprozessen liegt in der Steigerung der Effizienz.
- Digital angebundene Lieferanten: Digitalisierte Unternehmen *binden ihre Lieferanten digital an*. Der Digitalisierungsgrad wird dabei durch die Qualität der Kommunikation bestimmt. Dies können ein einfacher Datenaustausch per E-Mail oder ein Datenaustausch durch eine direkte Verbindung zwischen den IT-Systemen sein, um Dokumente direkt übermitteln zu können. Das Ziel der digitalen Anbindung von Lieferanten liegt ebenfalls in der Effizienzsteigerung, in diesem Fall durch eine Digitalisierung von unternehmensübergreifenden Geschäftsprozessen. Darüber hinaus können kooperative Prozesse eine Rolle spielen, wenn z. B. Produkte und Dienstleistungen gemeinsam entwickelt werden.
- Digital angebundene Kunden: Mit der Lieferantenanbindung vergleichbar ist die *digitale Anbindung von Kunden* auf der anderen Seite der Wertschöpfungskette. Auf dieser Seite wird zwischen *Business-to-Customer (B2C)-* und *Business-to-Business (B2B)-* Kunden unterschieden. Während Konsumenten den Zugang i. d. R. über digitale Geräte, beispielsweise über Personal Computer oder Smartphones, erhalten, erfolgt die Anbindung im B2B-Geschäft analog zur Lieferantenseite und aus Effizienzgründen vorwiegend im Rahmen einer unternehmensübergreifenden Prozessgestaltung.
- Digitalisierter Mitarbeiter:innen: In einem auf Digitalisierung setzenden Unternehmen arbeiten die Mitarbeiter:innen mit Rechnersystemen und nutzen darüber hinaus Smart Devices wie Smartphones oder Tablets in ihrem Arbeitsalltag. Sie sollen durch die

Nutzung von IT-Systemen ihre Arbeit effizienter verrichten und eine höhere Flexibilität im Einsatz erreichen. Im industriellen Umfeld werden am Arbeitsplatz auch Assistenzsysteme eingesetzt, mit denen die Mitarbeiter:innen durch eine *Virtualisierung* von Prozessschritten bei der Bedienung von Maschinen direkt unterstützt werden. *Smart Glasses* erlauben z. B. das Einblenden von Bearbeitungsschritten bei der Wartung von Maschinen.

- Digitale Daten: *Digitale Daten* entstehen erstens durch eine Transformation analoger Daten in Form von Schriftstücken und Dokumenten. Zweitens werden sie direkt von Mitarbeitern in IT-Systeme eingegeben oder von diesen aus IT-Systemen übernommen. Zunehmend werden in der industriellen Fertigung Digitale Daten genutzt, die aus Messungen oder aus Steuerungsvorgängen von Maschinen resultieren. Diese Daten sind i. d. R. unstrukturiert und in ihrem Volumen im Vergleich zu den klassischen Unternehmensdaten viel größer. Diese großen Datenmengen werden als *Big Data* bezeichnet und sind oft eine Analysebasis für Auswertungen, die neue Produkten und/oder Dienstleistungen oder neue Geschäftsmodelle hervorbringen. sollen.
- Digitalisierte Produkte: Eine *Digitalisierung von Produkten* ist durch ihre Kombination mit digitalen Technologien möglich. Die Technologien in Form von Prozessoren oder Chips machen eine Datenkommunikation möglich und bilden so hybride Produkten, wie beispielsweise einen Kühlschrank, der bei Bedarf automatisch Waren bestellen kann.
- Digitalisierte Maschinen und Roboter: Auch Maschinen werden durch den Einbau von Prozessoren und Chips zu intelligenten Einheiten. Die eingebetteten Systeme übernehmen die Steuerung und Regelung der Maschinen und sind wichtige Elemente in der Robotik. Datenlieferanten sind dabei Sensoren und Aktoren bilden die Schnittstelle zum eigentlichen technischen System bzw. Prozess. Ein zentrales Ziel liegt in einem sich selbst steuernden Produktionsprozess, der nach ökonomischen Gesichtspunkten selbst bei einer Losgröße 1 wirtschaftlich sein kann.
- Digitale Vernetzung: Die *digitale Vernetzung* wird bereits seit Jahrzehnten praktiziert. Die Anbindung von Lieferanten und Kunden ist ein Beleg dafür. Im Zusammenhang mit eingebetteten Systemen geht die Vernetzung heute noch weiter: Denn nahezu alle Elemente des digitalen Unternehmens sind Teil einer vernetzten Infrastruktur und können mit den jeweils anderen Elementen Daten austauschen. *Smart Factory* und *Internet of Things (IoT)* stehen für dieses moderne Verständnis von Vernetzung und Kommunikation und sind gleichzeitig Repräsentanten und Befähiger neuer Geschäftsmodelle.
- IT-Systeme: *IT-Systeme* bilden die Basis der digitalen Transformation von Unternehmen. Für die Unterstützung der Geschäftsprozesse sind sie von zentraler Bedeutung. Mit neuen Betreibermodellen für Hard- und Software in der Cloud sowie mit der Ergänzung um ihre mobile Nutzung über Smart Devices prägen sie die Entwicklung. Die Hauptziele des IT-Einsatzes liegen in einer Effizienzsteigerung und in der Bereitstellung einer belastbaren Datenbasis für die Entscheidungsprozesse. Mitarbeiter:innen

können zudem im Home Office arbeiten und zeit- und ortsunabhängig mit Kunden kommunizieren.
- Digitalisiertes Geschäftsmodell: Der Charakter und die Elemente eines Geschäftsmodells sind bereits im ersten Kapitel dieses Lehrbuchs ausführlich dargestellt worden. Ein *digitalisiertes Geschäftsmodell* nutzt die Digitalisierung, um das Leistungsbündel einer Organisation zu vergrößern. Physische Produkte können so z. B. um digitale Dienstleistungen ergänzt werden. Ein digitales Geschäftsmodell setzt umfänglich von der Idee bis zur Wertschöpfung auf die Digitalisierung. Die Internetökonomie mit ihren Plattformen für die Buchung von Fahrzeugen, Hotelzimmern und anderen Leistungen bietet zahlreiche Beispiele dafür.
- Digitale Technologien: Neben den bereits genannten Elementen sind die *digitalen Technologien* für die Transformation entscheidend. Wichtige Faktoren bilden hier technische Komponenten, Konzeptelemente und Methodenwerke, deren Funktionalität auf Daten basiert. Einige relevante Beispiele digitaler Technologien, wie *Cloud Computing*, *Virtualisierung* und *Robotik* sind bereits angeführt worden. Ebenso wie die IT-Systeme sind digitalen Technologien Befähiger der digitalen Transformation.

Die Erläuterung der Inhaltselemente des Referenzmodells zeigt, dass die Transformation dieser Elemente auf eine digitale Ebene die digitale Transformation selbst ausmacht. Wenn in diesem Abschnitt das Geschäftsmodell als ökonomischen Ausgangspunkt herangezogen wird, soll dies nicht darüber hinwegtäuschen, dass die Unternehmensstrategie das eigentliche Fundament einer Transformation darstellt. Im Zusammenhang mit der Wettbewerbspositionierung und dem Wettbewerbsvorteil hat das ersten Kapitel dieses Lehrbuchs die Verbindung dieser Faktoren zur Strategie hergestellt. Im Referenzmodell sind Unternehmensstrategie und Wettbewerb als dem Geschäftsmodell übergeordnet dargestellt, was eine Erweiterung zum ursprünglichen Ansatz von Appelfeller und Feldmann (2023) bedeutet. Im folgenden Abschnitt wird vor diesem Hintergrund ein Vorgehensmodell für eine schrittweise digitale Transformation dargestellt.

2.1.2 Reifegrad und Vorgehensmodell für die digitalen Transformation

Für eine Zustandsbewertung ist es von Interesse, den Reifegrad eines Unternehmens hinsichtlich seiner Digitalisierung zu bestimmen. So lässt sich feststellen, welche Entwicklungsstufe ein Unternehmen innerhalb des Transformationsprozesses bereits erreicht hat und welche Aussichten dies für die Zukunft erwarten lässt. Unter Heranziehen der Elemente des Referenzmodells als zu untersuchende Sachverhalte können jeweils Reifegradstufen zugeordnet werden, welche die beiden Eigenschaften *analog* und *vollständig digitalisiert* als jeweilige Extreme vorsehen und Zwischenstufen als mehr oder weniger *teildigitalisiert* ausweisen. Ein Geschäftsmodell kann demnach als *analog*,

2.1 Strategie, Referenz- und Vorgehensmodell

Geschäftsmodell mit digitalen Prozessen, digital erweitertes Geschäftsmodell oder *digitales Geschäftsmodell* eingeordnet werden. Die Lieferantenanbindung wäre demnach von *analog* angebunden bis *digital angebunden* zu bewerten. Wenn alle Elemente des Referenzmodells in dieser Art eingeordnet werden, ergibt sich ein Gesamtreifegrad für das jeweilige Unternehmen. Ein möglichst hoher Reifegrad muss jedoch nicht zwangsläufig das Ideal für jedes Unternehmen sein. Die Art und Weise der Wertschöpfung sowie der Charakter des Produktportfolios können eine Fortentwicklung in Richtung Digitalisierung als nicht sinnvoll erscheinen lassen. Auch die vollständige Prozessautomatisierung muss nicht notwendigerweise mit einer akzeptablen Wirtschaftlichkeit einhergehen (Vgl. Appelfeller & Feldmann, 2023, S. 13 f.).

Mit dem Referenzmodell und dem Reifegrad liegen nun zwei Konstrukte vor, die dabei helfen, einerseits die Elemente zu beschreiben, die als Interventionsebenen einer digitalen Transformation gesehen werden können, und andererseits Zustände zu definieren, die den Grad der Digitalisierung bewertbar machen. Es fehlt noch ein Vorgehensmodell, das als Anleitung dienen kann, um die Schritte zu beschreiben, durch deren Durchlaufen das Ziel oder Teilziele der digitalen Transformation erreicht werden können. Vorgehensmodelle sind üblicherweise phasenorientiert aufgebaut, da sie im Hinblick auf das angestrebte Ziel die zeitliche Dimension berücksichtigen müssen. In der Softwareentwicklung ist beispielsweise das Wasserfallmodell bekannt, das die Schritte von der Problemanalyse und der Anforderungsdefinition bis zum Test und der Inbetriebnahme des Softwaresystems beschreibt. Neuere Entwicklungen nehmen den Aspekt der Agilität auf und verbinden diesen ebenfalls mit einer phasenorientierten Umsetzung, was z. B. zu agilen Formen des Projektmanagements führt. Das Methodenwerk *Scrum* ist ein Vertreter dieser Ausprägung.

Ein für eine digitale Transformation brauchbares Vorgehensmodell sollte die zu durchlaufenden Phasen möglichst vollständig beschreiben und dafür verständliche Begriffe verwenden. Es sollte eine gewisse Flexibilität aufweisen, damit Änderungen und Erweiterungen möglich sind, und für verschiedene Organisationen einsetzbar sein. Für die digitale Transformation bedeutet dies zunächst, dass die zentrale Aufgabe darin besteht, die *Analyse*, die *Planung*, die *Umsetzung* und die *kontinuierliche Weiterentwicklung* der digitalen Transformation in einem Unternehmen in Teilaktivitäten zu strukturieren, die dann projektbezogen realisiert werden können. Das Vorgehensmodell hilft dabei, diese Aufgabenstellung zu lösen und zu dokumentieren. Es fördert ein gemeinsames Verständnis und die involvierten Abteilungen können sich an einem über das Vorgehensmodell geplanten Ablauf orientieren. Eine solche Herangehensweise ist auch deshalb zu präferieren, weil die digitale Transformation keine einmalige Aufgabe darstellt, sondern als kontinuierlicher Prozess verstanden werden muss. Ein geeignetes Vorgehensmodell sieht fünf Phasen vor, die nachfolgend erläutert werden (Vgl. Appelfeller & Feldmann, 2023, S. 17 f.):

- Phase 1 – die digitale Vision: In dieser Phase wird eine *digitale Vision* entwickelt, die einen in der Zukunft zu erreichenden idealen Zustand beschreibt.

- Phase 2 – Ist-Zustand und Reifegrad: Die zweite Phase umfasst die Beschreibung des *Ist-Zustands* der Elemente des Referenzmodells hinsichtlich ihrer Digitalisierung mittels einer *Reifegradanalyse*.
- Phase 3 – Soll-Zustand: In der dritten Phase wird für jedes analysierte Element ein *Ziel-Zustand* der digitalen Transformation bestimmt. Die in der vorangehenden Phase durchgeführte Reifegradanalyse kann bereits wichtige Erkenntnisse liefern, in welche Richtung sich eine Weiterentwicklung anbietet. Das Ziel ist hier nicht gleichbedeutend mit der Vision zu interpretieren, sondern als Entwicklungsschritt auf dem Weg dahin.
- Phase 4 – Entwicklungsschritte nach PDCA-Zyklus: Einzelne Entwicklungsschritte werden nach dem *PDCA-Zyklus* ausgeführt. Dazu werden die in der dritten Phase definierten Ziele zunächst konkretisiert und mit Maßnahmen geplant ($P = Plan$). Diese Maßnahmen werden anschließend durchgeführt ($D = Do$) und im Hinblick auf den angestrebten Soll-Zustand überprüft ($C = Check$). Im letzten Schritt muss entschieden werden ($A = Act$), ob ein stabiler Zustand erreicht worden ist oder ob der Zyklus erneut durchlaufen werden muss. Der PDCA-Zyklus etabliert also einen Regelkreis, der das Erreichen der jeweils nächsten Ziele unterstützt.
- Phase 5 – Strategie und Vision überprüfen: Mit der vierten Phase nähert sich der Reifegrad des digitalen Unternehmens der in der Strategie und Vision festgelegten Zielbeschreibung. Doch auch Strategie und Vision müssen in Abständen überprüft werden, damit sie zu den sich dynamisch ändernden Bedingungen im Wettbewerb des Unternehmens passen. Das Verhalten der Zielgruppen und der Wettbewerber eines Unternehmens im Markt kann jederzeit einen Handlungsbedarf auslösen.

Über seine strategische Basis hinaus muss ein Unternehmen eine Veränderungsfähigkeit und -bereitschaft festschreiben, damit es digital transformationsfähig ist. Für die meisten Unternehmen dürfte es aufgrund des Wettbewerbs- und Innovationsdrucks keine Alternative zu seiner digitalen Transformation geben. Eine Integration des Referenzmodells, der Analyse des Reifegrads entlang der Elemente des Referenzmodells sowie des beschriebenen Vorgehensmodells als Anleitung für die digitale Transformation einer Organisation unterstützt eine zumindest qualitative Einschätzung des Reifegrads der Digitalisierung der jeweiligen Organisation sowie die Beschreibung von phasenbezogenen Aktivitäten und Maßnahmen zu dessen Erhöhung.

2.2 Modellierung und Simulation von digitalisierten Geschäftsprozessen

Prozessmodelle bilden eine wichtige Grundlagen für die Simulation und damit Gestaltung von Geschäftsprozessen. Aufgrund der spezifischen Anforderungen, die unterschiedliche Geschäftsprozesse an ihre Umsetzung stellen, müssen die zugrunde liegenden Modelle in der Lage sein, Besonderheiten beispielsweise hinsichtlich der Abhängigkeiten von

Teilprozessen bzw. Prozessschritten oder hinsichtlich der Kommunikation, insbesondere zwischen unterschiedlichen Prozessen, abzubilden. Denn die korrekte Beschreibung der komplexen Geschäftsprozesse und deren Beziehungen untereinander macht die Umsetzung von digitalisierten Geschäftsprozessen entsprechend der Planung erst möglich. Mit *Business Process Management Systemen (BPMS)* können weiterhin eine direkte Überführung der Modelle in eine Ausführung der modellierten Prozesse mittels geeigneter Laufzeiten realisiert sowie mittels digitaler Zwillinge der Prozesse eine Simulation dieser Prozesse unterstützt werden.

2.2.1 Komplexität von Prozesslandschaften und -architekturen

Um Geschäftsprozesse digitalisieren zu können, müssen verschiedene Herausforderungen gemeistert werden. Eine wesentliche Hürde ist die i. d. R. bestehende Komplexität von realen Geschäftsprozessen, weil oft mehrere Prozesse miteinander verbunden sind. Soll aus den Prozessen die Architektur von Informationssystemen zu deren Unterstützung abgeleitet werden, müssen die erstellten Modelle die Prozesskomplexität abbilden können. In Abschn. 1.4.2 dieses Lehrbuchs sind einige Methoden bzw. Modellierungssprachen dargestellt, die für eine Geschäftsprozessmodellierung genutzt werden können. Im Hinblick auf die konkrete Modellierung von Geschäftsprozessen wird dieser Aspekt nun weiter vertieft:

Jede Organisation unterhält mehr als einen Geschäftsprozess und meistens sind die Prozesse miteinander verbunden und/oder voneinander abhängig. So hat ein *Auftragsbearbeitungsprozess* Schnittstellen zum Prozess *Auftragseingang* auf der einen Seite und zum Prozess *Auslieferung* auf der anderen Seite. Um eine in dieser Art konfigurierte Prozesslandschaft in ihrem Ablaufverhalten vollständig abbilden zu können, müssen die Schnittstellen, Verbindungen, Beziehungen und prozessübergreifenden Sachverhalte strukturiert und sinnvoll dargestellt werden. Für das vorangehend beschriebene Beispiel bedeutet dies, dass die Verbindungen zwischen Auftragseingang, Auftragsbearbeitung und Auslieferung so dargestellt und modelliert werden müssen, dass der Charakter der Prozessarchitektur aus drei Teilprozessen nicht nur erkennbar, sondern im Detail der notwendigen Interaktionen zwischen den Geschäftsprozessen logisch stimmig abgebildet wird. Es ist ein Unterschied, ob drei Teilfunktionen in einem Prozess aufeinander folgen oder ob es sich um voneinander unabhängige Teilprozesse handelt, die an definierten Schnittstellen über Interaktionen eine Austauschbeziehung eingehen. Die Details der Austauschbeziehung in Form von Datenstrukturen und Prozesskontrollinformationen sind hier sehr wichtig (Vgl. Elstermann et al., 2023, S. 135 f.).

Die Abb. 2.2 beschreibt ein Flussdiagramm, welches den Prozess *Lagerentnahme*, die innerhalb des Prozessablaufs *Bestellung* abgearbeitet wird, visualisiert. Die Beschreibung dieses integrierten Prozesses erfolgt in einem eigenen Flussdiagramm und die Art

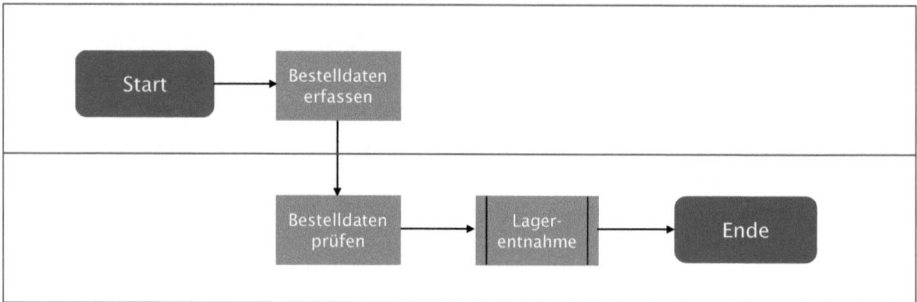

Abb. 2.2 Flussdiagramm mit einem Prozessaufruf. (Eigene Darstellung)

und Weise der situationsgenauen Prozessintegration ist daraus nicht oder kaum noch zu erkennen, da es keine direkte Verbindung zwischen den beiden Darstellungen gibt.

Die eingeschränkte bzw. nicht mögliche Erkennbarkeit der Prozessintegration liegt darin begründet, dass bei Flussdiagrammen unterstellt wird, dass alle Daten, die für die Ausführung eines Prozesses benötigt werden, zu jedem Zeitpunkt in allen Aktivitäten aktuell verfügbar sind. Daher ist eine Betrachtung von Datenaustauschbeziehungen zwischen Prozessen nicht notwendig. Flussdiagrammen sind in der Folge weniger zur Darstellung lose gekoppelter Prozesse oder zur Darstellung von Prozessen, in denen es wichtig ist, den Datenfluss inhaltlich, zeitlich und örtlich genau verfolgen zu können, geeignet (Vgl. Elstermann et al., 2023, S. 137). Das Beispiel macht deutlich, dass sich die in Abschn. 1.4.2 dieses Lehrbuchs vorgestellten Modellierungssprachen sehr unterschiedlich dazu eignen, komplexe Prozessstrukturen und -architekturen abzubilden.

Flussdiagrammen in diesem Punkt sehr ähnlich sind beispielsweise Ereignisgesteuerte Prozessketten (EPK)), die ebenfalls eine Prozessintegration unterstützen, deren genaue inhaltliche und zeitliche Beziehungsstruktur im EPK-Modell jedoch nicht exakt abgebildet werden kann. Abhilfe können hier *Wertkettendiagramme* schaffen, die eine Darstellung der Prozessfolge ermöglichen. Das Wertkettendiagramm in Abb. 2.3 zeigt, dass es sich bei dem Prozess *Systemablage* um einen vom Prozess *Antragsdaten* angestoßenen Folgeprozess handelt, was die Ablauftransparenz und in Kombination mit der EPK die Informationsqualität erhöht. Durch die hierarchische Darstellung ist es zudem möglich, die Unterprozesse – in diesem Beispiel den Prozess *Antragsdaten prüfen* – eines übergeordneten Prozesses darzustellen.

Auch die Kommunikation zwischen unterschiedlichen Prozessen verlangt eine modellhafte Darstellung, welche diese Art der Prozessintegration transparent macht. So lässt sich mittels der Business Process Model and Notation (BPMN) eine Prozesskommunikation darstellen. Abb. 2.4 zeigt ein Beispiel für eine Kommunikation zwischen einem Prozess *Bestellung* und einem Prozess *Lieferung,* in welcher aus der Lane *Bestellwesen* eine Nachricht an die Lane *Lager* übermittelt wird, um die Lieferung zu veranlassen.

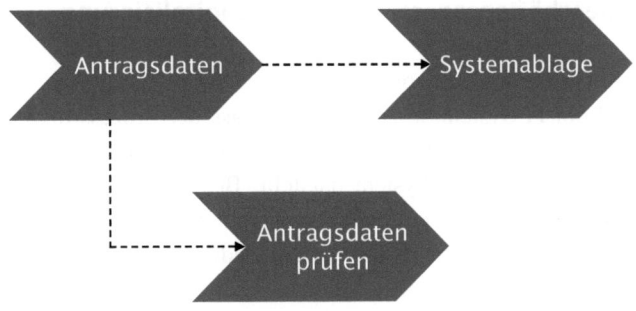

Abb. 2.3 Wertkettendiagramm. (Eigene Darstellung)

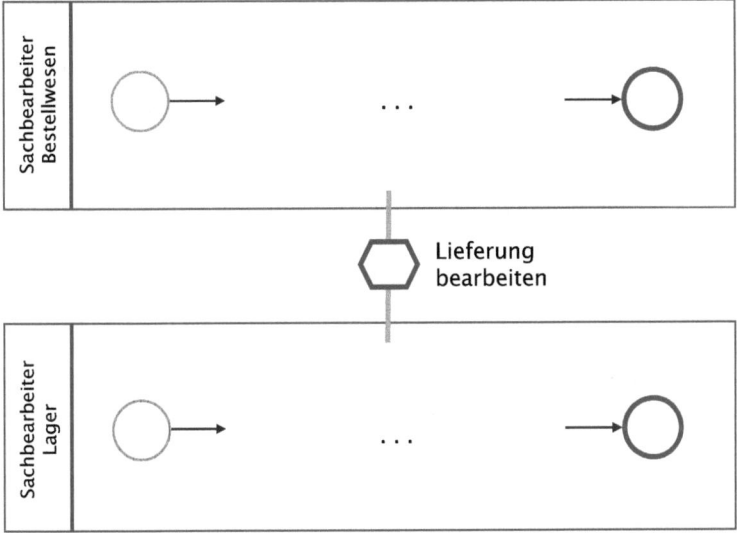

Abb. 2.4 4 Beispiel einer Kommunikation im Business Process Diagramm. (Eigene Darstellung)

Die skizzierten Beispiele zeigen, dass es nicht einfach ist, komplexe Prozessstrukturen so zu abstrahieren, dass sie in den mit Modellierungssprachen erzeugten Modellen hinreichend detailliert und logisch stimmig abgebildet werden. Doch das Erstellen komplexer und zugleich inhaltlich korrekter Geschäftsprozessbeschreibungen bildet eine wichtige Voraussetzung für die Digitalisierung von Geschäftsprozessen. Aus den Beispielen wird ersichtlich, dass die Modellqualität u. a. von den Ausdrucksoptionen und dem methodischen Vermögen der genutzten Modellierungssprache abhängt. Das Geschäftsprozessmodell ist jedoch nur ein erster Schritt zur Umsetzung eines digitalisierten Prozesses (Vgl. Elstermann et al., 2023, S. 152).

2.2.2 Vom Geschäftsprozessmodell zur Digitalisierung

Liegt ein Geschäftsprozessmodell vor, besteht der nächste Schritt darin, dieses Modell zu interpretieren und ein IT-System so zu gestalten, dass der Prozess digitalisiert ablaufen kann. Das Modell wird auf diese Weise indirekt genutzt, weil die inhaltliche Interpretation die Brücke vom Modell zum IT-System darstellt. Bei der Interpretation können Missverständnisse auftreten, die zu einer Qualitätsminderung der digitalen Prozessausführung führen können. Diesem Umstand lässt sich dadurch vorbeugen, dass Modellierungssprachen verwendet werden, die ihrerseits über strukturelle und syntaktische Prüfmechanismen verfügen, welche die Interpretation sowie die Übersetzung in korrekte IT-verständliche Vorgaben unterstützen. Eine lediglich auf einfachen Symbolen basierende Modellierung reicht dafür i. d. R. nicht aus (Vgl. Elstermann et al., 2023, S. 152).

Eine in der beschriebenen Art und Weise vorteilhafte formale Modellierungssprache kann die Option bieten, dass ihre direkte Ausführung in einer Laufzeitumgebung möglich ist. Mit Blick auf die Prozesslandschaft von Organisationen lassen sich daraus zwei typische Aufgabenstellungen ableiten: Erstens müssen Prozesse konfiguriert werden, zweitens benötigen diese Prozesse eine Ablaufsteuerung, also eine Koordination. Diese beiden Aufgaben repräsentieren zwei mögliche Dimensionen der Prozessgestaltung selbst, nämlich die Statik als *Konfigurationsaufgabe* und die Dynamik von Prozessen als *Koordinationsaufgabe*. Im Geschäftsprozessmanagement werden i. d. R. diese beiden Gestaltungsfelder adressiert, deren Eigenschaften die Prozessarchitektur repräsentieren und zugleich die Architektur von Informationssystemen parametrisieren, wie dies bereits im ersten Kapitel dieses Lehrbuchs thematisiert wird. Die Koordination bezeichnet in diesem Kontext „das Aufeinanderabstimmen von Aktivitäten, die von unterschiedlichen Aktoren ausgeführt werden, mit dem Ziel, einen Prozess effizient durchzuführen. Die Aktoren können dabei Personen oder automatisierte Teilprozesse sein" (Vgl. Hansen et al., 2019, S. 100).

Die beschriebenen Zusammenhänge führen zur Architektur und zu den Inhaltselementen von *Business Process Management Systemen (BPMS)*. Diese Systemfamilie steht insbesondere mit der Prozessausführung, also der Dynamik, in einem direkten Zusammenhang. Zentrales Element eines BPMS ist ein Systemteil, der eine Prozessausführung unterstützt, die in Abb. 2.5 als *Process Engine* bezeichnet wird. Damit ein Prozess für seine Durchführbarkeit alle Informationen enthält, muss er, wie in diesem Abschnitt dargestellt, vollständig beschrieben sein. Dies erfolgt über ein Geschäftsprozessmodell und mit einer Modellierungssprache. Die *Business Process Model and Notation (BPMN)* bietet eine Syntax, um Geschäftsprozessschritte grafisch darzustellen. BPMN schafft damit die Voraussetzungen für eine automatisierte Prozessausführung durch eine vollständige Dokumentation der Informationsflüsse.

Mit der Modellierungsumgebung können Geschäftsprozesse definiert und dokumentiert werden, die in einer Modell-Bibliothek verwaltet werden. Über eine Verbindung zur Process Engine werden die modellierten Prozesse an die Ausführungsumgebung übertragen. Prozessbeteiligte können dann in dieser Umgebung eine Laufzeitversion eines

2.2 Modellierung und Simulation von ...

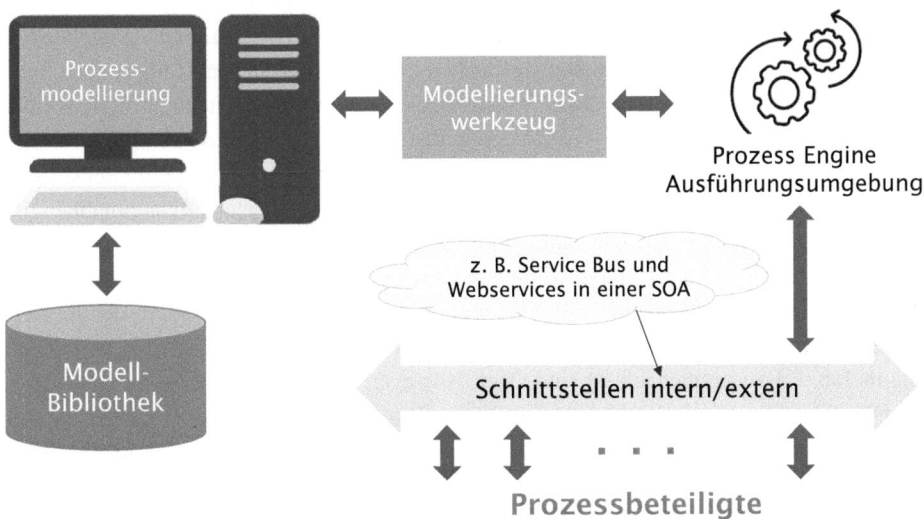

Abb. 2.5 Business Process Management System (BPMS). (Eigene Darstellung)

Prozesses starten. Die Process Engine arbeitet daraufhin die Prozessschritte ab und kommuniziert über Schnittstellen mit internen und externen Stellen und Diensten, die zur Ausführung benötigt werden. Die Prozessbeteiligten können ebenfalls über definierte Schnittstellen und über ein Webportal auf Prozessdaten zugreifen und diese administrieren und visualisieren.

Moderne Arbeitssysteme nutzen diese Ausführungsumgebung auch, um Prozesse zu simulieren. Dazu werden die relevanten Schnittstellen ausschließlich oder teilweise informations- und kommunikationstechnisch realisiert. Über eine Erfassung und Speicherung der relevanten Prozessbewegungsdaten können ein Laufzeitabbild der Prozessumgebung und damit ein digitaler Zwilling[1] erzeugt werden. Digitale Zwillinge werden insbesondere in der Produktions- und Fertigungstechnik und im Zusammenhang mit ingenieurtechnischen Entwicklungsprozessen genutzt, um Prozesse über ihre Virtualisierung ablauffähig und damit analysier- und messbar zu machen. Prozessbewegungsdaten sind auch im Zusammenhang mit der Analyse großer Datenmengen im industriellen Umfeld von großer Bedeutung. In diesem Umfeld greifen mit dem *Process Mining* „Analysetechniken, die anhand von Logdaten Einsichten in die Ausführung von Prozessen ermöglichen" (Hansen et al., 2019, S. 125 f.). Dies erlaubt u. a. die Einsicht, ob ein Geschäftsprozess wie geplant ausgeführt wird.

---

[1] Ein digitaler Zwilling bezeichnet eine virtuelle Repräsentation eines existierenden oder zu erstellenden Objekts oder Systems – dies kann beispielsweise ein physisches Produkt oder ein Prozess sein – das zu Analyse- oder Simulationszwecken genutzt wird. Als Abbild eines physischen Assets unterstützt ein digitaler Zwilling dessen Simulation, Steuerung und Verbesserung (Vgl. Fraunhofer IOSB, o. J.).

Eine ideale Anwendungsmöglichkeit für Business Process Management Systeme (BPMS) ergibt sich bei einem Einsatz von modernen serviceorientierten Umgebungen. In diesen Umgebungen können sog.*Webservices* die Ausführung der Teilprozesse automatisiert übernehmen, wobei diese Webservices intern und extern aufgerufen werden können. Dieses SOA-Konzept – SOA steht für *Service-OrientedArchitecture* – erlaubt eine sehr flexible Zusammenstellung eigenständiger Dienste (Services). Ein Dienst bietet eine oder mehrere Anwendungsfunktion an, deren Aufruf über eine softwareunabhängige Schnittstelle erfolgen kann. Die Summe der so konfigurierten Dienste bildet dann einen Funktionsbereich, der zur Unterstützung von Geschäftsprozessen zum Einsatz kommt. Die Schnittstellen zu den Diensten werden über einen *Service Bus* implementiert, der als Konnektor fungiert. Mit dem Einsatz eines BPMS sind einige Vor- und Nachteile verbunden, die in Tab. 2.1 zusammengefasst sind (Vgl. Allweyer, 2014, S. 29 ff.).

Die Ausführungen in diesem Abschnitt machen deutlich, dass die Modellierung von Geschäftsprozessen eine eminent wichtige Aufgabenstellung ist, die im Geschäftsprozessmanagement einen hohen Stellenwert hat. Der Schritt zur eigentlichen Digitalisierung von Geschäftsprozessen kann indirekt und direkt gegangen werden. Die klassische Umsetzung der Analyse- und Modellierungselemente in Vorgaben für die Realisierung von Informationssystemen ist anfällig für Missverständnisse, die zu einem ggf. fehlerhaften Prozessablauf in der digitalen Umgebung führen können. Mit Business Process Management Systemen (BPMS) kann eine Ausführung auf der Basis der aus der Prozessmodellierung resultierenden Beschreibungen direkt erfolgen. Einen zusätzlichen Nutzen bieten derartige Laufzeitsysteme auch im Hinblick auf eine Realisierung von digitalen Zwillingen zur Simulation.

Tab. 2.1 Vor- und Nachteile des BPMS-Einsatzes. (Eigene Darstellung nach Allweyer, 2014, S. 29 ff.)

Vorteile	Nachteile
• Vollständige Modellierung der Prozesse	• Höhere Gesamtkomplexität durch das Zusammenwirken verschiedener Technologien
• Integration von Softwareentwicklungsumgebungen	• Mögliche Erschwernis bei der Fehlersuche aufgrund der Komplexität
• Bereitstellung einer Basisarchitektur für SOA	• Höhere Anforderungen durch Technologievielfalt
• Anpassbarkeit der Prozessmodelle im Betrieb	• Höhere Gesamtkomplexität und dadurch geringere Prozessflexibilität
• Möglichkeit des Monitorings der Prozesse	• Schwierigere Datenintegration aufgrund der Systemvielfalt
	• Ggf. Performance-Probleme durch die Vielzahl von Schnittstellen

2.3 Implementierung digitalisierter Geschäftsprozesse

Die einzelnen Aktivitäten bei der Gestaltung von Geschäftsprozessen von der Analyse bis zur Ausführung folgen in ihrer Abhängigkeit voneinander einem strukturierten Ablauf. Die Ablauffolge wird durch den Geschäftsprozess-Lebenszyklus mit seinen unterschiedlichen Phasen repräsentiert. Die einzelnen Aufgabenstellungen innerhalb dieses Lebenszyklus beziehen sich auf die Analyse und Modellierung der Geschäftsprozesse, auf die organisatorische und IT-Implementierung sowie auf ihren Betrieb, ihre Steuerung und Kontrolle.

Mit der Analyse und Modellierung der Geschäftsprozesse im Vorfeld der Implementierung der entsprechenden digitalisierten Geschäftsprozesse müssen die Anforderungen an die Gestaltungsebenen sowie die diese Gestaltungsebenen bestimmenden Elemente für die eigentliche Implementierung formuliert werden. Die Implementierung digitalisierter Geschäftsprozesse fokussiert mit den entsprechenden Elementen die Aufbau- und die Ablauforganisation sowie insbesondere die Informationstechnik bzw. die Informationssysteme. Resultierend werden die entsprechenden Prozessinstanzen schließlich teilautomatisiert oder vollautomatisiert zur Ausführung gebracht und über Process Performance Indicator (PPI) messbar gemacht.

2.3.1 Aktivitäten vor der Geschäftsprozessimplementierung

Die Prozessanalyse führt zu Informationen darüber, mit welchen Zielen Prozesse eingerichtet werden sollen. Die Prozesse fußen daher auf den übergeordneten Zielen der jeweiligen Organisation sowie auf der strategischen Ausrichtung der Organisation. Die Ergebnis der Analysephase bilden die dokumentierten Anforderungen als Ausgangspunkt der Geschäftsprozessmodellierung, die sich insbesondere mit der Gestaltung von Prozessverbesserungen und -innovationen beschäftigen muss. Beide Aktivitäten können deshalb nicht strikt voneinander getrennt werden, da z. B. Erkenntnisse aus der Modellierung zu einer erneuten Analyse von bestehenden Sachverhalten führen können. Zusätzlich lassen sich in beiden Phasen immer wieder Ansätze zur Überprüfung und Optimierung finden, die entsprechende Anpassungen im Geschäftsprozessmodell erforderlich machen. Analyse und Modellierung führen schlussendlich zur Beantwortung wichtiger Fragen, die in nachfolgend Punkten aufgelistet sind (Vgl. Elstermann et al., 2023, S. 197):

- Identifizierung und Nennen der handelnden Einheiten (Personen, Stellen, Maschinen und Rechnersystemen),
- Darstellung der Prozessaktivitäten und den dabei einzuhaltenden Geschäftsregeln,
- Beschreibung der Geschäftsobjekte (Aufgabenträger und an sie gebundene Informationen oder physische Gegenstände),

- Identifizierung und Beschreibung der Hilfsmittel, z. B. entlang des Prozesses eingesetzte Informationssysteme,
- Darstellung der Art und Weise, wie alle Prozesselemente miteinander interagieren, um die gewünschten Prozessziele und -ergebnisse zu erreichen sowie
- Entscheidung über die zu nutzenden Modellierungssprachen zur konkreten Um- und Übersetzung der Geschäftsprozesse.

Die Überprüfung der Effektivität von Geschäftsprozessen im Rahmen der Analyse- und Modellierungsphase ist ein wichtiger Aspekt der Optimierung. Einen weiteren Aspekt bildet die Fragen nach der Effizienz der Geschäftsprozesse, wie sie von spezifischen Attributen, wie z. B. der Durchlaufzeit oder den Kosten, repräsentiert wird. Dabei wird eine für diese Effizienzgrößen optimale Prozessablaufgestaltung gesucht. Interventionsebenen für Verbesserung und Optimierung bilden die ablauf- und aufbauorganisatorischen Zusammenhänge und die Unterstützung durch Informationssysteme. Die organisatorische und die IT-Implementierung sind ihrerseits wichtige Teile der Optimierung. Die erläuterte Simulation von Geschäftsprozessen kann dabei helfen, alternative Prozessabläufe zu vergleichen. Sie erlaubt zudem beispielsweise eine Bewertung eines spezifischen Geschäftsprozessmodells, welches mit einer spezifischen Parameterkombination konfiguriert wird. Durch mehrere Prozessdurchläufe mit jeweils alternativen Einstellungen können verschiedene Ablaufoptionen vergleichend analysiert und Engpässe sowie ineffiziente Prozessteile transparent gemacht werden, was allerdings mit einem hohen zeitlichen Aufwand verbunden sein kann. Bei einer simulierten Optimierung können auch Zielkonflikte identifiziert werden, wenn z. B. in der Durchlaufzeit optimierte Prozessabläufe zugleich zu höhere Kosten verursachen. In einem solchen Fall müssen die auf Basis der Rahmenbedingungen festgelegten Prioritäten zu einer endgültigen Entscheidung führen (Vgl. Elstermann et al., 2023, S. 201 f.).

2.3.2 Geschäftsprozessimplementierung

Die für die Implementierung von digitalisierten Geschäftsprozessen wichtigen Gestaltungsebenen sind die Organisation und der Bereich der Informationstechnik (IT) bzw. der Informationssysteme. Mit Bezug zur Organisation müssen geprüfte und optimierte Geschäftsprozesse in ihrer Ausführung von der bestehenden bzw. ganz oder teilweise neu gestalteten organisatorischen Infrastruktur getragen werden. Dies betrifft gleichermaßen die Ablauf- und die Aufbauorganisation. Es ist darauf zu achten, dass einzelne Prozesse i. d. R. einen Teil der Wertschöpfungskette umfassen und daher die Schnittstellengestaltung für die Passgenauigkeit der Abläufe maßgeblich ist. Diese Abhängigkeiten müssen bei der Analyse und Modellierung der Prozesse berücksichtigt werden, damit bei der Implementierung lediglich die zeitliche Synchronisierung von Relevanz ist. Wichtig für die

Implementierung ist weiterhin, dass alle Schnittstellen angepasst werden und das Risiko von Laufzeitproblemen somit minimiert wird.

Die aufbauorganisatorische Integration besteht vor allem darin, die konkreten Handlungsträger, Stellen und Rollen den modellierten und abstrakten Prozessbeteiligten zuzuordnen. Hier ist darauf zu achten, dass zur Laufzeit eine Rollenidentität bei verschiedenen Aktivitäten liegen kann. Dies bedeutet, dass die eingesetzten Informationssysteme die Aufbauorganisation kennen müssen. Moderne Systeme bieten dafür programmierte Rollen- und Berechtigungsformate an, welche die Funktionen an die jeweils richtigen Funktionsträger koppeln. Weiterhin gehören zur organisatorischen Einbettung die Einhaltung von Qualifikationsprofilen bei den Mitarbeitern und das Schließen von Qualifikationslücken durch ein Schulungs- und Ausbildungskonzept. Eine passgenaue Qualifikation stellt sicher, dass die Aufgabenzuordnung einerseits funktioniert, und sie motiviert andererseits die Prozessbeteiligten, ihre Kompetenzen zur Verbesserung der Abläufe einzusetzen (Vgl. Elstermann et al., 2023, S. 202 f.).

Die Gestaltungsebene IT/Informationssysteme spielt neben der Organisation eine wichtige Rolle, da digitalisierte Geschäftsprozesse nur mit IT-Unterstützung wirtschaftlich ausführbar sind. Eine volle oder teilweise Automatisierung erfordert eine besonders hohe Qualität der Prozessabbildung in Informationssystemen. Sind an bestimmten Stellen Personen in das Prozessgeschehen eingebunden, müssen die Informationssysteme so gestaltet werden, dass sie bedarfsgerecht genutzt werden können. Die Implementierung eines Prozesses durch Informationssysteme bedeutet, den Geschäftsprozess als einen IT-gestützten Arbeitsablauf (Workflow) mit einer modellierten Ablauflogik zu integrieren. Dazu müssen die formalen Modellbeschreibungen in eine von einer Process Engine ausführbare Sprache übersetzt werden. Die Ausführung erfolgt dann in der Art und Weise, wie sie im Abschn. 2.2.2 für die BPMS erläutert wurde. Die Prozessausführung benötigt häufig eine Menge von Softwareanwendungen, die für die Erledigung der Aufgaben benötigt und integriert werden, so beispielsweise ERP-, Dokumenten- oder Content-Management-Systeme. Gerade diese systemseitige Vielfalt macht eine sorgfältige Testphase notwendig, um eine hohe Qualität der Prozessunterstützung durch Informationssysteme zu sichern (Vgl. Elstermann et al., 2023, S. 203–204).

Nach der organisations- und IT-seitigen Festlegung von Aufgabenträgern und der Implementierung der Funktionen kann der jeweiligen Geschäftsprozess in Betrieb genommen werden. Voraussetzung dafür ist der Aufbau der informations- und kommunikationstechnischen Infrastruktur und die Einarbeitung der für die Aufgabenausführung vorgesehenen Mitglieder der Organisation. Die informationstechnischen ausführenden Einheiten werden mit den notwendigen Programmen versorgt und die eingebundenen maschinelle Anlagen werden technisch konfiguriert. Wichtig ist die Beachtung der Prozessverknüpfungen, da Organisationen üblicherweise eine Prozesslandschaft aufweisen, in der die einzelnen Geschäftsprozesse in einem Netzwerk zusammenwirken. In den Ausführungen zu den Modellierungssprachen ist beschrieben, wie Prozesse z. B. über den Austausch von Nachrichten miteinander kommunizieren können. Die Prozessintegration kann auch über Daten realisiert werden, wenn beispielsweise ein gemeinsamer Datenserver genutzt wird. Nach den Vorarbeiten zur Konfiguration muss der jeweilige Geschäftsprozess Prozessschritt für Prozessschritt eingeführt und als Gesamtsystem getestet werden. Auf der Basis von BPMN können Prozessschritte auch getestet werden, wenn die verbundenen Aufgabenträger systemseitig simuliert werden.

Wird ein Geschäftsprozess konkret ausgeführt, handelt es sich um eine Geschäftsprozessinstanz, die dadurch entsteht, dass das zugehörige Startereignis eintritt. Ein typisches Startereignis ist das Eintreffen einer Kundenanfrage, mit der die Auftragsbearbeitung startet. Da gleichzeitig mehrere Anfragen eintreffen können, laufen mehrere Geschäftsprozessinstanzen parallel ab, die sich jeweils in unterschiedlichen Bearbeitungszuständen befinden (Vgl. Elstermann et al., 2023, S. 284 f.). Die Geschäftsprozessinstanz repräsentiert also einen modellierten Sachverhalt zur Prozesslaufzeit.

2.4 Steuerung und Kontrolle digitalisierter Geschäftsprozesse

Die implementierten und digitalisierten Geschäftsprozesse müssen, bevor sie in den Produktivbetrieb gehen, zunächst abgenommen werden. Dies bedeutet, dass sie in einer Infrastruktur, die von der Organisation getragen und von Informationssystemen unterstützt wird, ablaufen. Aus den in Modellen dokumentierten Prozessen werden in der Realität den Modellen entsprechende Laufzeitinstanzen. Um die Geschäftsprozesse steuern und kontrollieren zu können, müssen kontinuierlich Informationen erzeugt und analysiert werden, die Rückschlüsse auf die Effizienz und Effektivität der Prozessleistung zulassen. Diese Art der Informationsgewinnung wird als *Monitoring* bezeichnet. Im Zuge eines Monitoring werden den aufgenommenen Messwerten, die als Ist-Werte zur Verfügung stehen, die für das Prozessmodell vorab definierten *Process Performance Indicators (PPI)* gegenübergestellt. Der Vergleich dieser Größen liefert ggf. Abweichungen, auf die das Geschäftsprozessmanagement reagieren muss. Neben kurzfristigen Maßnahmen, die insbesondere bei Störungen und Fehlern zu deren sofortigen Beseitigung erforderlich sind, können mittel- und längerfristig notwendige Maßnahmen geplant werden, wenn der Wertevergleich auf strukturelle Optimierungspotenziale schließen lässt. Eine kontinuierliche Analyse des Laufzeitverhaltens sowie die Ermittlung möglicher Soll-Ist-Differenzen erlauben eine Recherche von Fehlerursachen, die Eingriffe in andere Bereiche der Geschäftsprozessgestaltung und damit der Wertschöpfung notwendig machen können (Vgl. Elstermann et al., 2023, S. 205). Abb. 2.6 zeigt die Abfolge von der Analyse/Modellierung bis zur Steuerung und Kontrolle durch eine Prozessüberwachung.

Die an den Geschäftsprozessen beteiligten Organisationseinheiten führen die Prozessschritte in ihrem Tagesgeschäft aus; dabei durchläuft ein spezifischer Geschäftsvorfall als Instanz die für seine Ausführung erforderlichen Komponenten der Infrastruktur. Intelligente Informationssysteme zeichnen das Verhalten einer Geschäftsprozessinstanz auf. Die

2.5 Zusammenfassung – Entwicklung, Simulation und ...

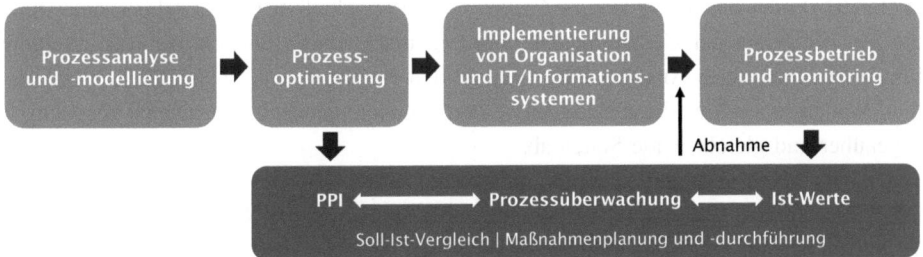

Abb. 2.6 Steuerung und Kontrolle im Geschäftsprozessmanagement. (Eigene Darstellung)

Aufzeichnung erfolgt über Einträge in Logdateien, welche die wichtigsten Vorgangsdaten und einen Zeitstempel speichern. Die Logdateien dienen als Datenbasis für die Ermittlung der Geschäftsprozesskennzahlen (Process Performance Indicators), die wiederum die Voraussetzung für periodische Auswertungen bilden, um strukturelle Optimierungspotenziale ermitteln zu können (Vgl. Abb. 2.6). In modernen Umgebungen bilden die Kennzahlen den Einstieg in *Business Intelligence* Analysen, die mit den Methoden des *Data Mining* und des *Process Mining* verbunden sind. Ein Monitoring mit einer Datenauswertung in Echtzeit ist eine wichtige Voraussetzung für *vorausschauende Analysen (Predictive Analysis)*, die Reaktionen bereits zur Laufzeit einer Geschäftsprozessinstanz ermöglichen (Vgl. Elstermann et al., 2023, S. 286 f.).

2.5 Zusammenfassung – Entwicklung, Simulation und Implementierung digitalisierter Geschäftsprozesse

Die Entwicklung, Simulation und Implementierung von digitalisierten Geschäftsprozessen verlangt ein Referenzmodell, welches die Inhaltselemente der digitalen Transformation von Geschäftsprozessen adressiert, sowie ein Vorgehensmodell, das deren strukturierte Umsetzung unterstützt. Das Referenzmodell stellt dar, welche Faktoren bei der Umsetzung der Implementierung der digitalisierten Geschäftsprozesse zu beachten sind. Als Ausgangspunkt für die Umsetzung dient eine Reifegradanalyse, um den Fortschritt einer Organisation in ihrer Digitalisierung zu bewerten. So können Organisationen ihre digitalen Dimensionen qualitativ als *analog, digitalisiert* oder *vollständig digitalisiert* einstufen.

Das Vorgehensmodell für die digitale Transformation besteht aus fünf Phasen, welche einen strukturierten Ablauf der Implementierung entlang der Phasen *Digitale Vision, Ist-Zustand und Reifegrad, Soll-Zustand, Entwicklungsschritt nach PDCA-Zyklus* sowie *Strategie und Vision* sicherstellt. Es bildet damit das Kernelement für die Steuerung und Kontrolle des Implementierungsprozesses. Die Visualisierung und Beschreibung eines Geschäftsmodells mittels eines geeigneten Canvas– sei es das *Business Model Canvas* (Vgl. Osterwalder & Pigneur, 2011), das *Value PrepositionCanvas* (Vgl. Osterwalder et al., 2015) oder das *Smart Service Canvas* (Vgl. Pöppelbuß & Durst, 2017) – unterstützt die Strukturierung der Gestaltungsfaktoren und macht deren notwendige Ausgestaltung für ein zielgerichtetes Angebot entsprechend den Bedürfnissen der Stakeholder transparent. Weiterhin stellt es diese Bedürfnisse den angebotenen digitalen (Dienst-)Leistungen gegenüber und gleicht beide Seiten ab.

Die Herausforderungen der Digitalisierung umfassen die Abbildung komplexer Geschäftsprozesse, die Integration intelligenter Systeme und die Nutzung von Monitoring-Techniken zur Analyse und Optimierung der digitalisierten Geschäftsprozesse. Schließlich müssen Organisationen sicherstellen, dass die digitalen Prozesse wirtschaftlich ausgeführt werden und ihre Einbindung in ihr Umfeld effizient funktionieren.

2.6 Orientierungsfragen

2.6.1 *Welche sind die zentralen Elemente der digitalen Transformation in Unternehmen? Nennen Sie diese.*

2.6.2 *Welche fünf Phasen umfasst das Vorgehensmodell zur digitalen Transformation nach* Appelfeller und Feldmann (2023)*?*

2.6.3 *Welche Rolle spielt das Geschäftsprozessmanagement (BPM) im Kontext der Digitalisierung von Geschäftsprozessen?*

2.6.4 *Was ist ein digitaler Zwilling und wie wird er genutzt?*

Literatur

Allweyer, T. (2014). *Einführung in Business Process Management-Systeme*. Books on Demand.

Appelfeller, W., & Feldmann, C. (2023). *Die digitale Transformation des Unternehmens: Systematischer Leitfaden mit zehn Elementen zur Strukturierung und Reifegradmessung* (2., überarbeitete und erweiterte Aufl.). Springer Gabler.

Drees & Sommer. (2024). *Studie Transform to Succeed*. Drees & Sommer, TH Aschaffenburg, Februar 2024. https://www.dreso.com/de/en/transform-to-succeed-digitalisierungsstudie-2024. Zugegriffen: 27. März 2024.

Elstermann, M., Fleischmann, A., Moser, C., Oppl, S., Schmidt, W., & Stary, C. (2023). *Ganzheitliche Digitalisierung von Prozessen. Perspektivenwechsel – Design Thinking – Wertegeleitete Interaktion* (2. Aufl.). Springer Vieweg.

Fraunhofer IOSB. (o. J.). *Digitale Zwillingssysteme – das Schlüsselkonzept für Industrie 4.0*. Fraunhofer IOSB. https://www.iosb.fraunhofer.de/de/geschaeftsfelder/automatisierung-digitalisierung/anwendungsfelder/digitaler-zwilling.html. Zugegriffen: 5. Dez. 2024.

Hansen, H., Mendling, J., & Neumann, G. (2019). *Wirtschaftsinformatik: Grundlagen und Anwendungen*. 12. völlig neu (bearbeitete). de Gruyter.

Osterwalder, A., & Pigneur, Y. (2011). *Business Model Generation: Ein Handbuch für Visionäre, Spielveränderer und Herausforderer*. Campus.

Literatur

Osterwalder, A., Pigneur, Y., Bernarda, G., Smith, A., & Papadakos, T. (2015). *Value Proposition Design*. Campus.

Pöppelbuß, J., & Durst, C. (2017). Smart Service Canvas – Ein Werkzeug zur strukturierten Beschreibung und Entwicklung von Smart-Service-Geschäftsmodellen. In M. Bruhn & K. Hadwich (Hrsg.), *Dienstleistungen 4.0. Geschäftsmodelle – Wertschöpfung – Transformation. Band 2*. Springer Gabler.

Rock, V., & Schlesinger, S. (2023). *PropTech Germany 2023 Studie*. TH Aschaffenburg, Blackprint. https://www.th-ab.de/fileadmin/th-ab-redaktion/dokumente/Forschung/Projekte/PropTech-Germany-2023-Studie.pdf. Zugegriffen: 11. März 2024.

Rodeck, M., Schulz-Wulkow, C., Fischer, M., Hellmuth, A., Kohl, N., & Seyler, N. (2020). *Fünf Jahre Digitalisierung in der Immobilienwirtschaft*. ZIA/EY Real Estate. https://zia-deutschland.de/wp-content/uploads/2021/04/2020_ZIA-EY_Real_Estate_Digitalisierungsstudie_final.pdf. Zugegriffen: 25. März 2024.

Geschäftsprozesse und IT-Systeme in der Immobilienwirtschaft

3

Als wichtiges Gestaltungsfeld für die Vorgehensweisen, Methoden und Instrumente, die in diesem Lehrbuch dargestellt werden, dienen die Geschäftsprozesse der Wohnungs- und Immobilienwirtschaft. Diese Vorgehensweisen, Methoden und Instrumente zielen darauf ab, eine digitale Transformation der entsprechenden Geschäftsprozesse zu realisieren und damit deren Effizienz und Stakeholder-Orientierung zu erhöhen. Dazu implementieren sie Maßnahmen und technische Lösungen, die Grundlagentechnologien entsprechend dem Stand der Technik, wie beispielsweise das Datenmanagement einschließlich der Datenanalyse, „konventionelle" Informations- und Internettechnologien, E-Commerce und Cloud Computing, sowie innovative Digitalisierungstechnologien zum Einsatz bringen und zu einer (Voll-)Automatisierung führen können.

Dieses Kapitel steckt mit der Darstellung einer Prozesslandkarte entlang des Immobilienlebenszyklus bestehend aus den Phasen *Planung, Bau, Betrieb* sowie *Sanierung/Abriss* (Vgl. Heinrich, 2022) zunächst den Rahmen ab, in welchem die einschlägigen Methoden und Instrumente der digitalen Transformation eingesetzt werden. Im Einzelnen werden dazu die folgenden Inhalte behandelt:

- Ausgehend von den Lebenszyklusphasen einer Immobilien wird zunächst ein Überblick über wichtige Geschäftsprozesse jeder Phase gegeben. Einzelne Geschäftsprozesse der Planungsphase sowie insbesondere der Betriebsphase von Immobilien werden aufgrund ihrer Bedeutung als Kerngeschäftsprozesse der Wohnungswirtschaft explizit herausgestellt und erläutert.
- Im zweiten Abschnitt dieses Kapitels werden die wichtigsten IT-Systeme, welche die Kerngeschäftsprozesse im Immobilienlebenszyklus unterstützen, wie z. B. CAD- und Projektmanagementsysteme in der Planungsphase oder Dokumentenmanagement-,

ERP- und CAFM-Systeme in der Betriebsphase, beschrieben. Weiterhin beleuchtet dieser Abschnitt die Rolle von PropTechs und die Bedeutung der von diesen Unternehmen bereitgestellten Lösungen.
- Der dritte Abschnitt zeigt die Methoden, Werkzeug und die wichtigsten Aspekte zur Verbesserung bzw. Optimierung von wohnungs- und immobilienwirtschaftlichen Geschäftsprozessen auf. Den Ausgangspunkt bildet die Beschreibung der Analyse von Geschäftsprozessen. Weiterhin werden die Ziele und die angestrebten Effekte der Digitalisierung und Automatisierung dieser Geschäftsprozesse dargestellt.
- Der vierte Abschnitt diskutiert abschließend die hohe Bedeutung und die Nutzung von Portalen und Plattformen in der Wohnungs- und Immobilienwirtschaft. Die Kommunikation und die Interaktionen, die mit derartigen Plattformen realisiert werden, lassen sich anhand existierender Anwendungsbeispiele, wie Angebotsportale für Wohnungen und Häuser, z. B. *ImmoScout24, Immowelt* oder *WG-gesucht,* sowie an konzeptionellen Überlegungen für zu entwickelnde digitale Plattformen zur Interaktion von unterschiedlichen immobilienwirtschaftlichen IT-Systemen darstellen.

3.1 Kerngeschäftsprozesse im Immobilienlebenszyklus

Der Immobilienlebenszyklus wird durch die oben genannten Phasen *Planung, Bau, Betrieb* und *Sanierung/Abriss* gebildet (Vgl. Heinrich, 2022), welche die jeweils relevanten Kernprozesse tragen. Diese Kernprozesse lassen sich – ergänzt um Führungs- und Unterstützungsprozesse – in einer Prozesslandkarte darstellen, welche diese Prozesse in eine Struktur einordnet. Abb. 3.1 zeigt eine solche Prozesslandkarte, in welcher die wichtigsten Kernprozesse den Lebenszyklusphasen von Immobilien zugeordnet sowie grundlegende immobilienwirtschaftliche Führungs- und Unterstützungsprozesse illustriert sind.

Die in der Prozesslandkarte dargestellten Kernprozesse orientieren sich am Immobilienlebenszyklus-Modell von *Kämpf-Dern/Pfnür* (Vgl. Kämpf-Dern & Pfnür, 2009, S. 14) und strukturiert die wichtigsten Aufgaben in den unterschiedlichen Ebenen des Immobilienmanagements[1]. Sie lassen sich in ihren jeweiligen Funktionen entlang des Immobilienlebenszyklus wie folgt beschreiben:

- Planung/Entwurf: Der Kernprozess *Bedarfserstellung, Finanzierung* stößt den Immobilienlebenszyklus an, indem auf der Ebene des Investmentmanagements ein konkreter

---

[1] Das Immobilienmanagement ist grundsätzlich in die Ebenen Investment-, Portfolio- und Objektmanagement untergliedert. Die untere Ebene des Objektmanagements setzt sich aus einer strategischen Objektebene, das Asset Management und einer operativen Objektebene zusammen, welche die Konzeption/Produktentwicklung, das Transaktionsmanagement, das Projekt-/Baumanagement sowie das Property Management bzw. das Facility Management integriert (vgl. Kämpf-Dern & Pfnür, 2009, S. 23 f.)

3.1 Kerngeschäftsprozesse im Immobilienlebenszyklus

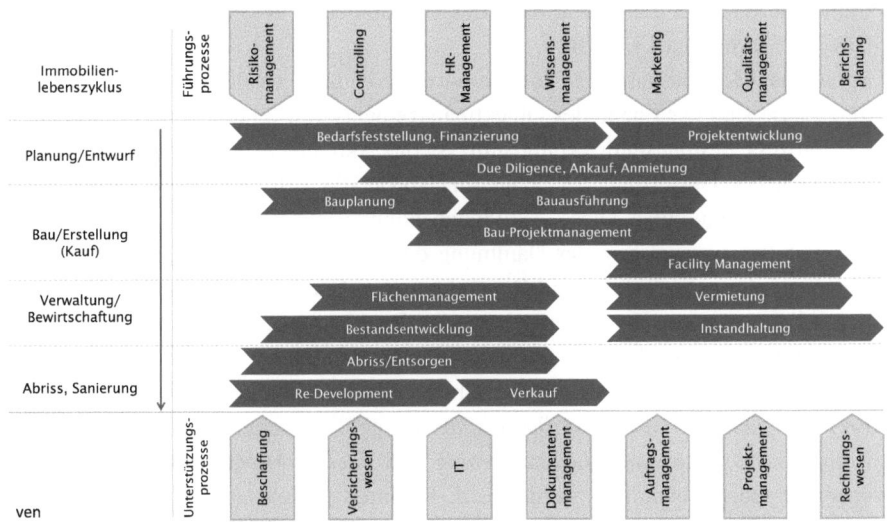

Abb. 3.1 Prozesslandkarte immobilienwirtschaftlicher Prozesse. (Eigene Darstellung verändert nach Liese, 2013, S. 141)

Nutzungsbedarf einer Immobilien ggf. verbunden mit einem Investitionsbedarf ermittelt wird. Mit dieser Bedarfsfeststellung werden die mögliche Finanzierung der Immobilie durch das Investmentmanagement eines Wohnungsunternehmens, einer Immobilien- oder Fondgesellschaft, eines Kreditinstituts oder einer anderen Organisation geplant sowie ein oder mehrere Investoren für diese Immobilien akquiriert. Im weiteren Verlauf der Planungs-/Entwurfsphase erfolgt im *Due Diligence* Prozess eine genaue Prüfung und Analyse des Investitionsvorhabens und es fällt eine Entscheidung über Ankauf, Anmietung oder Bau einer Immobilie zur Erfüllung der festgestellten Bedarfe. Auf Basis dieser Entscheidung wird die Immobilie im *Projektentwicklungsprozess* im Detail geplant, d. h. die Idee bzw. der Bedarf bzgl. der Immobilie, die Planungen zum Standort sowie die monetären Überlegungen werden zusammengeführt und es werden Entscheidungen zu Entwurf, Nutzung, Funktion, Qualität, Kosten und Terminen im Zusammenhang mit der Immobilie getroffen (Vgl. Herten & Pommer, 2014, S. 3).

- Bau/Erstellung: Diese Phase des Immobilienlebenszyklus umfasst die Kernprozesse *Bauplanung, Bau-Projektmanagement* und *Bauausführung.* Die *Bauplanung* beinhaltet alle Aktivitäten zur Vorbereitung der Umsetzung der in der vorangehenden Lebenszyklusphase durchgeführten *Projektentwicklung,* also die Planung eines Neubaus oder einer Sanierung bzw. eines Umbaus einer existierenden Immobilie. Die Prozesse *Bau-Projektmanagement* und *Bauausführung* gehen Hand in Hand: Mit dem Projektmanagementprozess wird die Bauausführung gesteuert und überwacht, der Prozess der Bauausführung integriert alle physischen Aktivitäten des Neubaus einer

Immobilie oder der Sanierung bzw. des Umbaus einer bestehenden Immobilie (Vgl. Nävy & Schröter, 2013, S. 56).
- Verwaltung/Bewirtschaftung: Die Kernprozesse in der Verwaltungs- bzw. Bewirtschaftungsphase sind der Ebene des Objektmanagements von Immobilien zuzuordnen. Der Kernprozess *Bestandsentwicklung* umfasst die Aktivitäten insbesondere der Planung wie auch der Umsetzung der Sanierung sowie des Erhalts und der Erhöhung des Werts einer Immobilie. Diese Aktivitäten können in energetischen Maßnahmen liegen, wie beispielsweise in der Dämmung des Gebäudes oder im Einbau einer neuen Heizungsanlage, Wartungen und Reparaturen von Geräten, Anlagen und der Immobilien selbst sowie die Erweiterung bzw. den Rückbau einer Immobilie umfassen. Mit der Umsetzung einer *Bestandsentwicklung* wird der Lebenszyklus einer Immobilien in die Bauphase zurückgeführt, da die Umsetzungsmaßnahmen wieder durch ein *Bau-Projektmanagement* und eine *Bauausführung* geführt werden müssen. Die weiteren Kernprozesse *Vermietung*, *Instandhaltung* und *Facility Management* fokussieren die operative Objektebene und werden i. d. R. durch geeignete IT-Systeme, wie ERP-, CRM-, CAFM-Systeme unterstützt. Der *Vermietungsprozess* umfasst die Aktivitäten zur Begleitung des Mieterlebenszyklus von der Vermarktung einer Immobilie bzw. dem Lead Management über das Bewerbermanagement, Vertragsmanagement, Mieterverwaltung, Zahlungsmanagement, Vermietungsende bis hin zur Übergabe (Vgl. Shah, 2017). Der *Instandhaltungsprozess* integriert die Inspektion, Wartung, Instandsetzung und teilweise die Verbesserung von Immobilien. Der Facility Management Prozess beinhaltet die Aktivitäten bzw. Teilprozesse zur Bewirtschaftung einer Immobilie. Dazu gehören beispielsweise die Errichtung und Instandhaltung elektrischer Anlagen, das Energiemanagement, die Gebäudereinigung und die Ver- und Entsorgung.
- Abriss, Sanierung: Mit der Abriss-/Sanierungsphase schließt sich der Immobilienlebenszyklus. Der Prozess *Abriss, Entsorgung* fasst die physischen Aktivitäten zusammen, um eine Immobilie abzureißen und die Baumaterialien einer Wiederverwertung zuzuführen oder diese zu entsorgen. Ähnlich wie der Prozess der *Bauausführung* muss dieser Prozess durch ein Projektmanagement gesteuert und überwacht werden. Mit dem Kernprozess *Redevelopment* geht die Immobilie in die Lebenszyklusphase Planung/Entwurf über, denn dieser Prozess repräsentiert eine neuerliche *Projektentwicklung* der Immobilie. Wird der Kernprozess *Verkauf* in der Lebenszyklusphase Abriss, Sanierung verfolgt, so wird dieser in den Schritten Identifizierung der Zielkunden, Lead-Generierung, Qualifizierung der potenziellen Kunden, Angebotserstellung und -übergabe, Verhandlung, Abschluss und Kundenbetreuung ausgeführt.

Mit den in Abb. 3.1 visualisierten und vorangehend skizzierten Kernprozessen werden einige wichtige dieser Prozesse entlang des Immobilienlebenszyklus auf einer hohen Aggregationsebene strukturiert erfasst. Die dargestellten Kernprozesse zeigen keine vollständiges Bild aller im Immobilienlebenszyklus auszuführenden Geschäftsprozesse, sondern geben lediglich einen groben Überblick über den möglichen Verlauf eines Immobilienlebenszyklus. Einige der dargestellten Kernprozesse werden im Folgenden weiter detailliert und erläutert. Hingegen werden die Führungs- und Unterstützungsprozesse, die in der Prozesslandkarte dargestellt sind, in diesem Lehrbuch lediglich am Rande und im Zusammenhang mit verbundenen Kernprozessen eingehender behandelt.

3.1.1 Planung/Entwurf – Investment- und Transaktionsmanagement

Die Kernprozesse in der Immobilienlebenszyklusphase *Planung und Entwurf* werden von der Investmentmanagementebene gesteuert und integrieren Funktionen des Transaktionsmanagements, das der operativen Objektebene zugeordnet ist. Diese Prozesse zielen darauf ab, den identifizierten Bedarf an einer Immobilie zu verifizieren, die Finanzierung der Immobilie zu sichern, alle technischen und wirtschaftlichen Rahmenbedingungen genau zu überprüfen, einen Neubau oder eine Immobilientransaktion (Ankauf, Anmietung) vorzubereiten und ein Immobilienprojekt mit dem Kernprozess *Projektentwicklung* technisch und wirtschaftlich zu konzipieren und im Detail zu planen. In diesem Abschnitt wird mit dem *Due Diligence Prozess,* in welchem die technischen und wirtschaftlichen Rahmenbedingungen für einen Neubau oder die Transaktion einer Immobilie eingehend überprüft werden, ein in der *Planungs- und Entwurfsphase* des Immobilienlebenszyklus entscheidender Kernprozess exemplarisch genauer beschrieben.

Mit dem *Due Diligence Prozess* prüfen und bewerten die Investoren eines Neubaus bzw. die Käufer oder Mieter einer Bestandsimmobilie die Risiken, die mit dem Kauf und der Nutzung eines Grundstücks oder einer bestehenden Immobilie verbunden sind. In diesen Kernprozess sind Architekten, die Bauleitung und das Projektmanagement der Investoren eingebunden, um die jeweilige Immobilie auf versteckte Mängel oder andere unbekannte Nachteile zu prüfen (Vgl. Hagmann, 2023). Im Zuge eines *Due Diligence Prozesses* werden die technische Infrastruktur und die technischen Anlagen, die Umweltverträglichkeit und Nachhaltigkeit eines Grundstücks oder einer Immobilie sowie die bei einer Transaktion relevanten kaufmännischen, juristischen und steuerlichen Faktoren geprüft und bewertet. Es handelt sich dabei um einen mehrstufigen Prozess, der mit der Definition einer Zielsetzung beginnt und über die Festlegung der Verantwortlichkeiten für die Prüfung sowie die Planung und Vorbereitung eines strukturierten Dokumentenmanagements zur eigentlichen Prüfung der entsprechenden Faktoren in den genannten Feldern führt und mit der Analyse, Bewertung und Protokollierung der aufgenommenen Daten abschließt. Als Ergebnis steht ein Bericht, der mit den Stakeholdern geteilt wird. Die Abb. 3.2 visualisiert die Aktivitäten und wichtige Ereignisse dieses Kernprozess in einem Geschäftsprozessmodell nach der *Business Process Model and Notation (BPMN)*

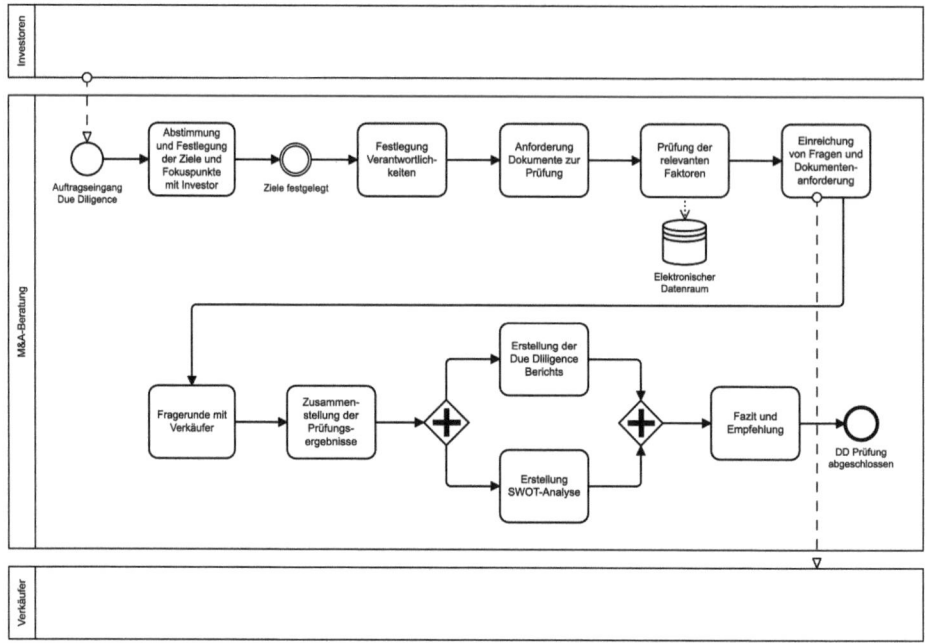

Abb. 3.2 BPMN des Kerngeschäftsprozesses Due Diligence. (Eigene Darstellung)

unter Einbindung eines Beratungsunternehmens für Mergers & Acquisitions[2], welches die Prüfung und Bewertung vornimmt.

Beim *Due Diligence Prozess* handelt es sich um einen Kernprozess der *Planungs- und Entwurfsphase* des Immobilienlebenszyklus, der in Teilen digitalisiert werden kann: So kann beispielsweise eine Zuordnung von Daten und Dokumenten zu den relevanten thematischen Feldern Technik, Umwelt/Nachhaltigkeit, Kaufmännisches, Recht und Steuern in einem elektronischen Datenraum KI-gestützt vorgenommen werden, sodass das Dokumentenmanagement vereinfacht wird. Weiterhin lassen sich z. B. die Prüffaktoren in den genannten Feldern mittels Mustererkennung untersuchen und auf Basis der erkannten Muster kategorisieren. Eine solche Kategorisierung unterstützt eine zügige Bewertung und Validierung dieser Faktoren.

Auch für den Kernprozess *Projektentwicklung* sowie für einige in die *Planungs-/ Entwurfsphase* integrierte Funktionen des Transaktionsmanagements, also der Steuerung und Lenkung des Ankaufs bzw. der Anmietung von Immobilien, ist ein Einsatz digitaler

---

[2] Mergers & Acquisitions (M&A) bezeichnet für gewöhnlich eine Fusion oder eine Verschmelzung von Unternehmen zu einer rechtlichen und wirtschaftlichen Einheit (Mergers) oder den Erwerb von Unternehmenseinheiten oder eines ganzen Unternehmens (Acquisitions). Dieser Begriff umfasst alle Aktivitäten im Kontext einer Übertragung und Belastung von Eigentumsrechten an Unternehmen (vgl. Mietzer, 2018).

Werkzeuge sowie Plattformen möglich und zielführend. Wichtige Aufgaben des *Projektentwicklungsprozesses* liegen in Analysen und Risikobewertungen, die dem (Um-)Bau einer Immobilie vorausgehen, in der Vertragsabwicklung mit Bauträgern bzw. Bauunternehmen sowie in der Steuerung der eigenen Projekte. Damit verbunden lassen sich die folgenden Digitalisierungstechnologien für den Projektentwicklungsprozess nutzbar machen (Vgl. Moring et al., 2018, S. 144 ff.):

- *Predictive Analytics:* Im Zuge der durchzuführenden Analysen und Risikobewertungen werden die häufig umfangreich vorhandenen Daten zum Grundstück, zu den lokalen Gegebenheiten und deren Entwicklung, zu Erschließungs- und Baukosten, etc. herangezogen werden, um wichtige Bewertungsgrößen vorherzusagen. Mit dieser Technologie, die ergänzt um *KI-Technologien* als selbstlernendes System betrieben werden kann, lassen sich valide Vorhersagen über die künftige Nutz- und Verwertbarkeit von geplanten Immobilienprojekten machen und damit die mit der Planung einhergehenden Risiken minimieren. Zudem lassen sich zahlreiche Prozessschritte im Zuge der Risikoanalysen und -bewertungen mittels einer strukturierten Auswertungen großer Datenmengen effizienter gestalten und damit zügiger abschließen.
- *Smart Contracts:* Zur fortlaufenden und selbstständigen Prüfung der Erfüllung von Verträgen nach deren Abschluss lassen sich mit *Smart Contracts* Technologien nutzen, die mit Blockchains arbeiten. Wenn vorab eingestellte Vertragsbedingungen eintreten, können über einen *Smart Contract* bestimmte Aktivitäten automatisch ausgelöst werden. So können beispielsweise automatisiert Bestellungen oder Zahlungen ausgelöst werden, wenn ein definierter Meilenstein erreicht ist.
- *Internet of Things (IoT):* Mit der Vernetzung von Objekten, Prozessen und Echtzeit-Datenauswertungen wird eine verbesserte Steuerung der Aktivitäten in der Projektentwicklung realisiert, sodass dieser Kernprozess deutlich schneller und risikoärmer abgewickelt werden kann. Standardisierte Prozessschritte im Projektcontrolling, wie beispielsweise die Überprüfung von Terminen oder die Bestätigung von Projekt-Meilensteinen lassen sich mit *Internet of Things Technologien* automatisch überwachen, steuern und ausführen.

3.1.2 Bau/Erstellung – Bau- und Projektmanagement

Mit der Phase *Bau/Erstellung* des Immobilienlebenszyklus beginnen die physischen Arbeiten an einem entsprechenden Immobilienprojekt. Diese Phase umfasst als wichtigste Kerngeschäftsprozesse die *Bauplanung* und *Bauausführung* sowie das begleitende *Bau-Projektmanagement*, die auf der operativen Objektebene durch das Projekt-/ Baumanagement gesteuert werden. Zweck der Prozesse in dieser Phase ist es, den Um- oder Neubau bzw. die Sanierung einer Immobilie entlang der in der Projektentwicklung bestimmten Rahmenbedingungen und festgelegten Ziele optimal zu planen und im Rahmen des bereitgestellten Budgets kostenoptimal, zeitgerecht und qualitativ hochwertig umzusetzen. Wichtige Faktoren für eine zielführende Abwicklung der Prozesse in dieser Phase des Immobilienlebenszyklus sind die Größe und die Komplexität des jeweiligen Projekts, die Anzahl und Fachkenntnis der an der Umsetzung beteiligten Organisationen und Personen sowie das Maß der Digitalisierung, das in dieser Phase erreicht werden kann.

Um die Bau- bzw. Sanierungsaktivitäten in dieser Phase sicher und zielorientiert durchzuführen, müssen alle relevanten Sachverhalte am Bau, wie beispielsweise die Ausführung bestimmter Arbeiten oder die Fertigstellung von Gewerken und Baumängeln, detailliert erfasst und dokumentiert werden. Hier können grundlegende informationstechnische Werkzeuge, wie z. B. ein digitales Archiv oder ein Baumanagement-System, wichtige Unterstützungsleistungen erbringen. Die Abb. 3.3 zeigt die Akteure und die Teilprozesse, die die Kernprozesse *Bauplanung* und *Bauausführung* tragen, und gibt damit einen visuellen Überblick über die wesentlichen Aufgaben, die in diesen Prozessen abzubilden sind. Insbesondere die *Bauplanung* kann durch den Einsatz von digitalen Planungs- und Managementwerkzeugen, wie beispielsweise *Building Information Modeling (BIM)* für die 3D-Modellierung sowie die Integration verschiedener Bauphasen oder*Computer Aided Design (CAD)*-Systeme zur Erstellung von Bauplänen, in ihrer Effizienz und Zielerreichung deutlich verbessert werden. Ein Beispiel für den umfassenden Einsatz derartiger Technologien – BIM, CAD und Internet-of-Things (IoT) – bildet das Projekt „The Edge" in Amsterdam, das als eines der intelligentesten und nachhaltigsten Gebäude der Welt gilt (Vgl. Jalia et al., o. J., S. 7 ff.).

Die in Abb. 3.3 dargestellten Teilprozesse zeigen, dass diese vielfältige Interdependenzen untereinander und mit parallellaufenden Prozessen aufweisen. Es handelt sich um sehr komplexe Prozesse, in die zahlreiche Akteure einzubinden sind, die teilweise iterativ ablaufen und die planerische, bautechnische und Managementaktivitäten (Qualitätsmanagement, Risikomanagement) integrieren. Die Autoren dieses Lehrbuchs verzichten auf eine tiefergehende Darstellung und Diskussion der Kernprozesse der Immobilienlebenszyklusphase *Bau-/Erstellung* sowie der Möglichkeiten und Ansätze einer digitalen Transformation dieser Prozesse, da aufgrund der Komplexität der entsprechenden Prozesse und des hohen Spezialisierungsgrads der unterstützenden Lösungen – BIM und CAD-Systeme sind bereits kurz beschrieben – eine gesonderte auf diese Prozesse und Technologien fokussierte Behandlung erfolgen muss. Die Methoden und Instrumente der digitalen Transformation von Geschäftsprozessen, die in diesem Lehrbuch behandelt werden, lassen sich dennoch auch auf die Kernprozesse in der Bau- und Entwicklungsphase des Immobilienlebenszyklus anwenden.

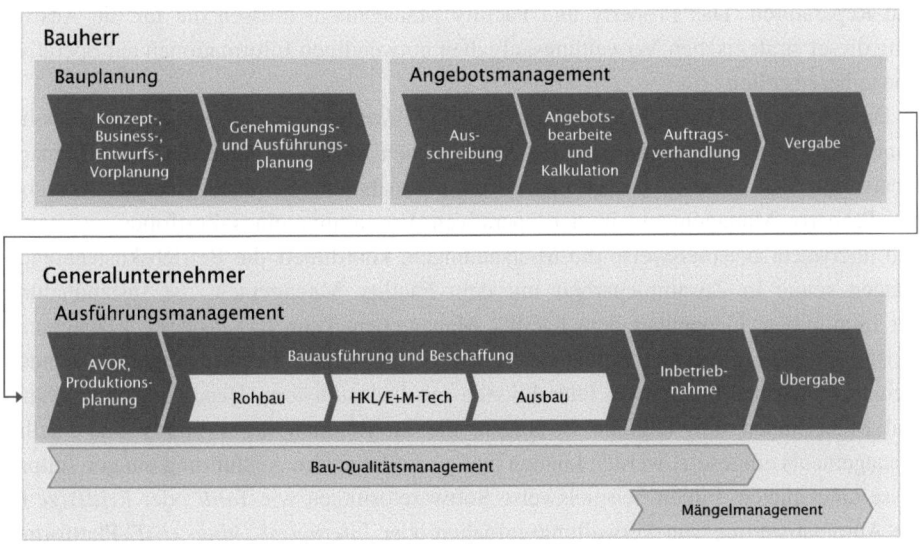

Abb. 3.3 Teilprozesse in den Kernprozessen Bauplanung und Bauausführung. (Eigene Darstellung)

3.1.3 Verwaltung/Bewirtschaftung – Asset Management, Property Management und Facility Management

Die Kernprozesse der Immobilienlebenszyklusphase *Verwaltung/Bewirtschaftung* werden durch das *Asset Management* im Zusammenspiel mit dem *Property Management* und dem *Facility Management* gesteuert. Dabei kommen jeder dieser Managementfunktionen bzw. -ebenen spezifische Aufgaben zu. Um eine funktions- und verantwortungsgerechte Zuordnung der Kernprozesse in dieser Phase und die entsprechenden Aufgaben zu den genannten Managementebenen beschreiben zu können, werden diese nachfolgend zunächst definiert und gegeneinander abgegrenzt.

Die Aufgaben des *Asset Managements* liegen in der strategischen Verwaltung und in der Sicherung des Werterhalts sowie der Wertsteigerung sowohl von gewerblichen als auch von wohnungswirtschaftlichen Immobilienportfolios. Die Aufgaben der strategischen Verwaltung umfassen hier insbesondere die strategische Planung und Entwicklung des Portfolios sowie die Steuerung der Managementebenen Property Management und Facility Management, welche die operative Verwaltung ausführen und insbesondere im Gewerbeimmobilienbereich oft durch Dienstleister abgebildet werden (Vgl. Seilheimer, 2013, S. 225). Eine der Kernaufgaben der strategischen Verwaltung, die durch das Asset Management wahrgenommen wird, liegt in der Vermietung von Immobilien bzw. von Gewerbeflächen. Werterhaltende und wertsteigernde Aufgaben bilden die quantitative Bewertung des Zustands des verwalteten Portfolios, die Ableitung der Kosten für notwendige Sanierungen sowie die Bereitstellung von Budgets für Sanierungen, Wartungen und Reparaturen. Das Property und Facility Management müssen die für die Ausführung dieser strategischen Verwaltungsaufgaben notwendigen Informationen auf operativer Ebene bereitstellen.

Das *Property Management* und das *Facility Management* bilden die maßgeblichen Funktionsbereiche zur Umsetzung der strategischen Entscheidungen des Asset Managements und der entsprechenden operativen Maßnahmen. Somit liegen die Aufgaben des Property Managements in der operativen Verwaltung eines Portfolios, es steuert und überwacht beispielsweise die Mietzahlungen, koordiniert die Betriebskostenabrechnungen sowie in Zusammenarbeit mit dem Facility Management die Instandhaltung der Immobilien. Gegenüber dem Facility Management kann das Property Management weisungsbefugt sein (Vgl. Seilheimer, 2013, S. 226). Das Facility setzt insbesondere technische Maßnahmen sowie Interaktionen mit Dienstleistern, Handwerksunternehmen und Mieter:innen um. Digitale Lösungen, die im Rahmen des Property und Facility Managements eingesetzt werden können und eine effizientere Ausführung einiger Teilprozesse unterstützen, bilden beispielsweise Softwarelösungen wie *Yardi* oder *RealPage* für die Automatisierung von Verwaltungsaufgaben oder *Internet of Things (IoT)*-Plattformen zur Überwachung und Steuerung von Gebäudefunktionen und -zuständen sowie zur präventiven Wartung.

In der Abgrenzung stehen die drei dargestellten Managementebenen in einem hierarchischen Verhältnis zueinander: Das Asset Management lenkt und steuert das Property und das Facility Management. Somit legt das Asset Management die Rahmenbedingungen für die operativen Aktivitäten der anderen beiden Managementebenen fest und bestimmt die übergeordneten Portfolio- und Investitionsstrategie für das verantwortete Portfolio, die durch das Property und das Facility Management umzusetzen sind (Vgl. Seilheimer, 2013, S. 225). Es ist gegenüber diesen beiden Ebenen weisungsbefugt. Weiterhin berichtet das Facility Management i. d. R. an das Property Management, sodass dies sowohl die operativen kaufmännischen als auch die operativen technischen Prozesse steuert.

In den dargestellten Managementebenen der Phase *Verwaltung/Bewirtschaftung* werden spezifische Kernprozesse abgewickelt, die diese Phase prägen. Eine Auswahl von charakteristischen Geschäftsprozessen dieser Managementebenen wird nachfolgend dargestellt und beschrieben. So bildet beispielsweise der *Vermietungsprozess* einen wichtigen grundlegenden Prozess auf der Ebene des *Asset Managements*, um aktuell insbesondere im gewerblichen Bereich Leerstände und damit Umsatzverluste zu vermeiden. Dieser Prozess ist in nachfolgender Abb. 3.4 in einem BPMN dargestellt.

Der vorangehend dargestellte Vermietungsprozess zeigt die Vermietung einer Gewerbeimmobilie bzw. -fläche. Der Prozess beginnt mit dem Bekanntwerden des Leerstands entweder wenn ein Mietvertrag mit fester Vertragslaufzeit ausläuft oder durch die Kündigung eines Mietvertrags. Sofern der Bestandsmieter Interesse an der Fortführung des Mietverhältnisses hat, beginnt der Prozess beim Teilprozess *Erstellen und Versand Mietangebot*, andernfalls wird das Marketing des Unternehmens über die erwartete Vakanz informiert. Hierzu werden die benötigten Daten und Dokumente für die Vermarktung

3.1 Kerngeschäftsprozesse im Immobilienlebenszyklus 65

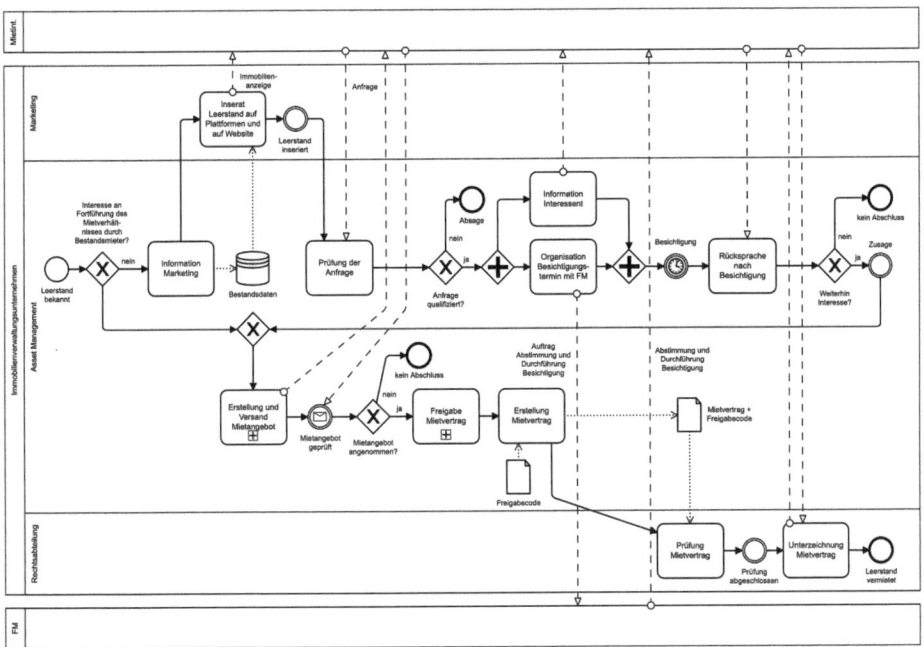

Abb. 3.4 BPMN des Kernprozesses Vermietung. (Eigene Darstellung)

der Immobilie/Fläche an die Marketingabteilung übermittelt. Sind alle Informationen und Unterlagen für die Vermarktung vorhanden, wird das Mietangebot über die Marketingabteilung auf der Unternehmenswebsite sowie auf den gängigen Immobilienportalen inseriert. Fragt ein potenzieller Mietinteressent die Immobilie/Fläche über die Unternehmenswebsite oder eines der Immobilienportale an, wird die Anfrage an das Asset Management übermittelt. Im Asset Management wird daraufhin geprüft, ob es sich um eine qualifizierte Anfrage handelt. Diese Prüfung erfolgt erstens hinsichtlich der Art der geplanten Nutzung der Immobilie/Fläche und zweitens hinsichtlich der Bonität des Mietinteressenten. Ist die Nutzung beispielsweise aufgrund baurechtlicher Vorschriften nicht zulässig oder von den Investoren nicht gewünscht (z. B. Bordelle, Cannabis Clubs, Event Locations, etc.) oder ist der Bonitätsscore nicht hinreichend, wird der Mietinteressent vom Asset Management abgelehnt und erhält eine Absage. Handelt es sich um eine qualifizierte Anfrage wird ein Besichtigungstermin über das Facility Management organisiert. Dazu werden die Kontaktdaten des Interessenten an das Facility Management kommuniziert und der Besichtigungstermin wird direkt zwischen Facility Management und Interessent abgestimmt.

Nach dem Besichtigungstermin steigt das Asset Management wieder in den Prozess ein und hält Rücksprache mit dem Mietinteressenten. Hat der Interessent nach Besichtigung kein weiteres Interesse mehr an der Anmietung der Immobilie/Fläche endet der

Prozess. Besteht weiterhin Interesse, erstellt das Asset Management ein individuelles Mietangebot an den Mietinteressenten aus dessen Wünschen zur Mietvertragslaufzeit, zum Mietbeginn und bzgl. eventueller Aus- bzw. Umbauten. Das erstellte Mietangebot wird an den Interessenten übermittelt, dieser prüft das Angebot und akzeptiert es oder lehnt es ab. Sind der Interessent und das Asset Manager sich über das Mietangebot einig wird der Freigabeprozess eingeleitet, bei dem je nach Volumen des Mietverhältnisses hinsichtlich der Jahresmiete unterschiedliche Akteure ihre Freigabe zum Abschluss des Mietvertrags erteilen müssen. Bei Erteilung der Freigabe erhält das jeweilige Mietangebot einen Freigabecode, unter dessen Nutzung der Mietvertrag erstellt wird. Im Nachgang wird der Mietvertrag mit dem Freigabecode an die Rechtsabteilung übermittelt, die den erstellten Mietvertrag mit dem Angebot abgleicht und, sofern es keine Beanstandungen gibt, unterzeichnet. Wenn der Mietvertrag von beiden Parteien unterzeichnet ist, ist der Vermietungsprozess abgeschlossen. Nach Abschluss des Vermietungsprozess nimmt das Property Management seine operative Arbeit und koordiniert zunächst die Abwicklung der Kautionszahlung und die Übergabe des Mietobjekts an den neuen Mieter.

Wichtige Kernprozesse in der *Verwaltungs- bzw. Bewirtschaftungsphase* des Immobilienlebenszyklus, die auf der Ebene des *Property Managements* und des *Facility Managements* ausgeführt werden, lassen sich beispielhaft für Wohnungsunternehmen anhand des *Mieterlebenszyklus* aufzeigen. Dieser wird durch die beiden genannten Managementebenen getragen und ist in Abb. 3.5 dargestellt.

Die im *Mieterlebenszyklus* dargestellten Phasen werden nicht streng sequenziell durchlaufen und es kann zudem Iterationen in einzelnen dieser Phasen geben. Dies betrifft insbesondere die Phasen *Mieterverwaltung, Schadensmanagement, Zahlungsmanagement* und *Gebäudemanagement,* die mehrere Kernprozesse unterschiedlichen Umfangs und

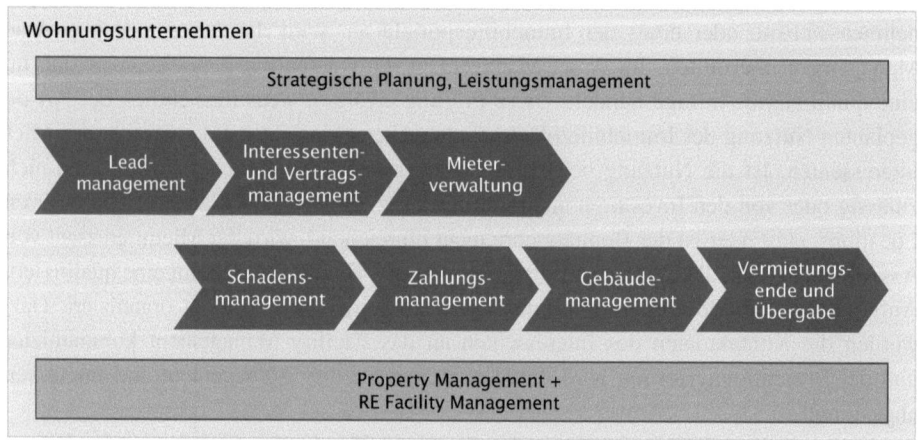

Abb. 3.5 Mieterlebenszyklus. (Eigene Darstellung verändert nachShah, 2017)

unterschiedlicher Komplexität integrieren. Um einen Eindruck von wesentlichen Kernprozessen innerhalb des *Mieterlebenszyklus* zu vermitteln, werden in Abb. 3.6 die *Vorbereitung und Erstellung der Nebenkostenabrechnung* sowie in Abb. 3.7 die *Schadensmeldung und -behebung* mittels BPMN dargestellt. Die beiden genannten Kernprozesse werden in jeglichen Immobilienklassen (Assetklassen) vorwiegend durch die Funktionsbereiche Property Management und Facility Management ausgeführt, werden in diesem Lehrbuch jedoch mit Bezug zur Verwaltung von Wohnimmobilien visualisiert und beschrieben. Weitere Managementebenen könnten ggf. für Freigaben oder im Rahmen eines hierarchischen Reporting in diese Prozesse eingebunden sein. Die Abb. 3.6 zeigt zunächst die *Vorbereitung und Erstellung der Nebenkostenabrechnung* in einem BPMN.

Der Kernprozess *Vorbereitung und Erstellung der Nebenkostenabrechnung* wird durch den elektronischen Eingang der Schlussrechnungen für Gas, Wasserver- und Entsorgung, Strom und Müllentsorgung beim Wohnungsunternehmen angestoßen, sobald diese von allen Versorgern und Dienstleistern eingegangen sind. Die Rechnungen werden der/dem jeweiligen Sachbearbeiter:in, der für die Nebenkostenabrechnung verantwortlich ist, zugewiesen und anschließend über die Buchhaltung, in der die Rechnungsdaten

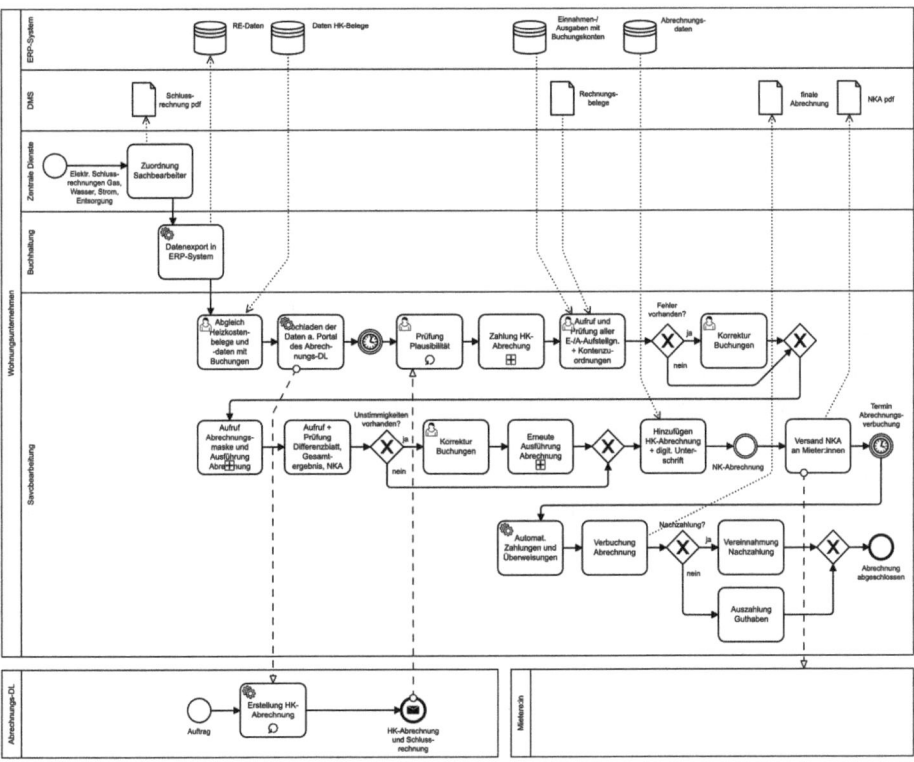

Abb. 3.6 BPMN des Kernprozesses Nebenkostenabrechnung. (Eigene Darstellung)

automatisiert in auf das jeweilige Buchungskonto exportiert werden, an die/den Sachbearbeiter:inübertragen. Dies:r gleicht zunächst die vorliegenden Heizkostenbelege und -daten mit den Rechnungsdaten des Gasversorgers ab lädt die Daten auf das Internetportal des Abrechnungsdienstleister hoch, der die Heizkostenabrechnungen erstellt. Nach Abschluss der Erstellung der Heizkostenabrechnungen übermittelt der Abrechnungsdiensleister diese auf elektronischem Weg an die/den verantwortliche:n Sachbearbeiter:in des Wohnungsübernehmens, die/der die Abrechnung auf Plausibilität überprüft und die Zahlung der Rechnung an den Abrechnungsdienstleister anweist. Falls bei der Plausibilitätsprüfung Unstimmigkeiten festgestellt werden, hält die/der Sachbearbeiter:in mit dem Abrechnungsdienstleister Rücksprache; dieser muss die Heizkostenabrechnung ggf. neu erstellen.

Zur weiteren Vorbereitung der Nebenkostenabrechnung stellt die/der Sachbearbeiter:in zunächst sicher, dass alle Rechnungen für das abgelaufene Wirtschaftsjahr korrekt im Dokumentenmanagementsystem abgelegt sind. Auf dieser Basis ruft sie/er die Einnahmen- und Ausgabenaufstellung aus dem ERP-System ab und gleicht diese mit den Rechnungen und Belegen ab. Sofern Fehler in den Buchungen festgestellt werden, werden diese durch entsprechende Umbuchungen im ERP-System korrigiert. Ist dieser Arbeitsschritt abgeschlossen, wird die eigentliche Abrechnung der Nebenkosten durch das Aufrufen der Abrechnungsmaske im ERP-System angestoßen, die nach Eingabe des Abrechnungszeitraums und der Fälligkeit der Abrechnung automatisiert ausgeführt wird. Sind die Nebenkostenabrechnungen durch das System erstellt, ruft die/der Sachbearbeiter:in das Differenzblatt, das Gesamtergebnis und die mieter:innenbezogenen Nebenkostenabrechnungen auf, die geprüft werden. In der Auswertung der Differenz, wird für die Buchungskonten angezeigt, ob die umlagefähigen Kosten ordnungsgemäß auf die Mieter:innen umgelegt worden sind oder ob Kosten ohne Zuordnung verbleiben[3]. Ist eine ordnungsgemäße Umlage der Kosten auf die Mieter:innen erfolgt, werden die aufgerufenen mieter:innenbezogenen Nebenkostenabrechnungen aufgerufen und als pdf-Dateien im Dokumentenmanagementsystem abgespeichert. Den Nebenkostenabrechnungen werden die Heizkostenabrechnungen hinzugefügt und die Abrechnungen werden abschließend digital unterzeichnet und den Mieter:innen übermittelt. Nach der Übermittlung der Nebenkostenabrechnungen an die Mieter:innen wird der Fälligkeitstermin der Abrechnungen dokumentiert, sodass die Verbuchungen der Nach- bzw. Rückzahlungen von/an die Mieter:innen zu diesem Termin sichergestellt wird. Nachdem die entsprechenden Buchungen auf den Mieter:innenkonten vorgenommen worden sind, werden die Lastschriften zum Einzug der Nachzahlungen sowie die Überweisungen zur Auszahlung der Rückzahlungen im System generiert und ausgelöst. Der Kernprozess *Vorbereitung und Erstellung der*

---

[3] Der Zweck der Nebenkostenabrechnung besteht in der Erfassung aller umlagefähigen Kosten über die Abrechnung der Nebenkosten sowie deren verursachungsgerechte Zuordnung auf die Mieter:innen. Aus diesen Grund ist es wichtig, dass die/der Sachbearbeiter:in bei einem von Null EUR Differenz abweichenden Ergebnis die Buchungen und Umlageschlüssel entlag der Belege überprüft, diese korrigiert und die Abrechnung erneut ausgeführt.

3.1 Kerngeschäftsprozesse im Immobilienlebenszyklus   69

Nebenkostenabrechnung endet mit der Auszahlung bzw. Vereinnahmung der Salden der Abrechnungsergebnisse.

Der vorangehend beschriebene Prozess gestaltet sich zum Teil automatisiert, da – wie in Abb. 3.6 dargestellt – ein ERP-System sowie ein Dokumentenmanagementsystem zur Unterstützung des Prozesses genutzt werden. Mit der zusätzlichen Nutzung weiterer IT-Systeme und von Digitalisierungstechnologien, beispielsweise einem Workflowmanagementsystem und KI-Technologien, sind für diesen Prozess zusätzliche Effizienzsteigerungen zu erwarten. Dies setzt jedoch entsprechende Transformationsmaßnahmen, von denen einige in diesem Lehrbuch beschrieben werden, voraus, um eine Standardisierung des Prozesses, die Ausschöpfung von per se vorhandenen Effizienzsteigerungspotenzialen und die zielführende Nutzung der jeweils geeigneten Technologie umzusetzen.

Die *Schadensmeldung und -behebung* ist ein wichtiger Kernprozess in allen Assetklassen, weil eine schnelle und reibungslos Behebung von Schäden erstens dem Werterhalt der jeweiligen Immobilie dient, zweitens zur Zufriedenheit der Mieter:innen beträgt und drittens Mietausfälle vermeidet, die daraus entstehen können, dass die Mieter:innen das jeweilige Objekt bzw. die angemietete Wohnung nicht wie vertraglich vereinbart nutzen können. Weiterhin ist dieser Kernprozess durch hohen Kommunikationsaufwand in mehrere Richtungen gekennzeichnet, denn es sind nach extern sowohl die Mieter:innen als auch Handwerker eingebunden; innerhalb des vermietenden Unternehmens können ebenfalls mehrere Verantwortungsbereiche eingebunden sein, beispielsweise für eine Koordination der Schadensbeseitigung von Ort oder für Abnahmen der Reparaturleistungen. In diesem Szenario kommunizieren die Mieter:innen einen Schaden und es müssen Termine für die Schadensbeseitigung vereinbart werden. Weiterhin müssen Handwerker zur Behebung des Schadens beauftragt werden, mit diesen müssen die vereinbarten Termine koordiniert werden, darüber hinaus sollte eine Person des Immobilienunternehmens mit einer gewissen technischen Expertise, welche sich vor Ort aufhält und die Schadensbehebung bewerten kann, etwa ein Hauswart, in den Prozess eingebunden sein. Der Kernprozess *Schadensmeldung und -behebung* ist in Abb. 3.7 in einem BPMN visualisiert und wird nachfolgend beschrieben.

Der Kernprozess *Schadensmeldung und -behebung* wird durch eine Information einer Person (Mieter:in, Hauswärt:in, Objektleiter:in, etwaiger anderer Vertragspartner) über den Auftritt eines Schadens am jeweiligen Mietobjekt ausgelöst. Diese Meldung geht zentral im Immobilienunternehmen via Telefon, E-Mail, über eine ggf. vorhandene Mieter:innen-App oder persönlich ein. Nach dem Eingang der Schadensmeldung wird in einem ersten Schritt ein Schadensvorgang im ERP-System angelegt und der weitere Prozess durch die/den verantwortlichen Sachbearbeiter:in übernommen, die/der die Daten der Schadensmeldung überprüft, fehlende Daten zur Meldung im System ergänzt und anschließend eine Dokumentation der Schadensmeldung im Dokumentenmanagementsystem ablegt. Im Weiteren bewertet sie/er den Schaden und dokumentiert die zur Behebung des Schadens erforderlich Maßnahmen. Aus dieser Dokumentation leiten sich die zu erwartenden Kosten für diese Maßnahmen ab und es wird auf Basis

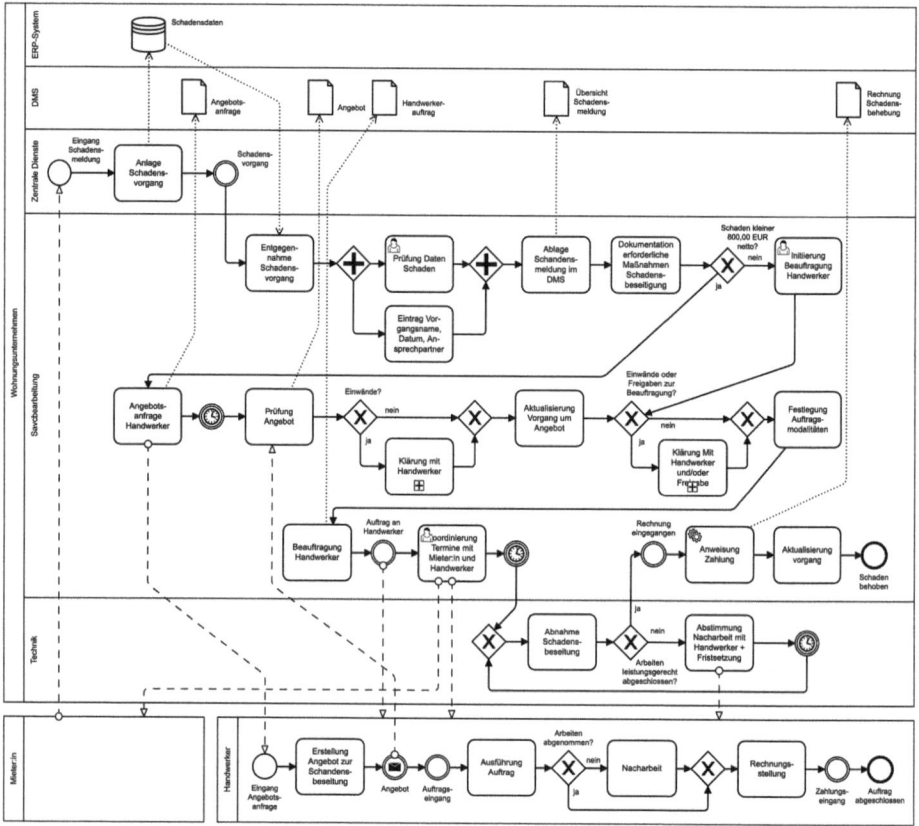

Abb. 3.7 BPMN des Kernprozesses Schadensmeldung und –behebung. (Eigene Darstellung)

dieser Kostenkalkulation entschieden, ob ein Angebot für die Behebung des Schadens eingeholt oder ein Auftrag für dessen Beseitigung direkt an einen Handwerker gegeben wird. Soll ein Angebot eingeholt werden, wird eine entsprechende Anfrage an einen ausgewählten Handwerker gestellt und das eingehende Angebot nach einer angemessenen Zeit geprüft. Ist das Angebot plausibel und fällt hinsichtlich seines Preis-/Leistungsverhältnisses zufriedenstellend aus, wird der Schadensvorgang um das Angebot ergänzt und eine Beauftragung des Schadensbeseitigung angestrebt. Entsprich das Angebot nicht dem erwarteten Rahmen, werden Nachverhandlungen mit dem Handwerker geführt. Dies wird ebenso geführt, wenn es seitens des Asset Managements Einwände gegen die Beauftragung des jeweiligen Handwerkers gibt. Sofern das Angebot angenommen wird und der Auftrag an den Handwerker vergeben werden soll, legt die/der Sachbearbeiter:in die Modalitäten des Auftrags fest und beauftragt den Handwerker.

Mit der Beauftragung des Handwerkers, die im ERP-System des Immobilienunternehmens dokumentiert wird, geht die/der Sachbearbeiter:in in die weitere Kommunikation mit dem Mieter des jeweiligen Objekt, um erstens die auszuführenden Arbeiten zu kommunizieren und zweitens Termine für die Ausführung dieser Arbeiten zu vereinbaren. Zugleich müssen diese Termin mit dem Handwerker, der die Arbeiten ausführt, abgestimmt werden. Entsprechend der Terminvereinbarungen führt der Handwerker die Arbeiten zur Beseitigung des Schadens durch. Nach Abschluss der Arbeiten werden diese durch eine technisch versierte Person des Immobilienunternehmens abgenommen. Wird die Abnahme der Schadensbeseitigung verweigert, muss der Handwerker nacharbeiten, um den gewünschten Zustand herzustellen. Nach erfolgter Abnahme der Arbeiten, erstellt der Handwerker seine Rechnung und lässt diese dem Wohnungsunternehmen zukommen, das die Zahlung des Rechnungsbetrags an den Handwerker anweist. Mit Abschluss der Schadensbeseitigung und Bezahlung der Handwerkerrechnungen endet der Schadensprozess. Der Vorgang wird abschließen im ERP-System aktualisiert und der Prozess ist seitens des Immobilienunternehmens abgeschlossen. Der Handwerker schließt den Prozess mit dem Eingang der Zahlung seiner in Rechnung gestellten Leistung ab.

Ebenso wie der Kernprozess *Vorbereitung und Erstellung der Nebenkostenabrechnung*, umfasst das im vorangehend beschriebene Prozess dargestellte Szenario den Einsatz eines ERP-Systems und eines Dokumentenmanagementsystems. Damit kann in einigen der beschriebenen Aktivitäten davon ausgegangen werden, dass diese automatisiert ausgeführt oder zumindest informationstechnisch unterstützt werden. Auch hier gilt zudem, dass eine Ergänzung der vorhandenen IT-Ausstattung um weitere Systeme und um Digitalisierungstechnologien Effizienz- und Effektivitätssteigerungen des Kernprozesses *Schadensmeldung und -behebung* realisieren können.

Die Visualisierung und Beschreibung der beiden in diesem Abschnitt behandelten Kernprozesse *Vorbereitung und Erstellung der Nebenkostenabrechnung* sowie *Schadensmeldung und -behebung* sind beispielhaft für entsprechende Kernprozesse. Dies bedeutet, dass sie sich von Immobilienunternehmen zu Immobilienunternehmen unterscheiden können, abhängig von der Größe des jeweiligen Unternehmens, von den jeweiligen ablauf- und aufbauorganisatorischen Strukturen, von der Unternehmenskultur sowie von den jeweils im Einsatz befindlichen IT-Systemen. Maßgebliche Ausführungsebenen der Prozesse sind die Funktionsbereiche *Property Management* und *Facility Management*. Verbesserungen der Effizienz und Effektivität der Kernprozesse in der Verwaltungs- und Bewirtschaftungsphase des Immobilienlebenszyklus können durch den Einsatz moderner Informationstechnologien u. a. in den beiden genannten Funktionsbereichen erzielt werden. Nachfolgend seien ergänzend einige informationstechnischen Aspekte für das Facility Management beispielhaft skizziert:

- Eine proaktive, vorausschauende Wartung von gebäudetechnischen Anlagen und Geräten, die durch die Echtzeitanalyse von Daten aus unterschiedlichen Quellen, wie ERP- oder CAF-Systemen, Sensoren oder Wetterstationen, gefördert wird, unterstützt die Vermeidung des Ausfalls der Anlagen und Geräte und eine Reduzierung der Betriebskosten.

- Für das Facility Management lassen sich IT-Werkzeuge nutzen, die das Arbeiten der entsprechenden Funktionsbereiche einfacher machen, so beispielsweise Computer Aided Facility Management (CAFM)-Systeme für die Verwaltung von Gebäudeinformationen oder Energiemanagementsoftware zur Überwachung und Optimierung des Energieverbrauchs von Gebäuden.
- Die Automatisierung von technischen Prozessen, beispielsweise der Einsatz automatisierter Gebäudesteuerungssysteme für Beleuchtung, Heizung und Sicherheit, kann zur Verbesserung der Energieeffizienz von Gebäuden beitragen, die Sicherheit von Objekten erhöhen sowie eine verbesserte Transparenz über den Zustand der Objekte herstellen, die Gebäudebetriebsdaten nachverfolgbar machen und ebenfalls einen Beitrag zur Reduzierung von Kosten leisten.

3.1.4 Abriss, Sanierung – Transaktionsmanagement

Die Immobilienlebenszyklusphase *Abriss, Sanierung* kennzeichnet die letzte Phase dieses Zyklus, die zwei Optionen vorsieht: Erstens können ein Abriss des jeweiligen Immobilienobjekts und eine Wiederverwertung der Baumaterialien durchgeführt werden; zweitens bildet die Revitalisierung des Objekts – von einer Teilmodernisierung bis hin zu einer Kernsanierung der jeweiligen Immobilie – eine Möglichkeit, einen neuen Lebenszyklus dieser Immobilie zu initiieren. Mit dem Abriss einer Immobilie sind erhebliche Kosten verbunden, zugleich macht ein solcher Fläche für einen Neubau verfügbar, der Chancen für die Erwirtschaftung von Erträgen bieten kann, die mit dem abgerissenen Gebäude möglicherweise auch nach einer Sanierung nicht erwirtschaftet werden könnten (Vgl. Heinrich, 2022). Die Revitalisierung eines Immobilienobjekts kann ebenfalls mit hohen Kosten verbunden sein, erhöht jedoch die Betriebsphase eines möglicherweise ertragreichen Immobilienobjekts, kann historische Substanz erhalten und eine insgesamt nachhaltige Lösung darstellen. Die Aktivitäten der Lebenszyklusphase *Abriss, Sanierung* werden ebenso wie die Immobilienlebenszyklusphase *Planung und Entwurf* auf operativer Objektebene durch das Transaktionsmanagement gesteuert. Die Kernprozesse in dieser Phase zielen darauf ab, belegte Flächen für neue Projekte nutzbar zu machen bzw. existierende Objekte zu revitalisieren.

Ein wichtiger Kernprozess in der Phase *Abriss, Sanierung* des Lebenszyklus einer Immobilie bildet der *Revitalisierungsprozess*. Die Revitalisierung einer Immobilie bezeichnet eine umfassende bauliche Veränderung eines Immobilienobjekts. Der Zweck einer solchen baulichen Veränderung liegt in der Verbesserung der Qualität und der Anpassung der Funktionalität des Objekts an veränderte, beispielsweise technische, konstruktive, funktionelle und/oder optische, Anforderungen (Vgl. GiF, 2016). Damit sollen Objekte, die leer stehen oder aus einem anderen Grund keine Erträge mehr erzielen, neu positioniert und besser nutzbar gemacht werden. Der *Revitalisierungsprozess* stellt einen *Projektentwicklungsprozess* dar, der an einem Bestandsobjekt ausgeführt wird und der

3.1 Kerngeschäftsprozesse im Immobilienlebenszyklus

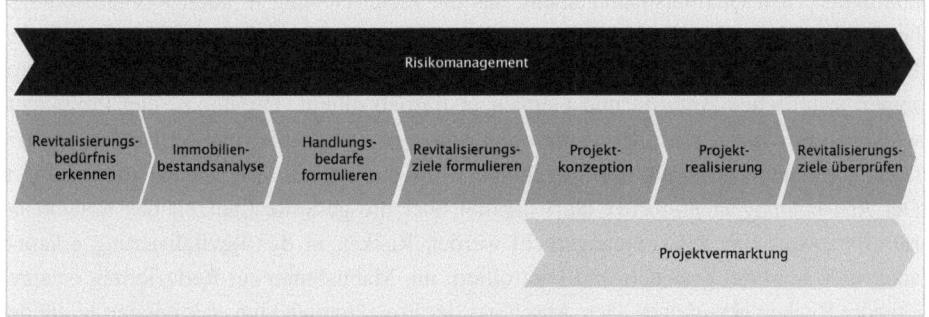

Abb. 3.8 Teilprozesse der Revitalisierung. (Eigene Darstellung verändert nach Johann, 2016, S. 19)

mehrere Teilprozesse umfasst. Parallel zur Revitalisierung läuft ein Risikomanagement ab und entlang der Teilprozesse, die die Entwicklung eines neuen Projekts ausmachen, wird eine Vermarktung des Objekts vorgenommen.

Der in Abb. 3.8 dargestellte Revitalisierungsprozess startet mit dem Teilprozess der *Identifizierung des Revitalisierungsbedarfs* sowie dem damit verbundenen Bestreben, diesen Bedarf zu erfüllen. Im Zuge nachfolgenden der *Analyse der Bestandimmobilie* erfolgt die Untersuchung der Stärken und Schwächen des Gebäudes sowie der Chancen und Risiken, die das Objekt mit Blick auf dessen Nutzbarkeit und dem Markt bietet, als klassische SWOT-Analyse. Um die Kosten in dieser frühen Phase des *Revitalisierungsprozesses* möglichst gering zu halten, wird die Analyse lediglich grob durchgeführt. Auf Grundlage der SWOT-Analyse erfolgt mit der *Formulierung von Handlungsbedarfen* eine wirtschaftliche Bewertung unterschiedlicher Revitalisierungsszenarien, wie die Revitalisierung oder z. B. ein Bestandsersatz bzw. ein Redevelopment. Im Zuge dieser Bewertung werden in Abhängigkeit vom Marktpotenzial des jeweiligen Objekts Annahmen zu den Bau- und Bewirtschaftungskosten sowie zu den erzielbaren Erlösen getroffen. Zum Abschluss des Teilprozesses Bestandsanalyse werden die konkreten Revitalisierungsursachen und -gründe konkretisiert und diese den Revitalisierungsbereichen und abgeleiteten Zielen zugeordnet. Diese Ziele fokussieren die technischen Notwendigkeiten der Revitalisierung in den einzelnen Bereichen, die Voraussetzungen für die Durchführung von Maßnahmen, die Finanzierbarkeit sowie die langfristige Nachfrageperspektive der revitalisieren Bereiche bzw. des gesamten Objekts nach der Revitalisierung. Diese Ergebnisse schließen den Teilprozess *Formulierung der Bewertungsziele* ab und bilden die Grundlage der nachfolgenden Teilprozesse (Vgl. Johann, 2016, S. 18).

Die nachfolgenden Projektentwicklungsaktivitäten beginnen mit dem Teilprozess der *Projektkonzeption,* in dem zunächst Revitalisierungsalternativen beschrieben, untersucht und priorisiert werden. Im nachfolgenden Teilprozess *Projektrealisierung* werden die Maßnahmen entsprechend ihrer Priorisierung umgesetzt und unterliegen dabei einem kontinuierlichen Qualitätsmanagement, das die Zielerreichung in allen Revitalisierungsbereichen sicherstellt. Zum Abschluss dieses Teilprozesse wird das Objekt durch den Investor abgenommen und an das Facility Management übergeben, das das Objekt mit seinen technischen Anlagen und Geräten in Betrieb nimmt. Parallel zu den Projektentwicklungsaktivitäten wird der *Vermarktungsprozess* – Verkaufs- und Vermietungsaktivitäten, die zum Projektende hin zunehmen – für das revitalisierte Objekt durchgeführt. Der *Risikomanagementprozess* läuft parallel über die gesamte Laufzeit des *Revitalisierungsprozesses*. Im Risikomanagement werden Risiken in der Revitalisierung erkannt, analysiert, bewertet gesteuert und kontrolliert, um Maßnahmen zur Reduzierung entsprechender Risiken einzuleiten. Den Abschluss der Projektentwicklungsaktivitäten bildet der *Prozess zur Überprüfung der Revitalisierungsziele,* auf den unterschiedlichen beteiligten Ebenen (Immobilie, Organisation, Stakeholder) mittels geeignete Modelle, wie beispielsweise der *Balanced Scorecard* oder *Key Performance Indicator Modellen* (Vgl. Johann, 2016, S. 18 f.).

Die in diesem Abschnitt entlang des Immobilienlebenszyklus dargestellten Kerngeschäftsprozesse und Teilprozesse bilden wichtige Beispiele von Prozessen, die in unterschiedlichen Assetklassen ausgeführt werden können. Sie stellen bei Weitem keinen Anspruch auf Vollständigkeit dar, sondern sollen lediglich ein grundlegendes Verständnis für die Bedeutung von Geschäftsprozessen in der Wohnungs- und Immobilienwirtschaft herstellen. Damit ist eine Grundlage gelegt, um die Methoden und Instrumente der Digitalisierung von Geschäftsprozessen in der Branche einzuführen und auf diese Branche anzuwenden.

3.2 IT-Systeme zur Unterstützung von Geschäftsprozessen in der Immobilienwirtschaft

Zur Unterstützung zahlreicher Kernprozesse entlang des Immobilienlebenszyklus werden unterschiedliche IT-Systeme eingesetzt. Derartige Systeme können in der Phase *Planung/Entwurf* des Immobilienlebenszyklus beispielsweise zum Management eines neuen oder revitalisierten Immobilienprojekts hinsichtlich Zeit, Kosten und Qualität oder zur Erstellung eines elektronischen Modells des jeweiligen Objekts dienen. In der nachfolgenden *Bau-/Erstellungsphase* kann ebenfalls ein Projektmanagementsystem eingesetzt werden, mit dessen Hilfe die logistischen und die Bauaktivitäten eines Neubaus oder einer Revitalisierung geplant und gesteuert werden.

In der *Verwaltungs-/Bewirtschaftungsphase* werden hauptsächlich Systeme eingesetzt, die der Entlastung der Mitarbeiter:innen eines Immobilienunternehmens von Routinetätigkeiten, der Steigerung der Effizienz der Kernprozesse in dieser Phase, der Sicherung der Erfüllung von Kundenbedürfnissen und -wünschen sowie insgesamt einer systematisierten und verbesserten Aufgabenabwicklung dienen. In dieser Phase genutzte einschlägige Systeme bilden bspw. Dokumentenmanagement-, Verwaltungs-/Enterprise Recource Planning

(ERP)-, Customer Relationship Management (CRM)-, Kollaborations- oder Computer Aided Facility Management (CAFM)-Systeme, die spezifische Prozesse bzw. Teilprozesse in dieser Phase des Lebenszyklus einer Immobilie unterstützen.

In der letzten Phase des Immobilienlebenszyklus *Abriss, Sanierung* lassen sich vergleichbare IT-Systeme einsetzen wie in den Phasen *Planung/Entwurf* und *Bau/Erstellung*. Hier ist lediglich der Aufgabenkontext ein anderer, wenn es in den Abriss einer Immobilie geht. Sofern eine Sanierung abzubilden ist, wird damit ein neuer Lebenszyklus für das jeweilige Immobilienobjekt eingeleitet. In diesem Abschnitt werden einige der IT-Systeme mit hoher Relevanz bei der Unterstützung von immobilienwirtschaftlichen Kernprozessen dargestellt und in ihrem Einsatz in der Branche erläutert.

3.2.1 Bauplanungs- und Projektmanagementsoftware

Ein Bauplanungs- und Projektmanagementsystem realisiert eine digitale Unterstützung des Projektmanagements aller Phasen eines Bauprojekts – von der Planung über die Bauausführung bis hin zur Übergabe des fertiggestellten Objekts an den Investor, i. d. R. an das Asset Management des Investors, das die Bewirtschaftung der Immobilie initiiert und überwacht. Die Einzelaufgaben des Bauprojektmanagements liegen in der Kommunikation, der Überwachung und Steuerung aller Aktivitäten und Ereignisse des Projekts sowie der Dokumentation des Projektfortschritts und eventueller Schwierigkeiten. Ein Bauplanungs- und Projektmanagementsystem bildet eine Plattform, welche die genannten Einzelaufgaben des Projektmanagements unterstützt und damit zur Reduzierung des Aufwands für die Verwaltung eines Bauprojekts beiträgt. Derartige Systeme bzw. Plattformen werden oft als Software-as-a-Service (SaaS) -Lösungen über das Internet bereitgestellt, die einen mobilen Zugriff auf alle Informationen, Dokumenten, Pläne, etc. zu einem Bauprojekt ermöglichen ermöglichen (Vgl. Merti, 2022).

Mit dem Einsatz eines Bauplanungs- und Projektmanagementsystems werden die klassischen Ziele des Projektmanagements, nämlich die Sicherung der Einhaltung des vorgegebenen zeitlichen Rahmens und der Kostenvorgaben für den Bau bzw. die Sanierung einer Immobilie sowie die Gewährleistung der Qualität in der Bauausführung und der Freiheit von Mängeln, unterstützt. Es besteht aus unterschiedlichen Modulen, die spezifische Aufgaben wahrnehmen (Vgl. Abb. 3.9). So stellt ein *Bauzeitplan,* der eine grafische Darstellung des Projektfortschritts in Form eines Gantt-Diagramms einschließt, eine Übersicht über Termine und Aufgaben bereit, die sich aus der täglichen Protokollierung der Ereignisse am Bau ableitet. Die Funktionen eines Moduls Bauzeitplan reichen von der Erfassung und Verwaltung von Aufgaben, Dokumenten, Plänen, Mängeln, etc. über die Kostenverfolgung für die einzelnen Aufgaben bis hin zum Zuweisen von Aufgaben an Personen. Die wichtige Funktion der Kommunikation in einem Bauprojekt wird durch *Bauprotokolle* bzw. ein *Bautagebuch* unterstützt. Ziel dieser Protokolle ist es, Informationsverluste zu vermeiden sowie Checklisten und Nachweise der Ausführung der in den

Protokollen formulierten Aufgaben bereitzustellen. Die Protokolle sollten die Delegierung von Aufgaben unterstützen und die Möglichkeit für digitale Unterschriften implementieren. Die Einhaltung des vorgegebenen zeitlichen Rahmens für einzelne Aufgaben sowie für das gesamte Projekt lässt sich mit der Bereitstellung von *mobilen Funktionen,* welche alle Aufgaben, Dokumenten, Plänen, Mängeln, etc. auf der jeweiligen Baustelle verfügbar und erstellbar bzw. bearbeitbar machen, sowie über deren Bereitstellung in einer *Cloud-Umgebung* unterstützen. Dies hilft insbesondere bei der Vor-Ort-Aufnahme und Behebung von Mängeln, die wie alle anderen Dokumente, Pläne, Fotos, etc. in einer *digitalen Bauakte (Dokumentenverwaltungsmodul)* gespeichert und gemanagt werden. Die Daten in einer digitalen Bauakte lassen sich langfristig archivieren und bei Bedarf nutzbar machen (Vgl. Merti, 2022).

Ein Bauplanungs- und Projektmanagementsystem muss in allen Phasen eines Bauprojekts und damit auch auf der jeweiligen Baustelle einsetzbar sein, um den angestrebten Nutzen zu erzielen. Dazu sollte es sowohl auf Desktoprechnern und Notebooks sowie auf

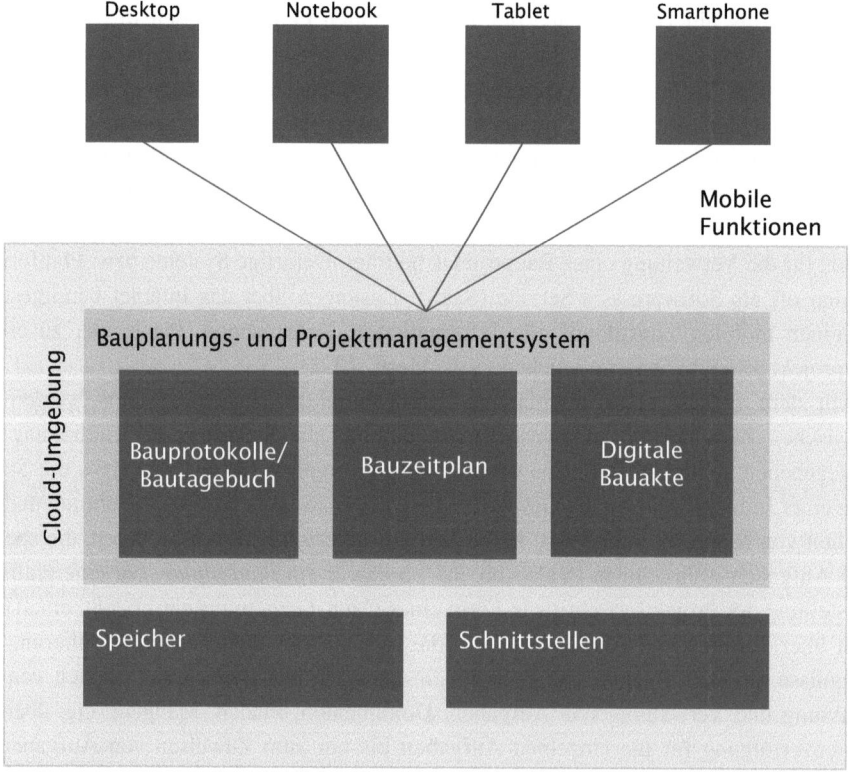

Abb. 3.9 Funktionale Module eines Bauplanungs- und Projektmanagementsystems. (Eigene Darstellung)

mobilen Geräten (Tablets und Smartphones) flexibel genutzt werden können und einen Austausch von Informationen, Daten und Dokumenten zwischen den unterschiedlichen Geräten unterstützen. Auch müssen diese Informationen, Daten und Dokumente stets auf dem neuesten Stand gehalten werden, was durch eine *Cloud-Umgebung* realisiert werden kann. Sofern keine Internetverbindung verfügbar ist, müssen die Systeme zudem eine Offline-Funktion und eine automatische Synchronisierung implementieren, sobald eine Internetverbindung wieder verfügbar ist. Weitere wichtige Anforderungen liegen in der Bereitstellung von ausreichender *Speicherkapazität* sowie in der Bereitstellung *offener Schnittstellen* zur datentechnischen Anbindung anderer Systeme (Vgl. Merti, 2022).

Vor dem Hintergrund der dargestellten Anforderungen und Ziele des Bauprojektmanagements sowie der bereitgestellten Funktionen eines entsprechenden Systems, das die Aufgaben des Bauprojektmanagement über das gesamte Bauprojekt unterstützt, ist dessen Nutzung in Bauprojekten unentbehrlich. Angesichts der Komplexität derartiger Projekte, der Vielzahl an Daten, die zu verarbeiten sind, sowie an Vorgängen, die zu steuern sind, ist dessen Nutzung von besonderer Bedeutung. Insbesondere in den ausführenden Phasen eines Bauprojekts (Leistungsphasen LPH 8 und LPH 9) ist der Aufwand für die Koordination und Kommunikation erheblich. Zudem können in diesen Phasen Baumängel auftreten, deren Entstehung vermieden oder die effizient beseitigt werden müssen. Entsprechend kann gerade in den letzten Phasen eines solchen Projekts dir Erfüllung der Anforderungen an das Projekt unterstützen (Vgl. Fleissner, 2022).

3.2.2 CAD-Systeme und Building Information Modeling (BIM)

Computer Aided Design (CAD)- Systeme und *Building Information Modeling Building Information Modeling (BIM)* bilden insbesondere in der Immobilienlebenszyklusphase *Planung/Entwurf* wichtige Unterstützungswerkzeuge, um Gebäudemodelle elektronisch zu erstellen und damit *digitale Zwillinge* von Gebäuden bereitzustellen und diese für die weiteren Phasen des Immobilienlebenszyklus nutzbar zu machen. CAD-Systeme unterstützen den Entwurf, die Entwicklung und die Konstruktion von Gebäuden. Sie ermöglichen präzise Planungen und Designvisualisierungen. Im Wesentlichen dienen diese Systeme dazu, 3D-Modelle und 2D-Pläne von Gebäuden zu erstellen (Vgl. Architektur-Lexikon, o. J.). Änderungen und Anpassungen an CAD-Modellen lassen sich in Echtzeit umsetzen. Weiterhin können die Systeme 3D-Scans oder Daten aus anderen Programmen importieren sowie Fertigungszeichnungen generieren, Simulationen ausführen oder Finite Elemente Methode (FEM)-Analysen unterstützen. Das Building Information Modeling (BIM) ermöglicht in Ergänzung zu einem CAD-System die vernetzte Planung, die digitale Bereitstellung sowie die Bewirtschaftung von Gebäuden. Die digitalen Gebäudemodelle werden dabei mittels CAD-Systemen erstellt und aktualisiert. Neben den geometrischen

Informationen enthalten die Modelle weitere Informationen, wie beispielsweise Informationen zu Materialien, Dämmwerten, Energieverbräuchen oder Kosten- und Zeitpläne (Vgl. Pullnig & Lang, 2023).

Mit einem digitalen Zwilling und der damit verbundenen Anwendung von BIM wird eine umfassende Informationsdatenbank für ein Gebäude bereitgestellt, die über den gesamten Lebenszyklus einer Immobilie genutzt werden kann, um Planungen durchzuführen und Entscheidungen mit Bezug zum Gebäude zu treffen. Eine BIM-Anwendung besteht aus mehreren verbundenen Fachmodellen sowie aus der Informationsdatenbank, welche die relevanten Gebäudeinformationen über eine Plattform zusammenführt. Sowohl physikalische als auch funktionale Informationen werden mittels BIM digital abgebildet und ermöglichen eine übergreifende Zusammenarbeit der Projektbeteiligten (Hausknecht & Liebich, 2016, S. 50). Damit bildet BIM ein wichtiges Instrument zur Koordination der Aktivitäten zwischen verschiedenen Gewerken über den gesamten Immobilienlebenszyklus. Auch wenn BIM sich eher als eine Methode darstellt, als Software zu sein, werden zur Erfüllung der einschlägigen Aufgaben Softwareprodukte eingesetzt – dies können durchaus mehrere sein. So steht hier zunächst eine neue Generation von CAD-Systemen, mittels derer Architekten und Fachplaner BIM-Modelle und digitale Zwillinge eines Gebäudes erstellen. Allgemein wird von BIM-Modellierungssoftware gesprochen, die der Erstellung und Veränderung von BIM-Modellen dient. Die Software muss insgesamt die folgenden Anforderungen erfüllen (Hausknecht & Liebich, 2016, S. 71 f.):

- Erzeugung und Darstellung dreidimensionaler intelligenter und parametrisierbarer Objekte, die mit beliebigen alphanumerischen Informationen verknüpft werden können.
- Definition von logischen Abhängigkeiten zwischen den Modellelementen sowie Nachführung dieser Abhängigkeiten bei Veränderungen.
- Erstellung logischer Strukturelemente, wie beispielsweise Geschoss- oder Anlagengliederungen, und Unterstützung der Zuordnung der Modellelemente zu diesen Strukturen.
- Dynamische Ableitung von Plänen, wie z. B. Grundrissen, Schnitten oder Ansichten, aus den Modellen, um ohne zusätzlichen Aufwand Pläne zu erzeugen und in den möglichen Ansichtsformen nachzuführen.
- Generierung von Listen, Mengengerüsten und weiteren Berechnungen aus den Modellen heraus.
- Integration von anderen BIM-Softwarebausteinen über offene Schnittstellen.

Beim Arbeiten mit BIM werden definierte Workflows genutzt, die sich wiederholende Arbeitsschritte zur Erfüllung einer Aufgabe beschreiben. Insbesondere bei Einbindung mehrerer Projektbeteiligter sollten die Akteure diese Arbeitsschritte genau kennen. Es handelt sich erstens um einen *Koordinationsworkflow,* welcher die Fachmodelle der unterschiedlichen fachlichen Disziplinen in einer Software für die Koordination zusammenführt und gegeneinander prüft, zweitens um einen *Referenzworkflow,* in welchem die Fachmodelle miteinander verbunden werden. Damit entstehen Referenzmodelle für eine kontinuierliche Überarbeitung des jeweiligen Fachmodells, die analysiert, an denen jedoch keine Änderungen vorgenommen werden können. Mit dem *Auswertungsworkflow* werden einzelne Fachmodelle zur Übergabe von Teilmodellen an Nachfolgeprozesse nutzbar gemacht; so lassen sich beispielsweise thermische Flächenmodelle für energetische Berechnungen einsetzen. Viertens ist ein *Übergabeworkflow* definiert, der den Übergabeprozess eines Fachmodells zu einem bestimmten Punkt im Prozess, beispielsweise an den Auftraggeber oder an weitere Nutzer, festlegt, dies kann beispielsweise nach einer Überprüfung im Koordinationsworkflow der Fall sein (Hausknecht & Liebich, 2016, S. 152 f.).

Einen wichtigen Anwendungsbereich von BIM bildet die Integration von Herstellerobjekten als Modellelemente in ein BIM-Modell, denn zahlreiche Hersteller von Bauprodukten und Haustechnikkomponenten stellen digitale Modelle ihrer Produkte bereit, um diese für Architekten und Planer direkt nutzbar zu machen und damit ihre eigenen Marktposition zu stärken. Die entsprechenden BIM-Objekte der Hersteller umfassen i. d. R. die 3D-Geometrie, z. T. veränderliche Abmessungsparameter, um die 3D-Geometrie parametrisch anzupassen, sowie technische, kaufmännische und andere Parameter. Damit können herstellerspezifische Komponenten frühzeitig ausgewählt und in das BIM-Gesamtmodell integriert und bewirtschaftungsrelevante Informationen zu den Bauprodukten, die über ein CAFM-Modell bei der Wartung abgefragt werden können, an die planende Einheit übergeben werden (Hausknecht & Liebich, 2016, S. 165).

CAD-Systeme und BIM-Software bilden gemeinsam wichtige Werkzeuge im Rahmen der Planung und Entwicklung von Immobilienprojekten bzw. Gebäuden. In Ergänzung zur Bereitstellung elektronischer Modelle von Gebäuden werden diese mit zusätzlichen Informationen jeglicher Art verknüpft, die zur Unterstützung der Planung, für kooperatives Arbeiten im Planungs- und Entwicklungsprozess sowie entlang des gesamten Immobilienlebenszyklus genutzt werden können. Vor diesem Hintergrund sind ein exakter Aufbau des jeweiligen BIM-Modells sowie dessen kontinuierliche Pflege wesentliche Faktoren für dessen Nutzbarkeit.

3.2.3 Dokumentenmanagementsysteme (DMS)

Der Zweck eines *Dokumentenmanagementsystems (DMS)* bzw. eines *digitalen Archivs* besteht darin, Daten und Dokumente, die über den gesamten Immobilienlebenszyklus erzeugt und vor allem in der Phase *Verwaltung/Bewirtschaftung* genutzt werden, effizient zu verwalten, zu organisieren sowie schnell und einfach zugänglich zu machen. Beispiele für Daten und Dokumente, die in einem solchen System gemangt werden, sind Dokumentationen von Immobilienkäufen, Grundbuchauszüge, Mietverträge, Rechnungen, etc.

Ergänzend zur Verwaltung von Daten und Dokumenten können diese Systeme Prozesse zum Teil automatisiert abbilden, so lassen sich beispielsweise Rechnungen automatisiert freigeben oder elektronisch eingehende Schreiben automatisiert den richtigen Vorgängen zuordnen (Vgl. Hoffstiepel, 2023).

Die vorangehend skizzierte Automatisierung von Prozessen wird insbesondere im Zusammenspiel mit anderen Systemen, wie z. B. mit Verwaltungs- oder ERP-Systemen, umgesetzt. Die entsprechenden Verwaltungs- bzw. ERP-Systeme können viele Aufgaben, in welchen eine große Menge an Daten und Dokumenten verarbeitet werden müssen, übersichtlich, schnell und automatisiert abbilden. Um eine reibungslose Handhabung dieser Daten und Dokumente entlang der Prozesse realisieren zu können, sollten die genannten Systeme das jeweilige Dokumentenmanagementsystem, das die Daten und Dokumente speichert und verwaltet, integrieren. Damit lässt sich ein Management von Immobilien über ihren gesamten Lebenszyklus teilweise automatisiert und unter Nutzung spezifischer Dienste realisieren. Um die im Unternehmen genutzten Dokumente digital bereitstellen zu können, sind das Scannen und Fotografieren physischer Dokumente oder das direkte Erstellen digitaler Dateien gängige Methoden. Dies ermöglicht die beschriebene elektronische Verwaltung, Speicherung und den elektronischen Zugriff auf die Dokumente im Zusammenspiel mit Verwaltungs- und ERP-Systemen.

Weiterhin realisieren die Systeme eine Einordnung der elektronischen Daten und Dokumente in übersichtliche Kategorien, sodass ihre logische und benutzerfreundliche Organisation in digitaler Form ermöglicht wird. So können beispielsweise technische Dokumente einer Kategorie „Technik" oder Vertragsdokumente einer Kategorie „Vertragsunterlagen" zugeordnet werden. Damit wird eine logische und benutzerfreundliche Organisation der Dokumente unterstützt, die wiederum ein gezieltes Suchen und Finden der Dokumente ermöglicht, beispielsweise über die Selektion von Dokumententypen oder mittels einer Recherche-Funktion entlang spezifischer Merkmalsausprägungen. Die Dokumente sind in Dokumentenmanagementsystemen unabhängig von Ort und Zeit verfügbar. Ein solches System stellt somit eine moderne Lösung für die Dokumentenverwaltung in Unternehmen zur Verfügung. Es stellt einheitlichen Ablagestruktur bereit, in die digitale Dokumente während des Archiviervorgangs klassifiziert bzw. abgelegt werden. Auch wird durch diese Systeme sichergestellt, dass eine revisionssichere Ablage der Dokumente erfolgt, dass die archivierten Dokumente also nicht durch Unberechtigte verändert oder gefälscht werden können, und dass die Archivierung entsprechend den Vorgaben der Datenschutzgrundverordnung (DSGVO) vorgenommen wird. Zudem werden die abgelegten Dokumente durch den Einsatz von Verschlüsselungstechnologien und eine Zugriffssteuerung zur Sicherung sensibler Daten geschützt.

Zusammenfassend unterstützen Dokumentenmanagementsysteme bzw. digitale Archive eine strukturierte, schnelle und einfache Speicherungen und Verwaltung von Daten und Dokumenten sowie einen reibungslosen und zielführenden Zugriff auf die gespeicherten Daten und Dokumente. Damit wird eine effiziente Ausführung der immobilienwirtschaftlichen Prozesse möglich, die durch eine enge Anbindung der

Systeme an Immobilienverwaltungs- bzw. ERP-Systeme gefördert werden kann. Denn eine weitgehende Integration der Systeme erlaubt einen unmittelbaren Zugriff auf die benötigten Daten und Dokumente, die im jeweiligen Dokumentenmanagementsystem abgelegt sind, durch das leitende Verwaltungs- bzw. ERP-System.

3.2.4 Enterprise Resouce Planning (ERP)-Systeme

Ein *Enterprise Resource Planning (ERP)*-System bildet das zentrale Steuerungssystem in Immobilienunternehmen, welches die primäre Steuerung aller Kernprozesse dieser Unternehmen realisiert und das sowohl Stammdaten als auch Bewegungsdaten in einer angebundenen Datenbank ablegt. Beispiele für derartige Systeme sind *Wodis Sigma* bzw. *Wodis Yuneo* (Vgl. https://info.aareon.de/yuneo), das System *axera* der Immo Software AG (Vgl. https://realestate.haufe.de/axera) oder *Wowiport* (Vgl. https://www.drklein-wowi.de/wowiport/), die alle auch als SaaS-Lösung angeboten werden, d. h. bei denen die Wartung sowie der Erhalt von Komfort und Sicherheit durch die jeweiligen Softwareunternehmen sichergestellt werden. Diese System integrieren mindestens Module für das Finanzmanagement, das Personalwesen, die Immobilienverwaltung und teilweise für das Kundenbeziehungsmanagement.

Die einschlägigen ERP-Systeme der Immobilienwirtschaft weisen charakteristische Merkmale auf, die strategische, operative sowie datenbezogene Aspekte fokussieren. Diese Merkmale lassen sich mit den folgenden Punkten beschreiben:

- Für die strategische Planung eines Immobilienunternehmens stellt ein ERP-System als zentrale Datenquelle üblicherweise die benötigten Daten bereit. Ein solches System erhält seine Daten wiederum aus unterschiedlichen Quellen, insbesondere aus den immobilienwirtschaftlichen Prozessen, die es steuert. Vor diesem Hintergrund bildet ein ERP-System einen intelligenten, strukturierten Speicher für die Daten, die insbesondere in der Phase der *Verwaltung/Bewirtschaftung* einer Immobilie entstehen und verarbeitet werden.
- Weiterhin kann ein ERP-System bei der Aufbereitung und Nutzbarmachung von immobilienwirtschaftlichen Daten unterstützen, um prozessbezogene Entscheidungen zu treffen und damit den Nutzen für die eigene Organisation sowie für die beteiligten Stakeholder (Mieter:innen, Eigentümer:innen, Handwerksunternehmen, etc.) zu maximiert.
- Um den höchstmöglichen Nutzen zu realisieren, ist mit der Implementierung eines ERP-Systems in einem Immobilienunternehmen häufig eine grundsätzliche Veränderung der immobilienwirtschaftlichen Prozesse, die durch das System unterstützt werden, verbunden. Dies bedeutet zugleich ein Hinterfragen der existierenden Prozesse sowie ihre damit verbundene Optimierung.

- Die Kernaufgaben eines ERP-System liegen erstens in der Verwaltung von Unternehmensressourcen und zweitens in der Koordination der geschäftlichen Abläufe rund um die verwalteten Immobilien. Damit bildet ein solches System die zentrale Plattform zur Steuerung der Prozesse, welche eine Vielzahl von Funktionen integriert. Die Stamm- und Bewegungsdaten, die in einem ERP-System verarbeitet werden, sind in der angebundenen zentralen Datenbank abgelegt. Damit lassen sich alle Daten und Informationen, die für das Unternehmen von Bedeutung sind, effizient verarbeiten und speichern.
- Durch ein ERP-System wird sowohl die zentrale Steuerung und Koordination von internen Abläufen als auch die Anbindung und Integration von weiteren Softwaresystemen umgesetzt. Mit diesen Funktionen unterstützt das System eine unmittelbare Zusammenarbeit aller Abteilungen und Funktionsbereiche sowie deren Zugriff auf die über das ERP-System abgelegten Daten.
- Neben der internen Vernetzung realisieren moderne ERP-Systeme eine Vernetzung mit Kunden und Geschäftspartnern. Dies ermöglicht eine effektive Kommunikation und Zusammenarbeit über Unternehmensgrenzen hinweg, sodass eine durchgängige Gestaltung der Geschäftsprozesse sowie eine Verbesserung des Kundenservice umgesetzt werden können.
- Ein ERP-System führt alle Unternehmensprozesse transparent zusammen, macht sie kontrollier- und steuerbar und bildet damit eine leistungsfähige Basis für weitergehende Digitalisierungsprojekte. Dabei stellt die Bereitstellung von Schnittstellen zwischen unterschiedlichen IT-Lösungen zur Sicherung eines reibungslosen Datenaustauschs eine große Herausforderung dar. Denn für eine Systemintegration sind hier Programmierschnittstellen (API) und/oder geeignete Middleware zu nutzen.

Die unterschiedlichen ERP-Systeme sind in ihrem Funktionsumfang sehr ähnlich und setzten die Unterstützung von Geschäftsprozessen insbesondere in der Phase der *Verwaltung/Bewirtschaftung* von Immobilien um, so beispielsweise der Kernprozesse *Vermietung, Nebenkostenabrechnung* oder *Schadensmeldung und -behebung*. Im Vermietungsprozess können z. B. Daten zum Mietvertrag in digitalen Mieterakten angelegt und anschließend weiterverarbeitet werden. Jede Mieterakte wird im ERP-System einer Verwaltungseinheit zugeordnet und gehört somit zu einer bestimmten Wohnung. Die Merkmale der jeweiligen Verwaltungseinheit sind in den technischen Bestandsdaten des ERP-Systems hinterlegt. Weiterhin ist es beispielsweise möglich, über die jeweilige Mieterakte die Mietzahlungen einzusehen und zu verwalten, Schadensmeldungen zur Wohnung zu erfassen, Instandhaltungsaufträge zu vergeben oder Schriftverkehr zu führen. Mittels einer häufig in den Systemen implementierten DATEV-Schnittstelle kann der Zahlungsverkehr von einer Bank automatisch in das ERP-System übertragen werden, ohne dass die Mitarbeitenden manuelle Buchungen erstellen müssten.

Perspektivisch stehen die ERP-Systeme, die in der Wohnungs- und Immobilienwirtschaft eingesetzt werden, vor einer neuen Entwicklungsstufe, die durch Digitalisierungstechnologien getrieben wird. Insbesondere die zunehmend großen Datenbestände, Cloud-Technologien, Künstliche Intelligenz (KI)/maschinelles Lernen und die „Demokratisierung" der Informationstechnik bilden Gestaltungsfaktoren, die von großer Bedeutung sind. So lassen sich externe Daten wie ESG-Kriterien oder geobasierte Klimaprognosen mit internen Daten aus einem ERP-System integrieren und analysieren oder Risiken, Rentabilität und Nachhaltigkeit verschiedener Alternativen mit KI-Analytik bewerten. Die drei wichtigsten Trends, welche die weitere Entwicklung von ERP-Systemen treiben und die Erschließung der Digitalisierungstechnologien unterstützen, lassen sich wie folgt beschreiben (Vgl. Thies, 2023):

- Cloud Technologien bzw. Cloud Computing bilden bereits heute eine wichtige Basis der Arbeitswelt und für die Bereitstellung vernetzungsfähiger ERP-Plattformen. Mit mobilen und dezentralen Anwendungen können die Akteure zwischen unterschiedlichen Geräten (Desktop, Notebook, Smartphone, Tablet) wechseln und unabhängig von Ort und Zeit arbeiten. Cloud Services und -Anwendungen werden bereits in 90 % der Unternehmen genutzt, sei es für die Datenspeicherung, Webkonferenzen, Büroprozesse oder für Geschäftsprozesse im Rahmen ihrer Wertschöpfung (Vgl. Rohleder, 2023, S. 2). Der Anteil der Nutzung von Cloud-basierten ERP-Systemen in der Immobilienwirtschaft liegt noch deutlich unter diesem Wert, entwickelt sich jedoch kontinuierlich weiter.
- ERP-Lösungen sollten zunehmend innovative Anwendungen und Plattformen integrieren können, die auf Künstlicher Intelligenz (KI) und maschinellem Lernen basieren und die Effizienz der Systeme weiter steigern. Mit KI-Technologien lassen sich Routineaufgaben dahingehend automatisieren, dass keine manuellen Eingriffe nötig sind und die Prozesse lediglich überwacht und Ergebnisse kontrolliert werden. In anderer Richtung kann KI digitale Geschäftsprozesse permanent überprüfen sowie Fehler erkennen und Auffälligkeiten identifizieren. Weiterhin können geeignete Machine Learning Algorithmen Prognosen erstellen, um beispielsweise Energieverbräuche vorab zu kalkulieren und handhabbar zu machen, Leerstände proaktiv zu managen oder Baukosten realistischer abschätzen zu können. Auch können interaktive Assistenzsysteme zu einem integrativen Bestandteil von ERP-Systemen werden, so beispielsweise Chatbots, die dialoggeführt Prozesse steuern.
- Eine „Demokratisierung" der Informationstechnik manifestiert sich zunächst in den technischen Möglichkeiten, die ihr zugrunde liegen: So entstehen zunehmend IT-Lösungen, die ohne umfassende Schulungen nutzbar sind. Wichtige Faktoren sind hier die Bereitstellung intuitiv zu nutzender User Interfaces und die Möglichkeit der Individualisierung und Personalisierung von Anwendungen. Mit Bezug zu ERP-Systemen bietet dies die Möglichkeit, dass die Anwender:innen der Systeme die Funktionen, die

sie benötigen, selbst programmieren. Dies lässt auf Basis von No-Code- und Low-Code-Funktionen realisieren, die von KI unterstützt die Grenzen zwischen Nutzung und Entwicklung von Software aufweichen. So lassen sich mittels grafischer Benutzeroberflächen weitgehend automatisiert Anwendungen von Fachanwendern auch ohne Programmierkenntnisse modellieren. Diese Möglichkeiten erlauben eine zügige Anpassung der immobilienwirtschaftlichen Geschäftsprozesse an neue Anforderungen sowie deren Abbildung im jeweils genutzten ERP-System.

ERP-Systeme bilden die zentralen Systeme in Wohnungs- und Immobilienunternehmen, um die Kernprozesse insbesondere in der Immobilienlebenszyklusphase *Verwaltung/Bewirtschaftung* zu steuern und zu lenken. Sie führen die Aufgaben und Aktionen unterschiedlicher Stakeholder in den unterstützten Kernprozessen zusammen, managen die Daten und Dokumente im Zuge der Prozesse und unterstützen die Erfüllung definierter Funktionen in der Verwaltung von Immobilien bzw. in den Interaktionen mit den unterschiedlichen Stakeholdern. Weiterhin müssen die Systeme oft mit anderen Systemen interagieren und Daten austauschen, sodass sie mit modernen Programmierschnittstellen (API) ausgestattet sein sollten, über die eine Anbindung von Drittsystemen, beispielsweise ein Dokumentenmanagementsystem oder ein Kollaborationssystem, realisiert werden kann.

3.2.5 Customer Relationship Management (CRM)-Systeme

Das *Customer Relationship Management (CRM)* bildet eine wichtige Funktion insbesondere im *Vermietungsprozess* sowie in der Kommunikation mit Handwerkern, Dienstleistern und Versorgern. Es ist insbesondere in der Phase *Verwaltung/Bewirtschaftung* einer Immobilien von hoher Bedeutung. Beim CRM handelt es sich um einen strategischen Ansatz, der die vollständige Planung, Steuerung und Durchführung aller Interaktionen mit den Stakeholdern umfasst. Es schließt das gesamte Unternehmen ein, beinhaltet das Database Marketing und erstreckt sich über den vollständigen Lebenszyklus einer Kundenbeziehung mit dem Ziel, eine optimale Kundenorientierung zu realisieren (Vgl. Holland, 2018).

Zur Unterstützung des strategischen CRM-Konzepts steuert ein CRM-System die Kundenbeziehung während ihres Lebenszyklus und führt dabei Funktionen zur Unterstützung des direkten Kontakts mit den Kunden sowie der optimalen Ausrichtung der Geschäftsprozesse in den Bereichen Marketing, Vertrieb und Service aus. Weiterhin unterstützt das System eine effektive und effiziente Kundenbearbeitung im Rahmen von Interaktionen zwischen dem jeweiligen Unternehmen und seinen (potenziellen) Kunden sowie die Erfassung, Aufbereitung und anwendungsorientierte Auswertung von Kundendaten. Damit bedient es die operativen, kollaborativen und analytischen Aufgaben des Customer Relationship Managements (Vgl. Holland, 2018). Die Nutzung eines CRM-Systems oder

-Portals in der Immobilienwirtschaft als Werkzeug für das Interessentenmanagement und die Vermarktung von Wohnungen macht insbesondere für Immobilienmakler Sinn, die häufig in *Vermietungsprozesse* eingebunden sind.

Im Zug des *Vermietungsprozesses* lassen sich mittels eines CRM-Systems zahlreiche anfallende Aufgaben bis zur möglichen Unterzeichnung eines Mietvertrags vereinfachen und beschleunigen. Entsprechende Aufgaben, die im Sinne eines Interessenten- bzw. Vermarktungsportals ausgeführt werden, liegen in der Anzeigenschaltung, der Verwaltung von Dokumenten, der Durchführung von Abgleichen zwischen wohnungssuchenden Interessent:innen und leerstehende Objekte, der Koordination von Besichtigungsterminen, der Kommunikation mit den Mietinteressent:innen und in der Verfolgung von Vermietungszusagen. Das CRM-Systems dokumentiert die Kundenwünsche und -anforderungen entlang der Interaktionen zwischen dem jeweiligen Immobilienunternehmen und den Mieinteressent:innen. Die dokumentierten Informationen bilden wiederum die Basis für die Ausführung personalisierter Beratungs- und Betreuungsprozesse. Die Hauptziele des CRM-Systemeinsatzes liegen hier in der Verbesserung der Transparenz für Mietinteressent:innen, in der Vermeidung von Medienbrüchen sowie in der Reduzierung von Prozesszeit und damit in der Steigerung der Gesamtqualität des Prozesses.

Als Mieter-Portal, das erst nach der Unterzeichnung eines Mietvertrages die Ausführung eines Prozesses aufnimmt, können in einem CRM-System im Rahmen des *Mieterverwaltungsprozesses* für die Mieter:innen Benutzerkonten erstellt werden, welche den Zugriff auf das Portal erlauben und über welche die Kommunikation zwischen dem jeweiligen Immobilienunternehmen und den Mieter:innen geführt werden können. Damit lassen sich den Mieter:innen Dokumente, wie beispielsweise Betriebskostenabrechnungen, zur Verfügung stellen oder diese könnten Schäden bzw. andere Anliegen direkt über die Software an das Immobilienunternehmen kommunizieren. Mittels des Systems ist eine direkte Integration der Mieter:innen in die digitalisierten Prozesse des Unternehmens möglich, sodass beispielsweise ein *Schadensmanagementprozess* nahtlos ohne Medienbruch ausgeführt werden kann.

Ein in der Immobilienwirtschaft eingesetztes CRM-System sollte mit weiteren IT-Systemen, welche die operativen Aktivitäten in der *Verwaltung/Bewirtschaftung* einer Immobilien unterstützen, interagieren und Daten austauschen können. Damit können beispielsweise Objektdaten aus dem jeweiligen ERP-System oder Dokumente, wie Grundrisse und Bilder, aus einem Dokumentenmanagementsystem in das CRM-System integriert sowie umgekehrt Interessentendaten beim Zustandekommen eines Mietverhältnisses in das ERP-System übertragen werden. Mittels einer zentralen Steuerung der freien Objekte und einer parallelen Online-Schaltung von Wohnungsangeboten auf verschiedenen Plattformen kann weiterhin eine effiziente Vermarktung leerstehender Wohnungen umgesetzt werden. So kann eine Anzeige beispielsweise nach dem einmaligen Aufbereiten mit einem Klick auf mehrere Immobilienportale sowie auf die eigene Website eingestellt werden.

Ein CRM-System, welches die Kommunikation zwischen Immobilienunternehmen und ihren Stakeholdern unterstützt und die Interaktionen dokumentiert, kann sowohl im *Vermietungsprozess* als auch in der nachfolgenden *Mieterverwaltung* eine Steigerung der Effizienz der Kommunikationsprozesse und der Interaktionen realisieren, diese Prozesse beschleunigen und zielführend gestalten sowie deren Transparenz erhöhen. Nicht immer muss zur Erfüllung dieser Aufgaben ein monolithisches CRM-System implementiert werden, denn in einigen ERP-Systemen für die Immobilienwirtschaft sind CRM-Funktionen integriert, die zumindest ein Teil der vorangehend beschriebenen Aufgaben abbilden.

3.2.6 Kollaborationssysteme

Ein *Kollaborationssystem* bzw. eine *Kollaborationsplattform* unterstützt die Zusammenarbeit und den Austausch von Daten zwischen unterschiedlichen Akteuren unabhängig von Raum und Zeit. Dazu werden Werkzeuge und Funktionen bereitgestellt, welche beispielsweise die Verteilung von Aufgaben und deren Fortschrittskontrolle realisieren, Chat- und Videokommunikation erlauben, eine gemeinsame Bearbeitung von Dokumenten ermöglichen oder Wissen speichern und verwalten. Kollaborationssysteme werden i. d. R. als Cloud-basierte Systeme implementiert.

Das Cloud-basierte System *Nextcloud* (Vgl. https://nextcloud.com/de/) kann unterschiedliche immobilienwirtschaftliche Prozesse unterstützen. So ermöglich das System beispielsweise den Zugriff verschiedener Akteure mit der entsprechenden Berechtigung auf bestimmte Verzeichnisse und Dateien. Die Berechtigungen können zeitlich begrenzt werden und mit der Erfüllung eines Auftrags enden. Ein Beispiel für die Nutzung eines solchen Systems im *Vermietungsprozess* bildet das Verfügbarmachen von Fotos, die bei der Wohnungsübergabe erstellt und auf die Kollaborationsplattform hochgeladen werden, für alle berechtigten Mitarbeitenden des Wohnungsunternehmens. Damit kann beispielsweise ein:e Mitarbeiter:in, die/der mit Vertriebsaufgaben betraut ist, die hochgeladenen Fotos für die Vermarktung nutzen.

Zusammenfassend fördert ein Kollaborationssystem den schnellen und einfachen Austausch von Daten und Dokumenten zur Erfüllung von Aufgaben in der Immobilienwirtschaft und ermöglicht ein einfaches, redundanzfreies Arbeiten unabhängig von Ort und Zeit. Mit Berechtigungskonzepten und robuster Sicherheitsmaßnahmen muss der Schutz der Daten und Dokumente vor unberechtigten Zugriffen in den einschlägigen Kollaborationssystemen sichergestellt werden. Kollaborationssysteme lassen sich zudem mit den gängigen Microsoft-Lösungen, wie beispielsweise MS Sharepoint oder MS Office, integrieren.

3.2.7 Computer Aided Facility Management (CAFM)-Systeme

Das Facility Management bezeichnet die „Integration von Prozessen innerhalb einer Organisation für die Erbringung und Entwicklung der vereinbarten Leistungen, welche zur Unterstützung und Verbesserung der Effektivität der Hauptaktivitäten der Organisation dienen" (DIN EN 15221-1 2007, S. 5). Diese Definition bezieht sich erstens auf die Fläche und Infrastruktur, also auf Immobilien bzw. Gebäude, und zweitens auf die Menschen und die Organisationen, welche die Leistungen in der Phase *Verwaltung/Bewirtschaftung* des Immobilienlebenszyklus erbringen. Auf dieser Basis wird das Facility Management als „ein strategisches Konzept zur Bewirtschaftung, Verwaltung und Organisation aller Sachressourcen innerhalb eines Unternehmens" (Nävy, 1998, S. 2) definiert. Die Sachressourcen fassen Grundstücke, Gebäude, Räume, Infrastrukturen, Anlagen, Maschinen und Versorgungseinrichtungen innerhalb einer Organisation zusammen und stellen damit den Bezug zu Immobilien bzw. Gebäuden her.

Vor dem Hintergrund der über die vorangehenden Definitionen beschriebenen Aufgaben lässt sich ein Computer *Aided Facility Management (CAFM)*-System als ein System definieren, dass Immobilienunternehmen eine auf die eigenen Bedürfnisse angepasste Komplettlösung bereitstellt, welche die Prozesse des Facility Managements unterstützen. Die Basis eines solchen umfassenden Systems bildet CAFM-Software als Kombination monofunktionaler Softwarewerkzeuge für bestimmte gebäudebezogene Anwendungszwecke, wie z. B. dem Instandhaltungs-, dem Reinigungs- oder dem Umzugsmanagement. Bei Bedarf lässt sich diese Software über moderne Programmierschnittstellen an das jeweils führende Softwaresystem, beispielsweise ein ERP-System oder ein Gebäudeautomationssystem anbinden. CAFM-Systeme unterstützen die spezifischen Facility Management Prozesse sowie die Personen, die direkt oder indirekt in diese Prozesse eingebunden sind (Vgl. Marchionini et al., 2018, S. 7 f.).

Ein CAFM-System unterstützt zahlreiche Aktivitäten, die während seiner Bewirtschaftung um, an und in einem Gebäude ausgeführt werden müssen. Durch die Unterstützung eines solchen Systems lassen sich Nutzenpotenziale für die unterschiedlichen Stakeholder ausschöpfen, die sich wie folgt darstellen (Vgl. Marchionini et al., 2018, S. 11):

- Effiziente, d. h. aufwandsarme, schnelle und fehlerfreie Ausführung von Planungs- und operativen Aufgaben, wie beispielsweise Flächennutzungsplanung, Wartungs-/Instandhaltungsplanung oder Betriebs- und Nebenkostenabrechnungen.
- Steuerung von Facility Management Prozessen und Sicherung der Informationsverfügbarkeit entlang dieser Prozesse als Grundlage von operativen prozessbezogenen Entscheidungen. Die Bereitstellung von aufbereiteten Informationen über das CAFM-System ist insbesondere bei wiederholt auftretenden Betriebsproblemen von hoher Bedeutung.

- Herstellung von Transparenz hinsichtlich der Kosten und Schaffung der Möglichkeit der Identifizierung von Kosteneinsparungspotenzialen, z. B. in Flächen, Reinigung oder Energie.
- Sicherung der Verfügbarkeit und Werterhaltung der baulichen und technischen Anlagen durch planmäßige Wartung und Instandhaltung dieser Anlagen sowie Realisierung von Wertsteigerungen der Bausubstanz durch gezielte Modernisierungen.
- Erhöhung der Reaktionsfähigkeit auf Anfragen zum Gebäude- und Anlagenbestand, Unterstützung von Werbe- und PR-Aktivitäten mit Bezug zu Gebäuden und Immobilien, Verbesserung der Wertermittlung des Anlagevermögens, korrekte Kalkulation von Kosten und Realisierung einer verursachergerechten Kostenzuordnung/Abrechnung durch Bereitstellung aktueller Informationen, Daten, Kennzahlen aus dem Facility Management.

Ein CAFM-System bildet die zentrale Instanz zur Steuerung und Lenkung aller Prozesse rund um Gebäude und Immobilien. Die vorangehenden Ausführungen zeigen, dass sich damit Nutzenpotenziale auf unterschiedlichen Feldern ausschöpfen lassen, die erstens auf eine effiziente Ausführung der unterstützten gebäudetechnischen Prozesse sowie Kostentransparenz in der Lebenszyklusphase *Verwaltung/Bewirtschaftung*, zweitens auf die schnelle und effiziente Bereitstellung von Informationen für die genannte sowie weitere Phasen des Immobilienlebenszyklus und drittens auf den Erhalt und die Erhöhung des Werts des jeweiligen Gebäudes bzw. der Immobilie abzielen.

3.2.8 PropTech-Lösungen

Zahlreiche (informations-)technische Lösungen, die eine Unterstützung immobilienwirtschaftlicher Geschäftsprozesse realisieren, werden von sog. Property Technology Unternehmen, kurz PropTechs, entwickelt, vermarktet und in die Unternehmen der Branche eingebracht. Mögliche Anwendungen, die durch PropTechs perspektivisch in der Branche angeboten werden können, sind beispielsweise Virtual Reality (VR) oder Augmented Reality (AR) für virtuelle Besichtigungen und Immobilienvisualisierungen oder Smart Contracts für die Automatisierung des Managements von Miet- und Kaufverträgen.

Die von diesen Unternehmen bereitgestellten Lösungen bilden oftmals sehr spezifische Prozesse ab, die wenig standardisiert sind, sodass die Anwender dieser Systeme eine sehr gezielte Nutzung der Lösungen realisieren. Im besten Falle unterstützen die Lösungen eine deutliche Verbesserung der Prozesse und damit eine deutliche Steigerungen ihrer Effizienz. Mögliche Lösungen können in der Vernetzung von Anlagen und Geräten im Sinne des Internet of Things (IoT) liegen oder in der Nutzung von Künstlicher Intelligenz (KI) für Marktanalysen im Rahmen des Einsatzes von Business Intelligence Lösungen, die wiederum Daten aus den übrigen im Immobilienlebenszyklus genutzten IT-Systemen heranziehen.

PropTechs und deren Lösungen spielen eine wichtige Rolle bei der Überführung von digitalen Technologien in innovative Lösungen sowie bei deren Verbreitung und Etablierung in der Wohnungs- und Immobilienwirtschaft. Eine Etablierung entsprechender Lösungen in der Branche erfordert jedoch Zeit und die Identifizierung geeigneter Prozesse, zu deren Verbesserung die Lösungen einen Beitrag leisten können.

3.3 Optimierung von Immobilienwirtschaftlichen Geschäftsprozessen

Der Abschn. 3.2 stellt beispielhaft eine Palette an IT-Systemen dar, mit denen sich eine verstärkte (Teil-)Automatisierung und damit verbundene Optimierung von immobilienwirtschaftlichen Prozessen realisieren lässt. Eine Optimierung dieser Geschäftsprozesse muss jedoch nicht mit Unterstützung von IT-Systemen erfolgen, sondern sie kann in weiten Teilen zunächst durch Veränderungen in den Abläufen sowie in der Aufbauorganisation umgesetzt werden. Vor diesem Hintergrund werden in diesem Abschnitt zunächst Methoden und Instrumente für die Prozessanalyse und -optimierung dargestellt und darauf aufbauend Methoden, Werkzeuge, Instrumente und Systeme diskutiert, welche eine Digitalisierung und Automatisierung von Geschäftsprozessen umsetzen.

Geschäftsprozesse bilden die Träger der wertschöpfenden Aktivitäten in Organisationen. Es handelt sich vereinfacht um „eine Folge von Funktionen zur Erzeugung eines Mehrwerts für eine Organisation und seine Kunden" (Scheer, 2020, S. 71). Die zugehörige Prozesslandschaft wird durch das Geschäftsprozessmanagement dahingehend gestaltet, dass deren Effizienz- und Effektivitätspotenziale bestmöglich ausgeschöpft werden. Vor dem Hintergrund der in Abschn. 1.2 dieses Lehrbuchs dokumentierten Definition des Geschäftsprozessmanagement sowie der im selben Abschnitt entwickelten Definition der digitalen Transformation bilden die Konfiguration und Koordination der Geschäftsprozesse somit wichtige Gestaltungsfaktoren der notwendigen Veränderungen hin zu digitalen Geschäftsmodellen auf der Wertschöpfungsebene. Dies gilt auch für die Wohnungs- und Immobilienwirtschaft.

3.3.1 Prozessanalyse und -optimierung

Mit der Analyse von immobilienwirtschaftlichen Prozessen wird die Grundlage geschaffen, um diese in einem nachfolgenden Schritt zu optimieren. Dabei helfen Analysemethoden, die Prozesse in der Wohnungs- und Immobilienwirtschaft zu verstehen und sie in einen Gesamtkontext einzuordnen. Mittels dieser Methoden lassen sich Ineffizienzen und Engpässe identifizieren und Möglichkeiten für Prozessoptimierungen erkennen. Einschlägige Analysemethoden liegen beispielsweise in der Modellierung der Prozesse, im Process Mapping, Process Benchmarking, Process Mining oder in der Prozesssimulation.

Mit der systematischen Anwendung der jeweils geeigneten Methode wird ein ganzheitlicher Ansatz verfolgt, um das Verständnis für die untersuchten Geschäftsprozesse zu erhöhen und damit einen Beitrag zu einer *operativen Business Excellence* zu leisten (Vgl. Rausch, o. J.).

Prozessanalyse und Prozessoptimierung sind über den *Process Management Life Cycle* eng miteinander verbunden. Der Lebenszyklus von Geschäftsprozessen besteht aus sechs Phasen – Prozessstrategie, Prozessdokumentation, Prozessoptimierung, Prozessumsetzung, Prozessdurchführung und Prozesscontrolling (Vgl. Bayer & Kühn, 2013, S. 12). Jede dieser Phasen beinhaltet spezifische Methoden, Techniken und Werkzeuge, die innerhalb dieser Phasen bzw. bei Teilphasen ein strukturiertes Vorgehen unterstützen.

Die Prozessanalyse integriert die Prozessdokumentation und Teile der Prozessoptimierung. Hier bildet die Prozessdokumentation einen grundlegenden Anteil an der Analyse der Prozesse und damit eine wichtige Basis für die Verbesserung bzw. Optimierung sowie die Neugestaltung von Geschäftsprozessen. Eine grundlegende Methode der Prozessdokumentation bildet die Modellierung der Prozesse mittels einschlägiger Notationen – insbesondere mittels der *Business Process Model and Notation (BPMN)*, die in Abschn. 3.1 zur modellhaften Darstellung der Kerngeschäftsprozesse im Immobilienlebenszyklus genutzt wird. Aus der Prozessmodellierung resultiert eine Visualisierung des Ist-Zustands als Basis für die nachfolgende Optimierungsphase. Vor diesem Hintergrund liegen mögliche Ziele der Dokumentation von Prozesse beispielsweise in den folgenden Punkten (Vgl. Rosenkranz, 2006, S. 16 f.; Staud, 2006, S. 17 f.):

- Erlangen von Kenntnissen über die betrieblichen Abläufe, um neue Organisationsstrukturen und Prozesse einzuführen bzw. zu gestalten oder bestimmte Aufgaben auszulagern.
- Vorbereitung einer Automatisierung bzw. IT-Unterstützung der Prozesse in einer Organisation.
- Identifizierung und Festlegen von Prozesskennzahlen/Process Performance Indicators (PPI) für ein Benchmarking der Prozessleistung. Daraus abgeleitet Realisierung eines internen und externen Benchmarking zwischen Teilen der Organisation, Geschäftspartnern und Konkurrenten.
- Aufzeigen von Best Practices in Form von Referenzmodellen.
- Compliance-Management, d. h. Abgleichen der Geschäftsprozesse mit den geltenden Regelungen der Organisation sowie regulatorischen Anforderungen des Gesetzgebers.
- Definition von Service Level Agreements, Erfüllung von Auflagen von Geschäftspartnern sowie Erlangen von Zertifizierungen.

Um eine zielführende (Neu-)Gestaltung bzw. Optimierung von Prozessen zu realisieren, muss bereits bei der Aufnahme und Dokumentation der Ist-Prozesse die für die angestrebte Zielsetzung am besten geeignete Modellierungstechnik ausgewählt werden. Dabei lassen sich die folgenden drei Modellierungstechniken unterscheiden (Vgl. Bayer & Kühn, 2013, S. 207):

- *Produkt-Prozess-Übersicht:* Die Nutzung von *Produkt-Prozess-Übersichten* kann sinnvoll sein, wenn für die Verteilung von Ressourcen Produkte und Leistungen verbunden mit entsprechenden Prozesskennzahlen herangezogen werden sollen. Wichtig ist dabei die Verknüpfung der Produkte bzw. Dienstleistungen mit den Prozessen, die zu deren Erstellung notwendig sind. Die Produkte und Dienstleistungen bilden hierbei den Ordnungsrahmen für die Prozesse der Organisation. So lassen sich beispielsweise für immobilienwirtschaftliche Kernprozesse, wie beispielsweise das Anlegen von Mieter:innen in den Stammdaten eines wohnungseigenen ERP-Systems, die Durchlaufzeiten oder Prozesskosten heranziehen, um die Leistungen bewertbar zu machen.
- *Kooperations- bzw. Kommunikationsbilder:* Zur Analyse von Kommunikationsflüssen bzw. zur Darstellung des Zusammenwirkens unterschiedlicher am Prozess beteiligter Akteure sind *Kooperations- bzw. Kommunikationsbilder* besonders geeignet. Hier besteht die Möglichkeit, interne Schnittstellen zwischen Organisationseinheiten respektive Bearbeitern wie auch Schnittstellen zu externen Akteuren zu visualisieren. So mach es beispielsweise in einem Wohnungsunternehmen insbesondere Sinn, die Schnittstellen der Organisationseinheit *Mieter:innenverwaltung* zu den externen Stellen, wie Handwerksunternehmen, Versorgern, den Mieterinnen und Mietern, etc. zu visualisieren.
- *Prozessablaufsicht:* Die *Prozessablaufsicht* legt das Augenmerk auf die prozessuale Abfolge von Arbeitsschritten und damit auf ihre logisch-zeitliche Reihenfolge. Die einzelnen Arbeitsschritte können bei dieser Technik im Detail eingesehen und Schnittstellen leicht identifiziert werden. Zusätzlich zur Erhebung der einzelnen Prozessschritte sollten hier auch fachliche Aspekte betrachtet werden. Beispiele für die *Prozessablaufsicht* einiger Kernprozesse der Immobilienwirtschaft sind in Abschn. 3.1 dieses Lehrbuchs mittels der Business Process Model and Notation (BPMN) visualisiert.

Ein weiteres wichtiges Gestaltungsmittel für die Prozessoptimierung bilden Referenzprozesse[4]. Diese unterstützen einen semantischen Vergleich der Prozesse mittels ähnlicher oder gemeinsam genutzter Muster und Abläufen. Ein Referenzprozess wird zur Abbildung eines realen Prozesses in einen speziellen Kontext eingebunden und ggf. verfeinert (Vgl. Bayer & Kühn, 2013, S. 80). So lassen sich bspw. Referenzrollen, welche zentral definiert werden, oder (Teil-)Abläufe, die als Referenz dienen und in unterschiedlichen Prozessen wiederverwendet werden, auf den jeweiligen Prozesskontext zuschneiden.

---

[4] Ein *Referenzprozess* repräsentiert einen *Best Practice,* der als Vorlage eines zu modellierenden Prozesses dient. Damit kann solch ein Prozess zugleich eine Reduzierung des Aufwands für die Prozessmodellierung und eine höhere Qualität der Modellierungsergebnisse bewirken (vgl. Bayer & Kühn, 2013, S. 214).

Referenzprozesse können sowohl branchenspezifisch (z. B. Wohnungs-/Immobilienwirtschaft, Versicherungswirtschaft, Kreditwirtschaft) oder themenbezogen (bspw. Qualitätsmanagement, Servicemanagement) vorliegen. Sie unterstützen eine organisationsspezifische Adaption eines generisch vorgegebenen Prozesses und machen die Prozessgestaltung damit effizienter und qualitativ hochwertiger. Liegt beispielsweise ein Geschäftsanbahnungsprozess prinzipiell als Referenzprozess vor, so kann dieser durch „Trimmen" (streichen oder hinzufügen von Elementen) ohne größeren Aufwand auf die besonderen Erfordernisse der Geschäftsbereiche Industrie, Handel oder Dienstleistung angepasst werden (Vgl. Hirzel et al., 2013, S. 64). Ein solches Prinzip ist bei Handelshäusern oder im Franchising durchaus üblich. Das Prinzip wird an Stellen interessant, an welchen zwar Gleichartigkeiten vorliegen, diese zunächst jedoch nicht augenfällig sind. In der Wohnungs- bzw. Immobilienwirtschaft kann ein Referenzprozess beispielsweise in der Vermietung einer Wohnung durch ein Wohnungsunternehmen liegen, bei dem in unterschiedlichen Phasen spezifische Datenschutzbestimmungen zu berücksichtigen sind. Ein solcher Referenzprozess von der Kontaktaufnahme einer/eines Mietinteressent:in bis hin zur Vereinbarung eines Besichtigungstermins, der sich auf das jeweilige Wohnungsunternehmen anpassen lässt, ist als BPMN in Abb. 3.10 beispielhaft dargestellt. Ebenso wie dieser Prozess bzw. Teilprozess können einige der in Abschn. 3.1 dargestellten Prozesse als Referenz für entsprechende konkrete Prozesse in Unternehmen der Wohnungs- und Immobilienwirtschaft dienen.

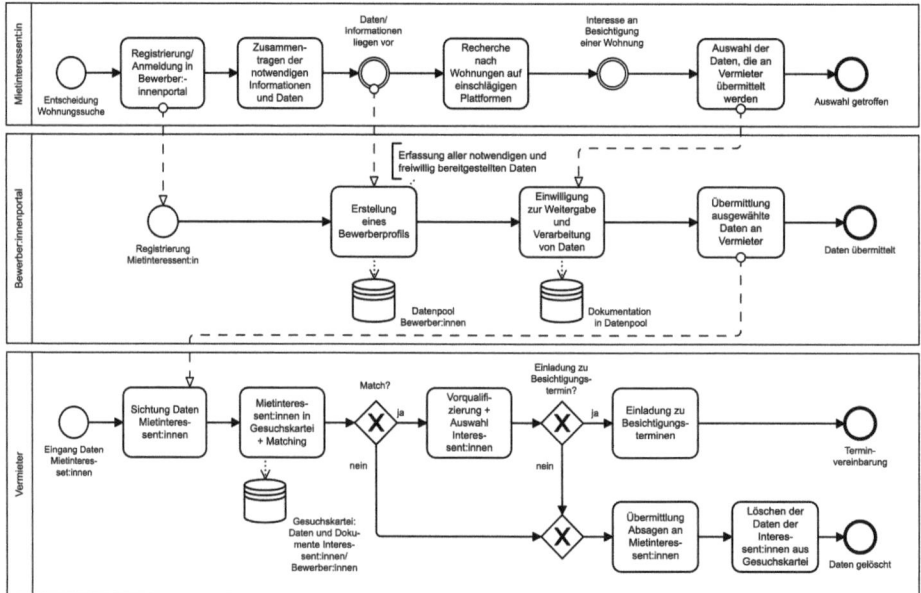

Abb. 3.10 Referenz(teil)prozess für die Vermietung. (Eigene Darstellung)

Die Optimierung von Prozessen erfolgt entlang eines mehrstufigen, strukturierten Vorgehens, das die ggf. notwendige Erhebung der Ist-Prozesse und -Strukturen, die Analyse dieser Prozesse sowie die Gestaltung von Soll-Prozessen implementiert (Vgl. Bayer & Kühn, 2013, S. 206). Dieses Vorgehen schließt demnach die Analyse der Prozesse ein. Er schließt mit der Umsetzung der entwickelten Gestaltungs- bzw. Optimierungsmaßnahmen ab. Die Analysen der Prozesse kann in Bezug auf ablauforganisatorische, aufbauorganisatorische und IT-gestützte Aspekte mittels verschiedener Methoden und Techniken durchgeführt werden. Basierend auf der Dokumentation der zu optimierenden Prozesse werden in einem nachfolgenden Schritt die Schwachstellen dieser Prozessen analysiert. Im Zuge der Analysen erfolgt eine Bewertung des Ist-Zustands der Prozesse mit Blick auf die Zielsetzung der Prozessoptimierung (Vgl. Bayer & Kühn, 2013, S. 204 f.). Im Rahmen der Soll-Konzeption werden schließlich die mittels der Prozessanalyse identifizierten Schwachstellen in den Ist-Prozessen beseitigt. Dazu sind Verbesserungsmaßnahmen zu erarbeiten bzw. neue Prozesse zu entwickeln. Als Ergebnisse stehen eine oder mehrere Soll-Prozess-Ausprägungen, die wiederum bewertet werden müssen und aus denen die bevorzugt umzusetzende Variante auszuwählen ist.

Die Prozessoptimierung zielt darauf ab, Prozesse nicht nur aufgrund aufwendiger empirischer Analysen von Prozesszeiten und Prozesskosten, sondern vorrangig aufgrund des bei den Prozessexperten und -stakeholdern vorhandenen Wissens über die Prozesse – und damit über Schwachstellen und Verbesserungspotenziale – mittels qualitativer Techniken zu optimieren (Vgl. Bayer & Kühn, 2013, S. 205). Die Vorgehensschritte, zu einer Prozessoptimierung, die dieser Maßgabe sowie dem oben angeführten strukturierten Vorgehen folgt, umfassen die *Erhebung der Ist-Prozesse,* die *Analyse und Bewertung der Prozesse,* die *Konzeption von Soll- bzw. optimierten Prozessen* sowie die *Dokumentation der Optimierungen.*

Die *Erhebung der Ist-Prozesse* bildet den ersten Schritt einer Prozessoptimierung. Diese muss mit dem Start der Optimierung vorgenommen werden, sofern die zu analysierenden Ist-Prozesse noch nicht aufgenommen und dokumentiert sind. Liegt bereits eine Prozessdokumentation vor, so werden die Bewertung und Analyse der Geschäftsprozesse auf Basis dieser vorhandenen Dokumentation vorgenommen. Ist der Informationsgehalt der Ist-Prozesse für eine fundierte Prozessanalyse zu gering, müssen diese ggf. um zusätzliche Informationen angereichert werden (Vgl. Bayer & Kühn, 2013, S. 207). Für die *Ist-Erhebung* gibt es unterschiedliche Methoden, die in Abhängigkeit von der verfügbaren Zeit, die für die Erhebung aufgewendet werden kann, genutzt werden. Ein wesentlicher Einflussfaktor für den benötigten Zeitaufwand ist der Detaillierungsgrad, mit dem die Prozesse für eine Analyse erhoben werden müssen. Sind die Ressourcen für die Erhebung begrenzt, genügt in einem ersten Schritt die Aufnahme des Prozesses in einem niedrigeren Detailgrads und es wird lediglich der grobe Ablauf der Prozesse aufgenommen, der für eine Analyse und Bewertung für seine Optimierung bestenfalls hinreichend ist. Ein weiterer Einflussfaktor auf den Detaillierungsgrad der Ist-Erhebung ist die Zielsetzung, welche die Organisation mit einer Prozessoptimierung verfolgt. Ggf. liegt bereits eine

Dokumentation eines zu optimierenden Prozesse aus einem zurückliegenden Projekt vor, die mit Ausrichtung auf die Optimierungsaufgabe angepasst werden kann.

Im nachfolgenden Schritt der Prozessoptimierung wird die *Analyse und Bewertung der Geschäftsprozesse* durchgeführt. Dazu werden die Ist-Prozesse auf ihre Optimierungspotenziale hin untersucht – beispielsweise lassen sich die Schritte zum Anlegen einer/ eines neuen Mieter:in im ERP-System eines Wohnungsunternehmens hinsichtlich ihrer Effizienz analysieren. Auf der Grundlage einer zielführenden Analyse der Prozesse werden ihre Schwachstellen und Verbesserungspotenziale ermittelt. Zweck der Analyse ist die Identifizierung der Ursachen für unerwünschte Abweichungen vom Zielzustand, um in der nachfolgenden Prozessgestaltung wirkungsvolle Maßnahmen für eine Optimierung der Prozesse zu erarbeiten (Vgl. Bayer & Kühn, 2013, S. 211 f.).

Für die *Analyse der Prozesse* eignet sich eine Reihe von Instrumenten. So werden üblicherweise Checklisten verwendet, die mittels typischer Fragen eine Identifikation von Schwachstellen unterstützen. Weitere Methoden zur Erkennung von Prozessverbesserungspotenzialen sind beispielsweise Interviews mit Fachexperten für die einzelnen Prozesse, Kundenumfragen und -feedback, Performance-Messungen oder Benchmarks und die Nutzung von Referenzprozessen oder Reifegraddiagramme. Die identifizierten Schwachstellen werden entlang zweier wichtiger Einflussfaktoren bewertet, die zu einer Priorisierung dieser Faktoren führen:

- Mit dem ersten Faktor wird ermittelt, welches *Problem für die Organisation* besonders kritisch ist und gewichtige negative Folgen für die Organisation hat, und welche Punkte in ihrer Bedeutung für das Agieren der Organisation nachfolgen. Dieser Faktor bewertet also die Wirkung einer Schwachstelle und die durch ihre Beseitigung erzielbare Verbesserung. Die Schwere eines Problems ist abhängig von seinem Einfluss auf das Prozessergebnis.
- Ein weiterer Einflussfaktor in der Bewertung liegt in der *Dringlichkeit der Beseitigung eines Problems.* Betrachtungsgegenstand ist hier der zeitliche Faktor. Die Bewertung führt zu einer Priorisierung der Schwachstellen. Bei den Kriterien zur Bewertung handelt es sich jedoch um Kriterien, die schwerpunktmäßig den eigentlichen Prozessablauf betreffen.

In dem der Analyse und Bewertung nachfolgenden Schritt, der *Soll-Konzeption,* werden prozessseitige Maßnahmen für die Beseitigung der Schwachstellen sowie die Ausschöpfung der Optimierungspotenziale entwickelt (Vgl. Bayer & Kühn, 2013, S. 219 ff.). Initial können in dieser Phase bspw. Listen genutzt werden, auf welchen die Schwachstellen aufgeführt, priorisiert und mit Optimierungsmaßnahmen versehen werden. Für das Erarbeiten der Maßnahmen werden häufig Brainstorming-Methoden verwendet.

Die Optimierungsmaßnahmen in Prozessen können unterschiedliche Schwerpunkte setzen. Es handelt sich dabei um Maßnahmen, die auf radikale Veränderungen, strukturelle Veränderungen oder Prozessveränderungen abzielen. Diese hängen auch davon ab, welche

3.3 Optimierung von Immobilienwirtschaftlichen Geschäftsprozessen

Faktoren mittels der jeweiligen Maßnahmen verbessert werden sollen. Die prinzipiellen Möglichkeiten für Optimierungen, die in einem Soll-Konzept abgebildet werden, liegen entweder in der Entwicklung gänzlich neuer Prozesse in einer neuen Struktur (radikale Veränderung mittels *Process Reengineering*) oder in der Umsetzung von Verbesserungsmaßnahmen mit Bezug zu den Prozessen in einer bestehenden Struktur (Vgl. Becker, 2008, S. 33). Maßnahmen für Prozessverbesserungen können in den folgenden Punkten liegen:

- Eliminieren von Prozessschritten,
- Zusammenfassen von Prozessschritten, um Schnittstellen zu reduzieren,
- Verteilen von Prozessschritten auf verschiedene Elemente, um in einzelnen Teilschritten Skalierungseffekte durch Standardisierung oder Automatisierung nutzen zu können,
- Differenzieren eines Prozesses in verschiedene Prozessschritte mit unterschiedlichen Abläufen,
- strukturelles Verändern eines existierenden Prozesses bzw. Verlagern von Prozessschritten in eine andere Struktur mit höherer Effizienz,
- Auslagern von Teilprozessen oder gesamten Prozessen an externe Dienstleister,
- Einführung neuer Systeme, Methoden, Instrumente oder Hilfsmittel, bspw. neuer Softwaresysteme oder von Checklisten.

Die aufgelisteten Maßnahmen lassen sich in Abhängigkeit von der Zielsetzung der Prozessoptimierung miteinander kombinieren. Zur Bewertung der erarbeiteten Optimierungsmaßnahmen werden der Nutzen und der Aufwand für ihre Umsetzung ermittelt und zueinander in Relation gesetzt. Umfassende Optimierungsmaßnahmen werden zudem mittels separater Machbarkeitsstudien hinsichtlich ihrer Umsetzbarkeit bewertet. Es ist dabei zu evaluieren, welche Aufwände für die Umsetzung einer Optimierungsmaßnahme erforderlich sind und welcher Nutzen diesen Aufwänden gegenübergestellt werden kann (Vgl. Bayer & Kühn, 2013, S. 219).

Werden mehrere Möglichkeiten für eine Prozessoptimierung erarbeitet, kann es zielführend sein, unterschiedliche Soll-Prozessvarianten zu modellieren, welche diese Möglichkeiten abbilden, um sie miteinander zu vergleichen. Mit einer systematischen Bewertung kann diejenige Optimierungsmöglichkeit ermittelt werden, die bspw. das beste Aufwand-/Nutzen-Verhältnis aufweist oder die am schnellsten Effekte zur Verbesserung erwarten lässt. Wenn zudem bereits die Kosten und/oder die Zeiten für die Ausführung der Ist-Prozesse ermittelt worden sind, können diese für die unterschiedlichen Soll-Varianten prognostiziert und die Ergebnisse separat bewertet werden. Die gängigen Modellierungswerkzeuge bieten die Möglichkeit, sowohl Änderungen in einem Prozessmodell durch Kennzeichnungen sichtbar zu machen als auch mögliche Optimierungen textlich zu beschreiben. Damit ist eine Bewertung von Prozessvarianten leichter möglich. Auf Basis einer solchen Variantenbewertung kann eine Entscheidung darüber getroffen werden, welche der Optimierungsmaßnahmen vorzugsweise umzusetzen sind. Aus einer Liste von potenziellen Optimierungsmaßnahmen wird damit eine konkrete Maßnahmenliste abgeleitet. Mit der Identifizierung der umzusetzenden Optimierungsmaßnahmen muss festgelegt werden, wer für die Umsetzung der jeweiligen Maßnahmen verantwortlich ist und wie diese zeitlich vonstattengehen soll.

Im abschließenden Schritt der Prozessoptimierung erfolgt die *Dokumentation der Soll-Prozesse,* in welche die erarbeiteten Prozessoptimierungen eingearbeitet sind. Diese Dokumentation kann mit denselben Methoden und Werkzeuge durchgeführt werden, mit denen bereits die Ist-Prozesse dokumentiert worden sind. Für die Vorbereitung der Umsetzung sind entsprechende Planungsaktivitäten zu betreiben. So lassen sich beispielsweise Projekte definieren und mit einem strukturierten Vorgehen sowie mit Meilensteinen hinterlegen, welche erstens prozessbezogene und organisatorische Veränderungen vornehmen und zweitens die Einführung bzw. technische Anpassung von prozessunterstützenden IT-Systemen sowie die Anpassung der Prozessschritte, die von den implementierten IT-Systemen unterstützt werden, vornehmen. Die Herausforderung der Optimierung von Geschäftsprozessen besteht im Erkennen der zunehmenden Verflechtung von digitalen und realen Prozessfragmenten in Wertschöpfungsketten, um die entsprechenden Prozesse zielführend anpassen, erweitern und damit optimieren zu können.

3.3.2 Digitalisierung und Automatisierung von Geschäftsprozessen

Die Digitalisierung von Prozessen bildet neben ihrer „per se"-Überarbeitung bzw. Optimierung eine Möglichkeit, die Effizienz und Stakeholderorientierung dieser Prozesse zu erhöhen. Digitalisierung bedeutet hier eine Überführung vormals analog, manuell oder papierbasiert ausgeführter Prozessschritte in die elektronische Ausführung. Dazu werden Softwaresysteme genutzt, welche die wertschöpfenden Abläufe unterstützen. Die Ziele liegen darin, die analoge Aufgabendurchführung zu minimieren, den Informationsfluss zu verbessern sowie die Qualität der Geschäftsprozesse insgesamt zu erhöhen (Vgl. Sebald, 2023).

Im vorangehend skizzierten Kontext liegt der Kern der Nutzung von IT-Systemen in der „digitale Codierung bei Abspeicherung und Verarbeitung von Informationen in Verbindung mit einer algorithmisierten Verarbeitung" (Bauer et al., 2018, S. 281). Mittels einschlägiger IT-Systeme lässt sich problemlos eine Skalierung von Aktivitäten, beispielsweise der Massenversand von Informationen, bei gleichzeitig hoher Geschwindigkeit für die Verarbeitung und Übertragung der entsprechenden Daten realisieren. Ergänzend kann die digitale Speicherung von Daten höchste Aktualität sicherstellen, denn vorhandene Datensätze können leicht verändert werden. Weiterhin erlauben das Vorhandensein digitaler Daten ihre selektive Verarbeitung, Übertragung und Speicherung mittels geeigneter IT-Systeme. Eine digitale Speicherung von Produkt- und Dienstleistungsinformationen erleichtert den Zugriff auf gespeicherte Daten mittels eines Medium, wie z. B. dem Internet, welches die berechtigten Akteure gemeinsam nutzen, und ermöglicht diesen unabhängig von Raum und Zeit (Vgl. Bauer et al., 2018, S. 284 f.).

Zahlreiche Kernprozesse in Organisationen werden durch Dokumente initiiert, beispielsweise durch eine Kundenanfrage, ein Angebot oder eine Rechnung. Das entsprechende Dokument kann physisch in Papierform oder elektronisch als Datei vorliegen. Mit dem Start eines Prozesses läuft das jeweilige Dokument seinen Weg durch die unterschiedlichen Verantwortungsbereiche einer Organisation und steuert die hinterlegten Aktivitäten und Abläufe bis zum Abschluss des Prozesses. Wird das Dokument in physischer Form durch die Organisation geführt, werden oftmals erhebliche zeitliche und räumliche Ressourcen aufgewendet. Eine Digitalisierung und damit eine Steuerung des Prozesses mittels eines elektronischen Dokuments kann zu einer signifikanten Reduzierung der Weiterleitungs- und Bearbeitungszeiten des Dokuments führen. Mit einem elektronischen Dokument lassen sich Teilprozesse, wie beispielsweise das Zeichnen des Dokuments durch Unterschriften, digital implementieren, sodass ein höherer Grad der Automatisierung auf verschiedenen Prozessebenen dargestellt werden kann (Vgl. Zollweg & Zander, 2020, S. 535 f.).

IT- bzw. Softwaresysteme bilden heute in nahezu allen Branchen eine notwendige Voraussetzung für die Planung, Steuerung und Kontrolle sowie Automatisierung der Aufgaben, die im Rahmen von Geschäftsprozessen abgewickelt werden. Vor diesem Hintergrund hat sich in den vergangenen Dekaden die Durchdringung der Arbeitswelt mit Informationstechnologien deutlich erhöht, wobei sich die betriebswirtschaftliche Standardsoftware, insbesondere ERP-Systeme wie auch Supply Chain Management- oder CRM-Systeme, in nahezu allen Bereichen durchgesetzt hat (Vgl. Staud, 2006, S. 33). Diese Systeme verlangen ein hohes Maß an Standardisierung der Abläufe über gesamte Wertschöpfungsketten hinweg, um effizientes Arbeiten in den unterschiedlichen betrieblichen Funktionen, die sie integrieren, zu realisieren. Neben ihrer Prozessorientierung sind diese Systeme durch eine hohe Daten- und Dokumentenintegration gekennzeichnet und können somit eine digitale Implementierung von dokumentengestützten Teilprozessen umsetzen. Damit ermöglichen sie einen hohen Grad an Automatisierung der Prozessabläufe und können Daten, verarbeitete Dokumente und Informationen über Unternehmensgrenzen hinweg austauschen (Vgl. Hahn, 2008, S. 16).

Diese Ausführungen zeigen, dass zwischen der Digitalisierung und der Automatisierung zu differenzieren ist. Eine Digitalisierung kann zwar zu einer Automatisierung führen, jedoch unterscheiden sich Digitalisierung und Automatisierung grundlegend: Wie oben skizziert bezeichnet die Digitalisierung eine elektronische Darstellung von Inhalten, Strukturen, etc. sowie deren datentechnische Verarbeitung und Speicherung. Die Nutzung einschlägiger IT-Systeme für die Wohnungs- und Immobilienwirtschaft, wie beispielsweise ERP- bzw. Verwaltersysteme, Dokumentenmanagementsysteme oder CRM-Systeme, kann Teil der Digitalisierung sein. Hingegen bedeutet die Automatisierung eine Ausführung von Aktivitäten oder Arbeitsschritten dahingehend, dass möglichst wenig manuelle Eingriffe oder Handlungen vollzogen werden. Die Digitalisierung kann die Automatisierung von Prozessen erleichtern.

Die Umsetzung einer Automatisierung von Prozessen, die menschliche Arbeitsleistung durch IT-Systeme ersetzt, wird idealerweise durch eine modellhafte Darstellung der entsprechenden Prozesse unterstützt. Prozessmodelle bilden somit eine valide Grundlage einer digitalen Prozessautomatisierung. Treiber einer Prozessautomatisierung sind insbesondere die Weiterentwicklung der Informationstechnik, die sich in prozessorientierten Architekturen der Anwendungssoftware sowie in den Technologien Big Data, Data Mining, Cloud Computing und in der zunehmenden Leistungsfähigkeit der Hardwareinfrastruktur widerspiegelt. Auch werden Vorreitertechnologien wie *Künstliche Intelligenz (KI)* oder das *Internet of Things (IoT)* zunehmend in die Praxis der digitalen Geschäftsprozessorganisation integriert (Scheer, 2017, S. 6).

Entlang eines vierstufigen Phasenmodells ist ein sehr strukturierte Implementierung der Automatisierung von Prozessen realisierbar. Die entsprechenden Phasen stellen sich wie folgt dar:

- Vom Prozessmodell zum Anwendungssystem: Die Abbildung eines Prozesses in einem IT-System verlangt die Beschreibung dieses Prozesses in seinen Ausprägungen als Soll-Modelle in *Blaupausen*. Diese Blaupausen müssen abbilden, wie die möglichen Prozessinstanzen im IT-System ablaufen sollen. Die Modelle stellen dabei keine realen Abläufe dar, sondern sie beschreiben, wie sich das gewünschte ideale Prozessverhalten auf der Typebene gestalten soll (Vgl. Scheer, 2020, S. 77 ff.).
- Process Mining[5]: Im Zuge eines *Process Mining* werden die Prozesse im implementierten IT-System analysiert, sodass ihre Ausführung ggf. optimiert werden kann. Damit wird eine Neufokussierung weg von der Typebene der Soll-Modelle hin zur Betrachtungsebene der Ist-Prozessinstanzen, die idealerweise dem aus den Soll-Modellen abgeleiteten Prozessen in dem implementierten Softwaresystem folgen sollen, vorgenommen (Vgl. Scheer, 2020, S. 85 ff.).
- Operational Performance Support: *Operational Performance Support* bezeichnet die operative Unterstützung der einzelnen Ist-Prozessinstanzen mit dem Ziel, die Ausführung dieser Ist-Prozessinstanzen während ihrer Laufzeit weitgehend automatisiert ablaufen zu lassen. Dies kann mittels Assistenzsystemen, intelligenten Algorithmen oder künstlicher Intelligenz entlang der tatsächlichen Prozessdaten realisiert werden (Vgl. Scheer, 2020, S. 103 ff.).

---

[5] *Process Mining* bezeichnet eine Data Mining-Methode, mit welcher „Geschäftsprozesse anhand von Logfiles und Bewegungsdaten aus betrieblichen Informationssystemen rekonstruiert und analysiert werden können" (Siepermann, 2018). Die Nutzung von *Process Mining Methoden* ermöglicht die Extraktion unbekannter Prozesse aus den Event-Logs der Informationssysteme und kann die Grundlage bilden, um existierende Prozessmodelle mit den real ablaufenden Prozessen abzugleichen. Damit entsteht ein realistisches Bild der untersuchten Prozesse, um diese zu verbessern und die prozessimmanenten Aufgaben wiederholbar und effizient abzuwickeln.

- Robotic Process Automation (RPA): Mit *Robotic Process Automation (RPA)* lassen sich Prozesse, die in IT-Systemen durch Menschen begleitet werden müssen, bei denen beispielsweise manuelle Dateneingaben auszuführen oder Auswahlentscheidungen zu treffen sind, trainieren und weitgehend automatisieren. Die Bedienung erfolgt dabei durch Softwareroboter. Der Einsatz solcher Softwareroboter setzt voraus, dass es sich um einfache, sich häufig wiederholende Aktionen handelt, die in großer Zahl auszuführen sind, durch gesetzliche oder geschäftliche Regeln gesteuert werden und wenige, unbedingt von einer Person zu bearbeitende Ausnahmen enthalten (Vgl. Scheer, 2020, S. 117 ff.).

Die vier skizzierten Phasen für die Implementierung der Automatisierung von Prozessen nutzen unterschiedliche Methoden, von denen einige im vorliegenden Lehrbuch dargestellt werden. Die vierte Phase fokussiert auf die Nutzung von RPA, also von Softwarerobotern, die auf strukturierten Daten basierend in einem Geschäftsprozess repetitive, regelbasierte, bisher von einer Person ausgeführte Aufgaben automatisieren (Vgl. Aguierre & Rodriguez, 2017, S. 66). Der Einsatz von RPA ermöglicht eine schnelle Integration bestehender Systeme und Anwendungen in Prozesse. Die entsprechenden Softwareroboter können als Übergangslösung für eine schnelle Prozessautomatisierung herangezogen werden. Mögliche Ziele einer Automatisierung von Prozessen mittels RPA liegen der kurzfristigen Erhöhung der Prozesseffizienz, in der Reduzierung von Fehlern, in der Realisierung von Kostensenkungen sowie in der Umsetzung von schnelleren Informationsflüssen.

RPA kann nicht in jedem Prozess genutzt werden, denn die Komplexität des jeweiligen Prozesses beeinfluss die Einsatzmöglichkeit von RPA wesentlich. In diesem Kontext können Prozesse durch drei Komplexitätsgrade differenziert werden: Der erste Komplexitätsgrad beschreibt Routineaufgaben, bei denen Daten aus Softwareanwendung kopiert und in andere Anwendung eingefügt sowie miteinander kombiniert werden. Mit dem zweiten Komplexitätsgrad werden strukturierte Aufgaben, in denen regelbasierte Entscheidungen zu treffen sind, abgebildet. Hier werden die Daten aus verschiedenen Softwareanwendungen genutzt und anhand von klar definierten Regeln weiterverarbeitet. Der dritte Komplexitätsgrad umfasst unstrukturierte Aufgaben und Entscheidungen. Ergänzend zu den Daten und Regeln, die über die ersten beiden Komplexitätsgrade adressiert werden, werden zur Ausführung eines Prozesses mit diesem Komplexitätsgrad Wissen bzw. Erfahrung benötigt, die ihre Ausführung mittels RPA ausschließen (Vgl. Czarnecki & Auth, 2018, S. 118).

Robotic Process Automation lässt sich durch kognitive KI ergänzen und kann damit ein höhere Leistungsfähigkeit erzielen als das „einfache" RPA. Damit können bereits signifikante Kosteneinsparungen, Beschleunigung von Prozessen sowie Qualitätsverbesserungen erzielt werden. Die Ergänzung der Funktionalitäten von Softwarerobotern um KI-Funktionen kann eine Unterstützung oder Automatisierung von solchen Tätigkeiten realisieren, die bislang vorwiegend durch Menschen wahrgenommen werden. Beispiele für entsprechende Einsatzfelder sind die automatische Analyse von elektronisch eingehenden Kundenanfragen und deren Beantwortung in natürlicher Sprache oder das Führen natürlichsprachlicher Dialoge zwischen Kunden und Softwarerobotern zur Identifizierung eines Kundenproblems. Die Unterscheidung zwischen „einfachen" und um KI ergänzte RPA-Systeme wird sich mit zunehmender Weiterentwicklung der Möglichkeiten der künstlichen Intelligenz auflösen; dies bedeutet, dass die Integration der unterschiedlichen Technologien zum Standard wird (Vgl. Scheer, 2020, S. 126 f.)

Neben RPA können Business Process Management Systeme (BPMS) eine Prozessautomatisierung realisieren. BPMS steuern die Prozesse über unterschiedliche IT-Systeme hinweg und nutzen für die Kommunikation zwischen den Systemen und den Zugriff auf die Daten, die in den Systemen verarbeitet werden, Programmierschnittstellen (API) und Web-Services. Diese Systeme sind ähnlich komplex wie ERP- oder CRM-Systeme. Die Automatisierung unter Nutzung von BPMS verlangt eine hohe Anzahl und Stabilität an sich wiederholenden Aktivitäten, die im jeweiligen Business Process Management System mittels Programmierung abgebildet werden.

3.3.3 Fallbeispiel: Optimierung von Instandhaltungsprozessen im Facility Management

Wohnungs- und Immobilienunternehmen betreiben in den Gebäuden, die sie besitzen oder verwalten, Anlagen und Geräte, die regelmäßig gewartet und bei einem Ausfall repariert werden müssen. Der einwandfreie Betrieb der Geräte und Anlagen stellt die effektive Nutzung der Gebäude sicher. Um die Wartungs-, Instandhaltung und Reparaturprozesse optimal zu gestalten, kann die Einführung eines digitalen *Wartungsmanagementsystems* bzw. *Computerized Maintenance Management Systems (CMMS)* in diesen Unternehmen sinnvoll sein – in Wohnungsunternehmen, um die Zufriedenheit der Mieter:innen zu erhalten und Mietminderungen zu vermeiden, in Asset Management Unternehmen, um den Betrieb der gewerblichen Immobilien sicherzustellen und damit kontinuierliche Umsätze zu generieren.

Abb. 3.11 stellt einen Referenzprozess für die Instandhaltung dar, der durch das Facility Management gesteuert wird und bei dem zahlreiche Arbeitsschritte manuell ausgeführt werden. Neben dem Facility Management ist die Technik eng in den Prozess eingebunden, da diese die eigentlichen Instandhaltungsmaßnahmen ausführt und die durchgeführten Arbeiten sowie die Ergebnisse der Instandhaltung dokumentiert. Im Zuge der Terminierung und der Beschaffung der Ersatzteile durch die Technik sind Abstimmungen zwischen dem Facility Management und der Technik erforderlich, die zu Verzögerungen des Prozesses und Fehlern im Prozessablauf führen können.

Ein CMMS steuert Wartungs- und Reparaturaufträge intelligent, es überwacht den Zustand der Anlagen und Geräte und erstellt Wartungspläne effizient. Damit kann ein solches System schnell auf Anfrage und auffällige Anlagen-/Gerätezustände reagieren

3.3 Optimierung von Immobilienwirtschaftlichen Geschäftsprozessen

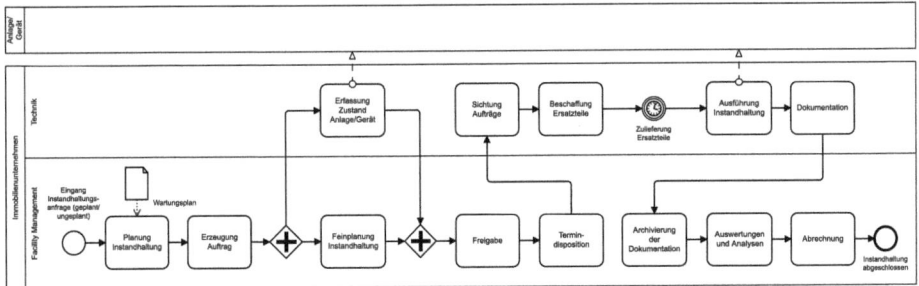

Abb. 3.11 Referenzprozess für die Instandhaltung. (Eigene Darstellung)

und die notwendigen Wartungs-, Instandhaltungs- und Reparaturarbeiten kostengünstig ausführen. Auch lässt sich die Zufriedenheit privater oder gewerblicher Mieter:innen durch verbesserte Kommunikation und schnelle Problemlösung erhöhen. Die Nutzung eines solchen Systems zielt auf die Optimierung der Wartungs-, Instandhaltungs- und Reparaturprozesse ab, um folgende Effekte zu realisieren (Vgl. Diwo, o. J.):

- Steigerung der Effizienz und der Servicequalität: Schnelles und zielführendes Bearbeiten von Wartungs- und Reparaturaufträgen durch Automatisierung und optimale Koordination.
- Schaffung von Transparenz: 24/7-Monitoring des Status von Wartungs-, Instandhaltungs- und Reparaturarbeiten arbeiten durch die Mieter:innen und das Facility Management.
- Begrenzung bzw. Reduzierung von Kosten: Reduzierte Verwaltungskosten durch Automatisierung und optimierte Ressourcennutzung.
- Treffen von datenbasierten Entscheidungen: Mit der digitale Erfassung von Anlagen- und Gerätedaten sowie von Servicedaten werden langfristige strategische Entscheidungen zur Verbesserung der Gebäudeinfrastruktur unterstützt.

Technische Voraussetzungen für die Umsetzung eines digitalen Wartungsmanagements bzw. eins Computerized Maintenance Managements liegen in einer umfassenden Ausstattung von Anlagen und Geräten mit Sensoren, die beispielsweise Bewegungs-, Präsenz- oder Temperaturdaten erfassen und nutzbar machen, sowie in der Vernetzung dieser Sensoren untereinander, mit Aktoren und mit einer zentralen Steuerungs- und Kommunikationsplattform, welche als *Internet of Things (IoT)* System arbeitet. Das CMMS nimmt automatisierte Auswertungen vor, visualisiert die Auswertungsergebnisse in Dashboards und überwacht die angebundenen Hard- und Softwarekomponenten (Vgl. Wiga Care, o. J.). Neben den vorangehend genannten Komponenten kann ein CMMS die folgenden Technologien implementieren (Vgl. Diwo, o. J.):

- Cloud Technologie: Die Bereitstellung der Funktionen eines CMMS als *Software as a Service* ermöglicht die dezentrale Erfassung von Sensordaten sowie dezentrale Zugriffe auf Auswertungen und Planungsdaten bei gleichzeitiger zentraler Steuerung der Prozesse. Dies verbessert die Transparenz der Wartungs-, Instandhaltungs- und Reparaturprozesse.
- Automatisierung von Prozessen: Aufgaben wie die Planung und das Zuweisen von Aufträgen und die Benachrichtigung von Techniker:innen erfolgen automatisch, was die Bearbeitungszeiten verkürzt.
- Mobile Endgeräte: Techniker:innen nutzen Tablets oder Smartphones, um in Echtzeit Informationen über anstehende Aufträge zu erhalten und ihre Arbeit zu dokumentieren.
- Echtzeit-Datenanalyse: Mit Dashboards können relevante KPIs wie Kosten und Reaktionszeiten überwacht werden, was datengestützte Entscheidungen erleichtert.

Eine erfolgreiche Automatisierung von Prozessen mittels eines Computerized Maintenance Management Systems (CMMS) verlangt neben der Implementierung umfassender technischer Hard- und Softwarekomponenten die Umsetzung von organisatorische Maßnahmen. Die wichtigsten der erforderlichen Maßnahmen stellen sich wie folgt dar:

- Schulungen der Mitarbeiter:innen: Um das Arbeiten mit dem CMMS und seinen Komponenten zu erlernen, sind Schulungen für das Facility-Management-Team sowie die Techniker:innen, die die Wartungen, Instandhaltungen und Reparaturen vor Ort ausführen, erforderlich. Weiterhin werden durch fortlaufende Schulungen der Mitarbeiter:innen und durch regelmäßige Feedbackschleifen die entsprechenden Prozesse weiter optimiert.
- Prozessreorganisation: Mit der Einführung eines CMMS müssen die existierenden Wartungs-, Instandhaltungs- und Reparaturprozesse angepasst werden. Die Reorganisation der Prozesse zielt auf eine Per-Se-Optimierung, auf ihre optimale Abbildung im jeweiligen CMMS und damit auf ihre optimale Steuerung über das System sowie auf die Etablierung einer effizienten Kommunikation und Interaktion mit Bezug zu den Wartung-, Instandhaltungs- und Reparaturprozessen.
- Arbeiten mit Service-Level-Agreements (SLA): Um klare Vorgaben für die Reaktions- und Bearbeitungszeiten von Anfragen zu setzen, ist die Implementierung von SLAs notwendig.

Mit einer Optimierung des in Abb. 3.11 gezeigten Instandhaltungsprozesses durch den Einsatz eines Computerized Maintenance Management Systems lassen sich zahlreiche Arbeitsschritte zusammenfassen und automatisieren. Damit werden die Komplexität des Prozesses reduziert und der Prozessablauf beschleunigt. Der entsprechende Kernprozess unter Einsatz eines CMMS ist in Abb. 3.12 visualisiert.

3.3 Optimierung von Immobilienwirtschaftlichen Geschäftsprozessen

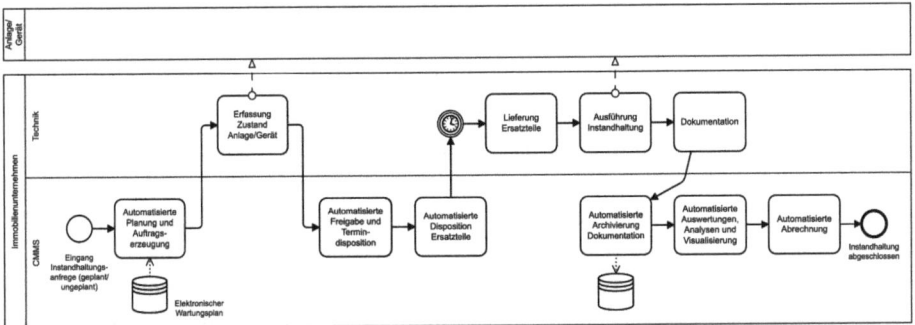

Abb. 3.12 Kernprozess Instandhaltung unter Einsatz eines CMMS. (Eigene Darstellung)

Aus dem dargestellten BPMN ist ersichtlich, dass sich insbesondere die Erzeugung des Auftrags und die (Fein-)Planung der Instandhaltung, die eher Routineaufgaben repräsentieren, auf Basis von archivierten Daten automatisch unterstützen lassen. Auch die Freigabe des Auftrags und die Termindisposition sind Aktionen, die entlang vorgegebener Entscheidungspfade und unter Hinzuziehung eines im CMMS hinterlegten elektronischen Kalenders automatisiert ausgeführt werden können. Zudem kann die Beschaffung der für die Instandhaltung benötigten Ersatzteile ebenfalls automatisiert durch das Computerized Maintenance Management System (CMMS) ausgeführt werden.

Neben den vorangehend beschriebenen Verbesserungen lassen sich mit dem Einsatz eines CMMS die eingangs dieses Abschnitts formulierten Zieleffekte erreichen: So kann eine deutliche Reduzierung der Bearbeitungszeiten für Anfragen durch die Automatisierung von Prozessschritten, die ohne ein CMMS durch einen Menschen ausgeführt werden, erzielt werden. Damit verbunden ist eine signifikante Reduzierung der Wartungs- und Instandhaltungskosten, da die entsprechenden Aktivitäten mittels des Systems präzise geplant und vorbereitet werden können. Auch werden notwendigen Reparaturen durch die mögliche Echtzeitüberwachung und frühzeitige Instandhaltung vermieden, was ebenfalls zur Kostenreduzierung beiträgt. Mit der Echtzeitüberwachung lassen sich zudem erstens die Zustände der gebäudetechnischen Anlagen und Geräte sowie zweitens die aktiven Prozesse transparent verfolgen, sodass hier in geeigneter Weise eingegriffen werden kann, sofern dies notwendig erscheint. Die mit einem CMMS realisierte schnelle und transparente Bearbeitung der Aufträge erhöht die Zufriedenheit der privaten und gewerblichen Mieter:innen und führt insgesamt zu spürbaren Verbesserungen in den Abläufen (Vgl. Diwo, o. J.).

3.4 Plattformkommunikation und -interaktion

Für die Digitalisierung der Prozesse in der Wohnungs- und Immobilienwirtschaft nehmen neben den in Abschn. 3.2 vorgestellten IT-Systeme *Plattformen* bzw. *Portale* eine wichtige Rolle ein. Plattformen sind dadurch gekennzeichnet, dass sie mehrere Nutzergruppen – Anbieter und Nachfrager von Leistungen sowie ggf. Intermediäre – zusammenführen. Sie unterstützen die Kommunikation und Interaktion zwischen den Nutzern und bilden virtuelle Marktplätze für Transaktionen. Ihnen liegen Cloud Computing und Mobile Computing Technologien zugrunde, die wiederum die Basis für sämtliche soziale, betriebliche und technische Netzwerke bilden (Vgl. Drosihn, 2017, S. 4). Einige der bekanntesten Beispiele für derartige Plattformen sind *Amazon, Google, Ebay, AirBnb* oder *Uber*.

In Abgrenzung zu Plattformen sind Portale als Einstiegsseiten zu bestimmten Informationen und Diensten im Internet auf die Nutzung von möglichst vielen Akteuren ausgerichtet. Sie stellen üblicherweise ein breites Spektrum unterschiedlicher Dienste, beispielsweise Kategorisierungen oder Systematisierungen von Inhalten im Internet, Websuchen, Blogs, E-Mail- und Chat-Funktionen, etc., zur Verfügung und fokussieren häufig auf ein bestimmtes Thema (Vgl. Lackes et al., 2018). Mittels Portalen können Nutzer über einen zentralen Zugang auf verschiedene themenspezifische Daten und Informationen zugreifen. Neben der Bereitstellung von Informationen dienen sie der Kommunikation sowie dem Austausch von Daten. Ihre Bedienung ist i. d. R übersichtlich und intuitiv.

In der Wohnungs- und Immobilienwirtschaft werden Plattformen und Portale beispielsweise im Vermietungsprozess eingesetzt: Mietobjekte werden zu einem weit überwiegenden Teil über Portale wie *ImmoScout 24* oder *Immowelt* angeboten, auf Vermieterseite können Vermietungsangebote durch Plattformen wie *Immomio, Wohnungshelden* oder *EverReal* gemanagt werden und Mietinteressent:innen können ihre Daten über Bewerbungsplattformen wie *rentcard* unabhängig von einem konkreten Objekt hinterlegen und pflegen. Auch für Prozesse außerhalb des Vermietungsprozesses setzt die Branche vielfach Plattformen oder Portale ein, beispielsweise für die Kommunikation und den Datenaustausch mit Versorgern oder für die Auftragsabwicklung mit Handwerksunternehmen.

Kennzeichnende Merkmale von digitalen Plattformen und Portalen liegen in den möglichen Interaktionen zwischen den Akteuren, in den Möglichkeiten, Einnahmen aus den Interaktionen zu erzielen (Netzwerkeffekte), in ihrer globaler Dimension sowie den geringen Transaktionskosten durch die Nutzung von Cloud und Mobile Technologien. Für die Wohnungs- und Immobilienwirtschaft eröffnen sich mit der Kommunikation und Interaktionen über Plattformen und Portale entlang des Immobilienlebenszyklus zahlreiche Geschäftsmöglichkeiten: So können beispielsweise in der Planungs-/Entwurfsphase Plattformen genutzt werden, um Finanzierungskonzepte zu erstellen und mit möglichen Geldgebern, beispielsweise mit Kreditinstituten, auszutauschen. Der jeweilige Plattformbetreiber kann entweder für die Nutzung von plattformgebundenen Werkzeugen für die Konzepterstellung oder für die Vermittlung von Kreditnehmern an die Kreditinstitute über

3.4 Plattformkommunikation und -interaktion

die Plattform eine Provision erhalten. Ein weiteres Beispiel liegt in der Lebenszyklusphase Bau/Erstellung, in welcher über eine Plattform beispielsweise die Erstellung eines Gebäudes gesteuert und der Bauprozess dokumentiert werden können. Hier ist eine intensive Kommunikation der am Bau beteiligten Organisationen und Akteure erforderlich. Dies kann beispielsweise durch eine Bauplattform, die ein Bau-Projektmanagement-Werkzeug und ein Dokumentenarchiv implementiert und welche alle Projektbeteiligten nutzen, realisiert werden. Der Plattformbetreiber kann diese Plattform spezifisch für das jeweilige Bauprojekt aufsetzen und die Leistungen im SaaS-Modell bereitstellen. Die genutzten Leistungen werden beispielsweise im Pay-per-Use-Modell oder durch eine monatliche Vergütung bezahlt. In der Verwaltungs- bzw. Bewirtschaftungsphase einer Immobilie kann beispielsweise der Austausch von Informationen zwischen Verwaltungen bzw. dem Asset Management und Mieter:innen bzw. mietenden Unternehmen über Mieterportale realisiert werden. Damit lassen sich z. B. Schäden oder Störungen mittels Apps, die an das jeweilige Portal angebunden sind, durch die Mieter:innen an den Vermieter melden, der Vermieter kann über das Portal Regelinformationen bereitstellen oder es können Reparaturaufträge an geprüfte und freigeschaltete Handwerker vergeben werden (Vgl. Drosihn, 2017, S. 5 ff.). Auch hier kann der Portalbetreiber Einnahmen aus einer monatlichen Vergütung, die durch den jeweiligen Vermieter geleistet und ggf. auf die Mieter:innen umgelegt wird, für die Bereitstellung des Portals und der implementierten Dienste erzielen. Abb. 3.13 gibt einen Überblick über gängige Plattformen und Portale, die entlang des Immobilienlebenszyklus eingesetzt werden.

Die Kommunikation über Plattformen kann in Wohnungs- und Immobilienunternehmen sowohl nach innen als auch nach außen gerichtet sein: So lässt sich eine interne Kommunikation, beispielsweise als Chat, Sprachkommunikation oder VideoCall mittels MS Teams realisieren, die nach außen limitiert bzw. gesteuert werden kann. Die externe Kommunikation hingegen kann über die angeführten Mieterportale realisiert werden, die einen Austausch zwischen Vermieter und Mieter:innen oder Handwerkern synchron über Chat-/Instant Messaging-Funktionen oder asynchron über Mailfunktionen ermöglichen. In Ergänzung zu diesen Kommunikationskanälen kann eine Kommunikation über Bots

Abb. 3.13 Plattformen in den Phasen des Immobilienlebenszyklus. (Eigene Darstellung in Anlehnung an Drosihn, 2017, S. 31)

umgesetzt werden, die es unter Nutzung von generativer KI ermöglicht, auf häufig wiederkehrende externe Fragestellungen ad hoc dialoggeführt Antworten entlang trainierter Antwortpfade bereitzustellen.

Plattformen bieten eine Vielzahl an Möglichkeiten von Interaktionen zwischen den Akteuren auf der jeweiligen Plattform, wobei der Zweck der jeweiligen Plattform das Interaktionsfeld vorgeben können. Die Betreiber einer Plattform verfügen zudem über die Möglichkeit, die Spielregeln der Interaktionen festzulegen, zugleich können sie die bei der Nutzung ihrer Dienste anfallenden Daten sammeln, auswerten und monetarisieren, was ihnen zusätzliche Marktmacht verschafft. Interaktionen, die auf wohnungs- bzw. immobilienwirtschaftlichen Plattformen oder Portalen ausgeführt werden können sind die folgenden:

- Kalkulation und Anfrage von Immobilienkrediten und Konditionen bei Kreditinstituten und Investmentgesellschaften; dies kann eine Vorprüfung der Kreditwürdigkeit und eine Berechnung des jeweiligen Kredits (Zinsen, Tilgung, Laufzeit, etc.)einschließen.
- Interaktive Planung von Gebäuden (Design, Technik, Finanzierung, etc.) sowie Dokumentation der Planungsentwürfe und Modelle in einem Plattformarchiv.
- Kontaktanbahnung und Daten-, Dokumenten- und Informationsaustausch zwischen Vermietern und Mietinteressent:innen zu Mietobjekten sowie Bereitstellung von personenbezogenen Daten seitens potenzieller Mieter:innen und Abrufen von Bonitätsdaten in Auskunfteien seitens der Vermieter.
- Automatisierte Bereitstellung und Management von Wohnungsangeboten, Management des Besichtigungsprozesses (virtuell und physisch), Vorbereitung sowie digitaler Abschluss von Mietverträgen einschließlich elektronischer Unterschriften.
- Schadensmeldung und -dokumentation von Mieter:innen an Vermieter und von Vermietern an Handwerksunternehmen sowie Terminplanung für die Schadensbeseitigung; nach der Beseitigung des Schadens elektronische Abnahme durch den Vermieter.
- Vorausschauende Fernwartung von Anlagen und Geräten und Koordination von Instandhaltungen und Instandsetzungen sowie der Ersatzteilversorgung.

Die aufgelisteten Beispiele repräsentieren lediglich eine Auswahl an möglichen Interaktionen. Weiterhin sind mit zahlreichen Interaktionen Kommunikationsprozesse verbunden, sodass eine vollständig automatisierte Abwicklung der in den Interaktionen abgebildeten Prozesse kaum realisierbar ist. Eine umfassende Darstellung von immobilienwirtschaftlichen Plattformen, welche die in diesem Kapitel diskutierten Aspekte noch einmal aufgreift, erfolgt in Kap. 6 dieses Lehrbuchs.

3.5 Zusammenfassung – Immobilienwirtschaftliche Geschäftsprozesse

Die Geschäftsprozesse der Immobilienwirtschaft zielen über den Lebenszyklus von Immobilien darauf ab, Investments in Immobilienprojekte zu tätigen und zu steuern, Immobilieneinheiten, Gebäude oder Quartiere zu planen bzw. zu projektieren und auf-/umzubauen respektive zu sanieren, die betriebswirtschaftliche und technische Bewirtschaftung von Immobilien effizient und zur Zufriedenheit der Stakeholder auszuführen sowie am Ende einen Abriss einer Immobilie oder deren Neuausrichtung zu organisieren und damit in einen neuen Lebenszyklus einzutreten. Die Kerngeschäftsprozesse in diesen Phasen sind darauf ausgerichtet, die mit ihnen verbundenen Leistungen möglichst kostengünstig, in hoher Qualität und zügig zu erbringen.

Mit einer unternehmensspezifischen Beschreibung von Geschäftsprozessen in der Wohnungs- und Immobilienwirtschaft ist häufig deren Analyse und Optimierung verbunden. Dazu wird ein strukturiertes Vorgehen genutzt, welches ausgehend von einem Ist-Prozess und der zugehörigen Strukturen dessen Analyse und Neugestaltung realisiert, den entsprechenden Prozess in einem Soll-Modell abbildet (Vgl. Bayer & Kühn, 2013, S. 206) und daraus in die Umsetzung des modellierten neu gestalteten Prozesses geht. Eine Optimierungsmaßnahme kann in einer Digitalisierung bzw. (Teil-)Automatisierung von Prozessen liegen, welche ihrerseits einem strukturierten Vorgehen folgt (Vgl. Scheer, 2020, S. 77 ff.).

Für die Unterstützung der Prozessausführung werden vielfach IT-Systeme eingesetzt, welche die Mitarbeiter:innen entlasten, eine systematische Nutzung und Verarbeitung von Daten und Dokumenten realisieren, die Steuerung der Geschäftsprozesse sowie die Dokumentation von Prozessergebnissen und ein damit verbundenes Reporting vornehmen. Weiterhin können Cloud-gestützte Lösungen die Kollaboration der Stakeholder erleichtern sowie die Prozessabläufe beschleunigen. Ein wichtiges Elemente der IT-gestützten Abwicklung moderner Geschäftsprozesse bilden auch in der Wohnungs- und Immobilienwirtschaft schließlich Plattformen, die entlang des Immobilienlebenszyklus unterschiedliche Funktionen abbilden und deren Ausführung unterstützen. Die entsprechenden Plattformarten und -systeme, ihre Funktionen sowie Strategien, Methoden und Instrumente für deren Implementierung werden in Kap. 6 ausführlich beschrieben und diskutiert.

3.6 Orientierungsfragen

3.6.1 Welche Phasen des Immobilienlebenszyklus gibt es und welche sind die aus Ihrer Sicht wichtigsten Geschäftsprozesse in jeder Phase? Nennen Sie die Phasen und einige ihrer zugehörigen wichtigsten Prozesse.

3.6.2 Machen Sie sich mit einem Web-gestützten oder als Open Source verfügbaren BPMN-Modellierungswerkzeug vertraut und modellieren Sie einen beliebigen Ihnen bekannten Geschäftsprozess.

3.6.3 Welche Rolle können PropTechs bei der Nutzung von informationstechnischen Lösungen in der Wohnungs- und Immobilienwirtschaft spielen? Recherchieren Sie und beschreiben Sie den möglichen Nutzen.

3.6.4 In welchen Schritten erfolgt die Optimierung eines Geschäftsprozesses? Beschreiben Sie diese mit ihren wichtigsten Aspekten kurz.

3.6.5 Beschreiben Sie das Vier-Phasen-Modell für die Implementierung einer Automatisierung von Prozessen.

Literatur

Aguirre, S., & Rodriguez, A. (2017). Automation of a Business Process Using Robotic Process Automation (RPA): A Case Study. In J. Figueroa-García, E. López-Santana, J. Villa-Ramírez, & R. Ferro-Escobar (Hrsg.), *Applied Computer Sciences in Engineering. 742. Jg.* (S. 65–71). Cham. https://www.researchgate.net/publication/319343356_Automation_of_a_Business_Process_Using_Robotic_Process_Automation_RPA_A_Case_Study. Zugegriffen: 9. Mai 2024.

Architektur-Lexikon. (o. J.). *CAD in der Architektur.* Klaus Gebhard e. K. https://www.architektur-lexikon.de/cms/lexikon/36-lexikon-c/3235-cad-in-der-architektur.html. Zugegriffen: 25. Juli 2024.

Bauer, T., Cewe, C., Fazli, F., Kirchner, K., Mertens, R., Reher, F., & Weißbach, R. (2018). Digitalisierung im Geschäftsprozessmanagement: Potenziale und Herausforderungen. In C. Czarniecki, C, C. Brockmann, E. Sultanow, A. Koschmider, & A. Selzer (Hrsg.), *Workshop der INFORMATIK 2018 – Architekturen, Prozesse, Sicherheit und Nachhaltigkeit. Proceedings, Band 285.* Gesellschaft für Informatik. https://www.researchgate.net/publication/327906520_Digitalisierung_im_Geschaftsprozessmanagement_Potentiale_und_Herausforderungen. Zugegriffen: 1. Sept. 2024.

Bayer, F., & Kühn, H. (2013). *Prozessmanagement für Experten – Impulse für aktuelle und wiederkehrende Themen.* Springer Gabler.

Becker, J. (2008). Geschäftsprozessmodellierung. In K. Kurbel, J. Becker, N. Gronau, E. Sinz & L. Suhl (Hrsg.), *Enzyklopädie der Wirtschaftsinformatik.* http://www.enzyklopaedie-der-wirtschaftsinformatik.de/wi-enzyklopaedie/lexikon/is-management/Systementwicklung/Hauptaktivitaten-der-Systementwicklung/Problemanalyse-/Geschaftsprozessmodellierung/. Zugegriffen: 17. Juni 2024.

Czarnecki, C., & Auth, G. (2018). Prozessdigitalisierung durch Robotic Process Automation. In T. Barton, C. Müller, C. Seel (Hrsg.), Digitalisierung in Unternehmen. Springer Gabler.

DIN EN 15221-1 (2007). *Facility Management – Teil 1: Begriffe (Deutsche Fassung).* Beuth Verlag.

Diwo, M. (o. J.). *Digitalisierung im Facility Management: Chancen & Trends.* TechNavigator. https://technavigator.de/digitalisierung/branchen/facility-management/. Zugegriffen: 10. Sept 2024.

Drosihn, S. (2017). *Plattformen und Portale – Auswirkungen auf die Immobilienwirtschaft.* EBZ Business School. https://www.gdw.de/uploads/pdf/Abschlussarbeiten/2018/Drosihn_Plattformen_und_Portale.pdf. Zugegriffen: 8. Sept 2024.

Fleissner, V. (2022). *Bauprojektmanagement Software & Projeksteuerung Tools: Bauprojekte effizient steuern*. CAPMO. https://www.capmo.com/blog/bauprojektmanagement. Zugegriffen: 24. Juni 2024.

GiF Gesellschaft für immobilienwirtschaftliche Forschung e. V. (2016). *Revitalisierung*. https://gif-ev.com/glossar-eintrag/revitalisierung/. Zugegriffen: 19. Juli 2024.

Hagmann, C. (2023). *Due Diligence im Bau- & Immobilienwesen*. Planradar. https://www.planradar.com/de/due-diligence-bau-immo/. Zugegriffen: 30. Juni 2024.

Hahn, H.-J. (2008). *Geschäftsprozesse – praxisorientierte Übungen mit einem ERP-Programm* (7. Aufl.). Merkur Verlag.

Hausknecht, K., & Liebich, T. (2016). *BIM-Kompendium – Building Information Modeling als neue Planungsmethode*. Fraunhofer IRB Verlag. https://elibrary.vdi-verlag.de/10.51202/9783816794905/bim-kompendium. Zugegriffen: 25. Juli 2024.

Heinrich, J. (2022). *Der Immobilienlebenszyklus im Überblick*. Planradar. https://planradar.com/de/immobilienlebenszyklus/. Zugegriffen: 16. Mai 2024.

Hirzel, M., Geiser, U., & Gaida, I. (2013). *Prozessmanagement in der Praxis – Wertschöpfungsketten planen, optimieren und erfolgreich steuern* (3. Aufl.). Springer Gabler.

Hoffstiepel, J. (2023). *Digitales DMS für Immobilienunternehmen: Ablage, Rechnungsverarbeitung, Posteingang – effizient und transparent*. CREM Solutions. https://www.crem-solutions.de/blog/immobilienmanagement/dms-in-immobilienunternehmen/. Zugegriffen: 25. Juli 2024.

Holland, J. (2018). *Customer Relationship Management (CRM)*. Gabler Wirtschaftslexikon. Springer Gabler. https://wirtschaftslexikon.gabler.de/definition/customer-relationship-management-crm-30809/version-254385. Zugegriffen: 27. Juli 2024.

Jalia, A., Bakker, R., & Ramage, M. (o. J.). *The Edge, Amsterdam – Showcasing an exemplary IoT building*. University. https://www.cdbb.cam.ac.uk/system/files/documents/TheEdge_Paper_LOW1.pdf. Zugegriffen: 11. Juli 2024.

Johann, S. (2016). *Handlungsempfehlungen für die Revitalisierung von Mehrfamilienhäusern aus den 1970er Jahren*. Technische Universität. https://kluedo.ub.rptu.de/frontdoor/index/index/docId/4506. Zugegriffen: 19. Juli 2024.

Kämpf-Dern, A., & Pfnür, A. (2009). *Grundkonzept des Immobilienmanagements – Ein Vorschlag zur Strukturierung immobilienwirtschaftlicher Managementaufgaben*. Arbeitspapier, Fachgebiet Immobilienwirtschaft und Baubetriebswirtschaftslehre, Institut für Betriebswirtschaftslehre. Technische Universität. http://www.real-estate.bwl.tu-darmstadt.de/media/bwl9/dateien/arbeitspapiere/arbeitspapier_14.pdf. Zugegriffen: 29. Juni 2024.

Lackes, R., Siepermann, M., & Kollmann, T. (2018). *Portal*. Springer Gabler. https://wirtschaftslexikon.gabler.de/definition/portal-43956/version-267278. Zugegriffen: 11. Sept 2024.

Liese, S. (2013). Zur Verankerung von Nachhaltigkeit in Immobilienmanagement-Prozessen. In R. Zeitner & M. Peyinghaus (Hrsg.), *Prozessmanagement Real Estate – Methodisches Vorgehen und Best Practice Beispiele aus dem Markt*. Springer Vieweg.

Lüttringhaus, S. (2016). *Propertymanagement als Professional Service – Implikationen für die Outsourcing-Praxis*. Z Immobilienökonomie, 2, 29–51. https://doi.org/10.1365/s41056-016-0010-5. Zugegriffen: 29. Juni 2024.

Marchionini, M., Hohmann, J., & May, M. (2018). Zum Verhältnis von Facility Management und CAFM. In M. May (Hrsg.), *CAFM-Handbuch – Digitalisierung im Facility Management erfolgreich einsetzen*. (4. Aufl.). Springer Vieweg.

Merti, G. (2022). *Bauprojektmanagement Software: Lösungen für mehr Effizienz in 2024*. Baublog, Seewalchen a. BauMaster. https://bau-master.com/baublog/bauprojektmanagement/. Zugegriffen: 23. Juli 2024.

Mietzer, M. (2018). *Mergers & Acquisition. Gabler Wirtschaftslexikon.* Springer Gabler. https://wirtschaftslexikon.gabler.de/definition/mergers-acquisitions-41789/version-265148. Zugegriffen: 30. Juni 2024.

Moring, A., Maiwald, L., & Kewitz, T. (2018). *Bits and Bricks: Digitalisierung von Geschäftsmodellen in der Immobilienbranche.* Springer Gabler.

Nävy, J. (1998). *Facility Management – Grundlagen, Computerunterstützung, Einführungsstrategie, Praxisbeispiel* (1. Aufl.). Springer.

Nävy, J., & Schröter, M. (2013). *Facility Services – Die operative Ebene des Facility Managements.* Springer Vieweg.

Pommer, A., Herten, A. (2014). *Aktualisierung Studienbrief „Projektentwicklung". Lehrstuhl Baumanagement und Bauwirtschaft.* Bauhaus Universität. https://www.uni-weimar.de/fileadmin/user/uni/zentrale_einrichtungen/zue_universitaetsentwicklung/Professional.Bauhaus_Ergebnisse/UR/PE_Studienbrief_Aktualisierung_Projektentwicklung.pdf. Zugegriffen: 30. Juni 2024.

Pullnig, M., & Lang, T. (2023). *Unterschiede zwischen CAD, CAE, BIM und EDA?* 3Dfindit. https://www.3dfindit.com/de/engiclopedia/unterschied-zwischen-cad-cae-bim-und-eda. Zugegriffen: 25. Juli 2024.

Rausch, T. (o. J.). *Die Bedeutung von Prozessanalyse und -optimierung für den Unternehmenserfolg.* 3Dfindit. https://www.boc-group.com/de/blog/bpm/die-bedeutung-von-prozessanalyse-und-optimierung-fuer-den-unternehmenserfolg/. Zugegriffen: 28. Aug. 2024.

Rohleder, K. (2023). *Cloud Report 2023 – Welche Rolle spielt die Cloud für die deutsche Wirtschaft?* Bitcom. https://www.bitkom.org/sites/main/files/2023-05/230516Bitkom-ChartsCloud-Reportfinal.pdf. Zugegriffen: 26. Juli 2024.

Rosenkranz, F. (2006). *Geschäftsprozesse. Modell- und computergestützte Planung.* Springer.

Scheer, A.-W. (2017). *Performancesteigerung durch Automatisierung von Geschäftsprozessen.* AWS Verlag. https://www.scheer-group.com/fileadmin/scheer/Dokumente/Whitepaper/Whitepaper-Performancesteigerung-Automatisierung-Gesch%C3%A4ftsprozesse.pdf. Zugegriffen: 2. Sept. 2024.

Scheer, A.-W. (2020). *Unternehmung 4.0: Vom disruptiven Geschäftsmodell zur Automatisierung der Geschäftsprozesse* (3. Aufl.). Springer Gabler.

Sebald, M. (2023). *Geschäftsprozesse digitalisieren: Digitale Potenziale nutzen.* Blogbeitrag, YAVEON. https://www.yaveon.com/de/unternehmen/blog/geschaeftsprozesse-digitalisieren/. Zugegriffen: 3. Sept. 2024.

Seilheimer, S. (2013). Prozessmanagement im Asset Management Unternehmen – Best Practice-Ansatz für die professionelle Wertsteigerung institutioneller Immobilieninvestitionen. In R. Zeitner & M. (Hrsg.), *Prozessmanagement Real Estate – Methodisches Vorgehen und Best Practice Beispiele aus dem Markt.* Springer Vieweg.

Shah, S. (2017). *Property Management Process Flow.* https://www.scale123.com/property-management-process-flow. Zugegriffen: 30. Juni 2024.

Siepermann, M. (2018). *Process Mining.* Springer Gabler. https://wirtschaftslexikon.gabler.de/definition/process-mining-54500/version-277529. Zugegriffen: 21. Aug. 2024.

Staud, J. (2006). *Geschäftsprozessanalyse: Ereignisgesteuerte Prozessketten und objektorientierte Geschäftsprozessmodellierung für Betriebswirtschaftliche Standardsoftware.* Springer.

Thies, C. (2023). *3 Megatrends für das ERP-System von morgen. Serie Zukunft Immobilienwirtschaft.* Haufe.de.https://www.haufe.de/immobilien/wohnungswirtschaft/erp-systeme-der-zukunft-die-drei-megatrends_260_605518.html. Zugegriffen: 26. Juli 2024.

Wiga Care. (o. J.). *Digitalisierung im Facility Management: Effizienzsteigerung durch vernetzte Systeme.* Wiga Care. https://wiga-care.de/2024/03/06/digitalisierung-im-facility-management-effizienzsteigerung-durch-vernetzte-systeme/. Zugegriffen: 10. Sept. 2024.

Zollweg, C., & Zander, S. (2020). User Research in der Digitalisierung von Geschäftsprozessen: Ein Vergleich verschiedener Methoden. *Zeitschrift für wirtschaftlichen Fabrikbetrieb, 115*(7–8), 534–539. https://doi.org/10.3139/104.. Zugegriffen: 4. Sept. 2024.

4 Informationsmanagement für die digitale Transformation von Geschäftsprozessen

Aufbauend auf die Beschreibung des Rahmens zu einer zweckorientierten Verwendung von Informationen und Wissen in Organisationen, nämlich des Informationsmanagements, werden in diesem Kapitel wichtige informationstechnische Faktoren, welche die Digitalisierung von Geschäftsprozessen prägen, beschrieben. So wird u. a. eine Einordnung des Workflowmanagements, das eng mit dem Geschäftsprozessmanagement verknüpft ist, vorgenommen. Weiterhin zeigen die Autoren die Funktionen von Service-orientierten Architekturen (SOA) und von Web-Services auf und stellen den Zusammenhang dieser Konzepte zum Geschäftsprozessmanagement her. Als informationstechnische Infrastruktur welche die Digitalisierung von Organisationen in der operativen Ausführung, d. h. mit Bezug zu Geschäftsprozessen, trägt, dienen Ökosysteme, die Technologien, Akteure, Prozesse, Regeln und Konventionen, etc. integrieren. Im Zentrum dieser Ökosysteme stehen i. d. R. digitale Plattformen. Diese Plattformen integrieren wiederum Prozesse und Services, deren Grundlage die genannten Technologien SOA und Web-Services bilden.

Dieses Kapitel diskutiert die strategisch-organisatorischen Zusammenhänge und Wirkungen des Informationsmanagements auf die digitale Transformation von Geschäftsprozessen ausführlich. Es führt diese Zusammenhänge mit technischen Lösungsansätzen für die Digitalisierung von Geschäftsprozessen sowie mit konkreten Technologien zur Umsetzung dieser Lösungsansätze zusammen. So werden beispielsweise die unterschiedlichen Strukturierungsperspektiven auf Workflows dargestellt, Modellierungsregeln für End-to-End-Prozesse sowie ein integriertes Geschäftsprozess- und Workflowmanagement und dessen Effekte auf die digitale Transformation, die Wettbewerbsfähigkeit und den Geschäftserfolg beschrieben. Weiterhin stellen die Autoren Konzepte und Merkmale von SOA dar und ordnen diese strategisch ein. Dies erfolgt in ähnlicher Weise für Web-Services. Das Kapitel schließt mit einer Darstellung der strategischen Bedeutung von digitalen Plattformen für die Prozess- und Serviceimplementierung und damit für die digitale Transformation von Geschäftsprozessen ab. Die entsprechende Einordnung erfolgt auf Basis der Darstellung der Bedeutung von Ökosystemen als Treiber einer digitalen Wertschöpfung und der für eine Transformation maßgeblichen Innovationsansätze.

4.1 Einführung in das Informationsmanagement

Das Informationsmanagement bildet einen wichtigen Gestaltungsrahmen für die digitale Transformation von Geschäftsprozessen, denn es umfasst alle Ebenen, welche mit Bezug zu Informationen in Organisationen zu berücksichtigen sind. Es bildet ein wichtiges Teilgebiet der Unternehmensführung, das Informationen und Wissen in einer Organisation steuert und lenkt, um diese langfristig wettbewerbsfähig und auf die strategischen Organisationsziele hin ausgerichtet aufzustellen. Das Ziel des Informationsmanagements liegt somit in einer zweckorientierten Nutzung der Faktoren Information und Wissen in einem betrieblichen Leistungserstellungsprozess. Eine strukturierte Beschreibung der für eine digitale Transformation von Geschäftsprozessen relevanten informationstechnischen Einflussfelder wird im Referenzmodell des Informationsmanagements nach Krcmar (2015) vorgenommen.

4.1.1 Grundlagen des Informationsmanagements

Die Aufgaben des Informationsmanagements liegen darin, den Einsatz der *Ressource Information* in den Geschäftsprozessen einer Organisation insbesondere im Rahmen der Wertschöpfung zu bestmöglich steuern und optimieren. Aus dieser Sicht lässt sich die folgende Definition des Informationsmanagements entwickeln (Vgl. Krcmar, 2015, S. 1 f.):

Als Managementfunktion umfasst das Informationsmanagement die Planung, Steuerung und Kontrolle von Information, Informationssystemen sowie der Informations- und Kommunikationstechnik zur Ausgestaltung informationstechnischer Infrastrukturen. Neben den auf einen Produktivitätsgewinn ausgerichteten Funktion wird dem Informationsmanagement die Koordination der Informationsströme in den Geschäftsprozessen zugeordnet.

Das strategische Informationsmanagement bildet die Schnittstelle zur Strategie hinsichtlich des Einsatzes von Informationssystemen sowie von Informations- und Kommunikationstechnik zur Sicherung bzw. Stärkung der Wettbewerbsfähigkeit der jeweiligen Organisation. Daraus leitet sich die Verbindung zu Geschäftsmodellen und -prozessen im Zusammenhang mit der digitalen Transformation ab, da Informationssysteme und -technologien in diesem Kontext eine wichtige Funktion haben. Die Inhaltselemente der Digitalisierung adressieren primär das Management von Informationen und Wissen und tangieren damit das Informationsmanagement unmittelbar. Die Gestaltung der Informationssysteme in Organisationen gehört zu den wichtigen Aufgaben, sowohl die funktionalen Inhalte der Planung und Gestaltung als auch die Informationsströme und -strukturen betreffend. Das Informationsmanagement nimmt eine Vermittlerrolle zwischen einem Angebot von und einer Nachfrage nach Informationen und Wissen ein. In dieser Vermittlerrolle liegen die Aufgaben einerseits in der Verwaltung großer Mengen von explizitem Wissen, andererseits müssen schwach strukturierte Informationen in die Prozessgestaltung miteinbezogen werden.

Informationen und Wissen sind notwendig, um Organisationen mit Blick auf die bestehenden Herausforderungen angemessen führen zu können. Eine Beschränkung des Informationsmanagements auf die Koordination und Abwicklung bestehender Geschäftsprozesse und/oder das Erhalten und Schaffen von Wettbewerbsvorteilen ist somit nicht hinreichend. Das Informationsmanagement ist vielmehr eine Disziplin, die sich im Spannungsfeld zwischen dem technologisch Machbaren, den Anforderungen an Informationssysteme und der Organisationsentwicklung befindet und dieses Spannungsfeld zum Gegenstand der eigenen Managementaufgabe machen muss (Vgl. Krcmar, 2015, S. 1 ff.).

Der Wettbewerbserfolg von Unternehmen hängt zunehmend von einem effizienten und effektiven Umgang mit Wissen ab. Ein wichtiger Grund dafür liegt in der wachsenden Wissensintensität von Leistungsbündeln, die von Unternehmen angeboten werden. Als ein Ergebnis der Digitalisierung werden Produkte beispielsweise um intelligente Dienstleistungen ergänzt, deren Erbringen einen hohen Wissensstand hinsichtlich der zu befriedigenden Kundenwünsche erfordert. Ein weiterer Grund liegt in den immer kürzer werdenden Lebenszyklen, die einen Innovationswettlauf repräsentieren. So stehen Leistungsanbieter in einem Wettbewerb, der durch hohe Innovationsraten und immer schneller verfügbare Neuentwicklungen gekennzeichnet ist. Schließlich bildet die geografische Verteilung der Wertschöpfung und der damit verbundenen wissensintensiven Prozesse einen dritten Grund für die Notwendigkeit eines effizienten und Effektiven Umgangs mit Wissen. Global agierende Unternehmen sind überall präsent und offerieren ihren Kunden weltweit ihre Lösungen. Wissen wird damit zu einem standortunabhängigen und transferfähigen Faktor der globalen Wertschöpfung und stellt den Bezugsrahmen dar, um neue Erfahrungen und Informationen auswerten und in Entscheidungen oder in die Wertschöpfungsprozesse einbeziehen zu können. Das Aufgabenspektrum des Informationsmanagements adressiert daher auch diesen Aspekt (Vgl. Krcmar, 2015, S. 19).

Die vorangehenden Ausführungen zeigen, dass strategische Aufgaben im Zusammenhang mit dem Informationsmanagement der langfristigen Ausrichtung an den Unternehmenszielen dienen. Demgegenüber setzten die administrativen Aufgaben des Informationsmanagements die strategische Planung konkret durch den Aufbau und die Aufrechterhaltung der informationstechnischen Infrastruktur um. Zu den operativen Aufgaben gehören das Management des Betriebs und der Nutzung dieser Infrastruktur. Zusammenfassend besteht die zentrale Aufgabe des Informationsmanagements darin, den

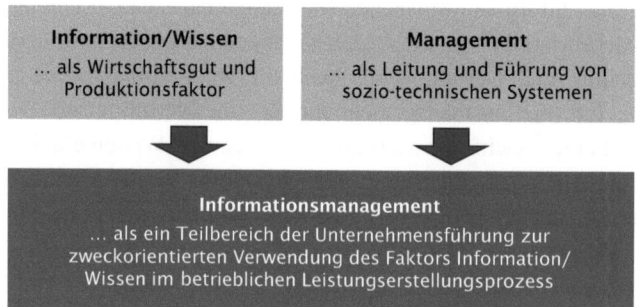

Abb. 4.1 Informationsmanagement kombiniert Information und Management. (Eigene Darstellung)

Entscheidern in einer Organisation die erforderliche Information zur richtigen Zeit und in der richtigen formalen und inhaltlichen Qualität zur Verfügung zu stellen. Abb. 4.1 zeigt dieses Begriffsverständnis, das aus der Kombination von Information (Wirtschaftsgut und Produktionsfaktor) und Management (Planung, Steuerung und Leitung sozio-technischer Systeme) resultiert.

Hinsichtlich der Orientierung, in welcher informationstechnische Infrastrukturen implementiert werden können, lassen sich zwei Richtungen unterscheiden: Die *nutzungsorientierte Implementierung* ist gleichbedeutend mit einer Organisationsentwicklung, während die *technologieorientierte Implementierung* eine Implementierung von Informationssystemen bedeutet. Rein technologieorientierte Konzepte zur Implementierung von Systemen führen nicht zwingend auf problemorientierte Nutzungskonzepte. Daher sollte eine Organisation die Implementierung von IT-Infrastrukturen auf Wertschöpfungsbereiche fokussieren, in welchen die Dualität ihrer Nutzungs- und technologischen Aspekten greift. Für das Informationsmanagement resultiert daraus die Forderung, dass technische Weiterentwicklungen zwar nicht ignoriert werden dürfen, dass sie jedoch immer im Kontext der möglichen Entwicklung einer geschäftsprozessgetriebenen Wertschöpfung zu sehen sind. Das Informationsmanagement fungiert nach diesem Verständnis als Integrator und muss neben der technologieorientierten Gestaltungsaufgabe die anderen Funktionsbereiche und die damit verbundenen Nutzenaspekte gleichermaßen berücksichtigen (Vgl. Krcmar, 2015, S. 88 f.).

4.1.2 Modell des Informationsmanagements

In seinem Referenzmodell des Informationsmanagements adaptiert und integriert Krcmar (2015) bereits in der Literatur vorhandene Ansätze, die im Kontext des Informationsmanagements von Relevanz sind. Ausgehend von den Besonderheiten der Ressource

4.1 Einführung in das Informationsmanagement

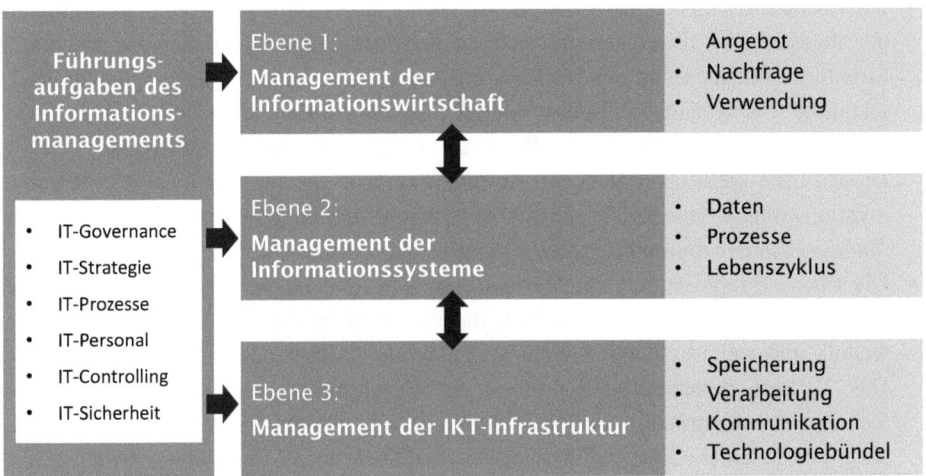

Abb. 4.2 Referenzmodell des Informationsmanagements. (Eigene Darstellung in Anlehnung an Krcmar, 2015, S. 107)

Information verbindet sein Modell die Ebenen und Aufgaben des Informationsmanagements mit den relevanten Eigenschaften von Informationen. Damit beschreibt er eine sich auf drei Ebenen verteilende Managementaufgabe, die sich auf der obersten Ebene die *Information*, auf der mittleren Ebene *IT-Anwendungen* und auf der dritten Ebene die *Informations- und Kommunikationstechnik als Infrastruktur* adressiert. Zusätzlich implementiert das Informationsmanagement übergreifende Querschnittsaufgaben, die auf jeder Ebene auszuführen sind.

Abb. 4.2 zeigt die drei genannten Ebenen des Referenzmodells und die mit ihnen verbundenen Aufgaben sowie die Führungsaufgaben des Informationsmanagements, die weiter unten erläutert werden. Die drei Ebenen werden nachfolgend ausgeführt (Vgl. Krcmar, 2015, S. 107 f.):

- Handlungsobjekt der Ebene 1, welche die *Informationswirtschaft* repräsentiert, ist die Ressource Information. Im Zusammenhang mit dieser Ressource sind Entscheidungen über den Informationsbedarf und das Informationsangebot, also den Informationseinsatz, zu treffen. Informationsbedarf und -angebot werden in einem informationswirtschaftlichen Planungszyklus geplant, organisiert und kontrolliert. Das Informationsmanagement behandelt auf dieser Ebene alle in einer Organisation wesentlichen Verwendungszwecke von Informationen in den organisatorischen Einheiten unter Zuhilfenahme betriebswirtschaftlicher Entscheidungsmodelle. Es spezifiziert weiterhin die Anforderungen an die zweite Ebene, die Ebene der *Informationssysteme*, als Voraussetzungen dafür, dass sie die Informationswirtschaft unterstützt, und bezieht diese Unterstützungsleistung in seine Planungen mit ein.

- Die Ebene 2, die Ebene der *Informationssysteme,* umfasst die IT Systeme mit aufeinander abgestimmten Elementen, die sich auf personelle, organisatorische und technische Strukturen beziehen und der Deckung des Informationsbedarfs dienen. Handlungsobjekt dieser Ebene sind die IT-Anwendungen, sodass die Kernaufgaben auf dieser Ebene im Management der Daten, der Prozesse und des Anwendungslebenszyklus liegen. Diese Ebene spezifiziert auch die Anforderungen an die Informations- und Kommunikationstechnik, von der sie selbst Unterstützungsleistungen erhält. Somit erfolgt das *Management der Anwendungsentwicklung* erfolgt ebenfalls auf dieser Ebene.
- Die Ebene 3 repräsentiert die *Informations- und Kommunikationstechnik.* Auf dieser Ebene stehen die Speicherungstechnik, die Verarbeitungstechnik, die Kommunikationstechnik und weitere Technikbündel im Fokus der Informationsmanagementaufgaben. Das Technologiemanagement umfasst die Bereitstellung und die Verwaltung der technischen Infrastruktur sowie die Planung der technischen Ausgestaltung und Anpassung der in einer Organisation eingesetzten IT-Systeme. Auf dieser dritten Ebene wird die physische Basis für die Informationssysteme und deren Anwendungen zur Bereitstellung der Informationsressourcen auf der darüberliegenden Ebene gelegt.

In Organisationen gibt es Aufgaben, die auf jeder der drei Ebenen auszuführen sind oder sich nicht ausschließlich auf eine der drei Ebenen beschränken lassen. Diese Aufgaben gehören zu den Führungsaufgaben des Informationsmanagements, sind unabhängig von einer spezifischen Ebene und im Modell übergreifend enthalten. Handlungsobjekte dieser Führungsaufgaben sind die Gestaltung der Governance, die Bestimmung einer der Unternehmensstrategie folgenden IT-Strategie, das Management der IT-Prozesse, des IT-Personals und der IT-Sicherheit sowie das IT-Controlling als Steuerungsfunktion des Informationsmanagements. Von dieser Führungsaufgabe gehen die gestalterischen Impulse für das Unternehmen insgesamt aus (Vgl. Krcmar, 2015, S. 108 f.).

Die Aufgabe der *Informationswirtschaft* liegt darin, ein Gleichgewicht zwischen Informationsangebot und Informationsnachfrage zu schaffen, während das *Management von Informationssystemen* die grundlegenden Bausteinen von Informationssystemen, die Gestaltung ihrer Daten und Prozessorganisation, den Lebenszyklus von IT-Anwendungen und der Organisation behandelt. Die Informations- und Kommunikationstechnik bzw. -technologie als Grundlage der einzusetzenden Technologiebündel behandelt die Gestaltung der technischen Infrastruktur. Im Zuge der Diskussion unterschiedlicher Aspekte der digitalen Transformation von Geschäftsprozessen muss deren Einordnung immer in dem für das Informationsmanagement aufgezogenen Ordnungsrahmen erfolgen. Die informationswirtschaftlichen und prozessualen Gegebenheiten bestimmen den Systemeinsatz und der Systemeinsatz erfordert wiederum eine bestimmte Gestaltung der Infrastrukturkomponenten. Dieser Logik folgen die in den nachfolgenden Abschnitten diskutierten Inhalts, zur konkreten Ausformulierung ökonomischer und informationstechnischer Gestaltungsbedingungen im Kontext der digitalen Transformation und der Prozessdigitalisierung.

4.2 Workflowmanagement und Prozessautomatisierung

In den Kap. 1, 2 und 3 werden schwerpunktmäßig die Geschäftsprozesse, ihre Analyse und Optimierung sowie ihre fachliche Modellierung behandelt. Wenn die technische Modellierung bzw. Abbildung von Prozessen adressiert wird, muss die Begriffsverwendung weiter spezifiziert werden. So wird die technischen Modellierung der Prozesse durch den Begriff *Workflowmanagement (WfM)* geprägt, welcher die „die computergestützte Ausführung von Arbeitsabläufen" (Vgl. Gadatsch, 2023, S. 2) definiert.

4.2.1 Workflow Management Systeme (WfMS)

Business Process Management Systeme (BPMS), welche die Modellierung/Entwicklung, Ausführung, Überwachung und das Monitoring von Geschäftsprozessen unterstützen, werden in Abschn. 2.2.2 ausführlich behandelt. In der Ausführungsumgebung verteilen diese Systeme die Teilaufgaben an die Prozessbeteiligten. Im Kontext der Prozessdynamik und der Koordination der Abläufe wird somit ein Workflow, ein Arbeitsfluss, abgebildet, der den Kern der Systemleistung repräsentiert. Die in BPMS abgebildete Leistung wird als *Workflowmanagement* und die die zugehörigen Anwendungssysteme, die Träger dieser Funktion sind, als *Workflow Management Systeme (WfMS)* bezeichnet. Bei einem WfMS handelt es sich demnach um ein Anwendungssystem zur Unterstützung der Ablaufsteuerung von administrativen Prozessen, mit dessen Einsatz das Ziel verfolgt wird, eine optimierte Vorgangsbearbeitung mit kurzen Durchlaufzeiten und transparenter Ablauflogik zu realisieren.

In der Abgrenzung von BPMS zu WfMS lässt sich für BPMS festhalten, dass es sich um Anwendungssysteme handelt, deren Systemunterstützung von der Prozessmodellierung bis zur Prozesssimulation und -ausführung reicht. Demgegenüber gilt für WfMS, dass diese Systeme eine automatisierte Prozessausführung fokussieren. Damit handelt es sich um verwandte Systemwelten, die sich in der Praxis sehr ähneln können. Nicht selten werden existierende WfMS um Modellierungskomponente erweitert und im Ergebnis entsteht als Gesamtsystem ein BPMS. Auch werden WfMS in der Praxis eingesetzt, die über Komponenten zur Prozessmodellierung und -simulation verfügen. Die nachfolgenden Ausführungen stellen die Besonderheiten von WfMS in den Mittelpunkt; die Kenntnis über die allgemeinen Zusammenhänge aus dem Geschäftsprozessmanagement wird dabei vorausgesetzt.

Workflow Management Systeme (WfMS) lassen sich i. d. R. für nahezu beliebige Arbeitsabläufe einsetzen, ihr funktionaler Schwerpunkt liegt jedoch im Umfeld kaufmännisch-administrativer Geschäftsprozesse. Allerdings können in der Fertigungswirtschaft die dort eingesetzten *Produktionsplanungs- und Steuerungssysteme (PPS)* ebenfalls WfMS-Funktionalität umfassen oder mit WfMS gekoppelt werden. Abb. 4.3 zeigt eine typische WfMS-Architektur in der Auftragsbearbeitung bzw. Fertigung.

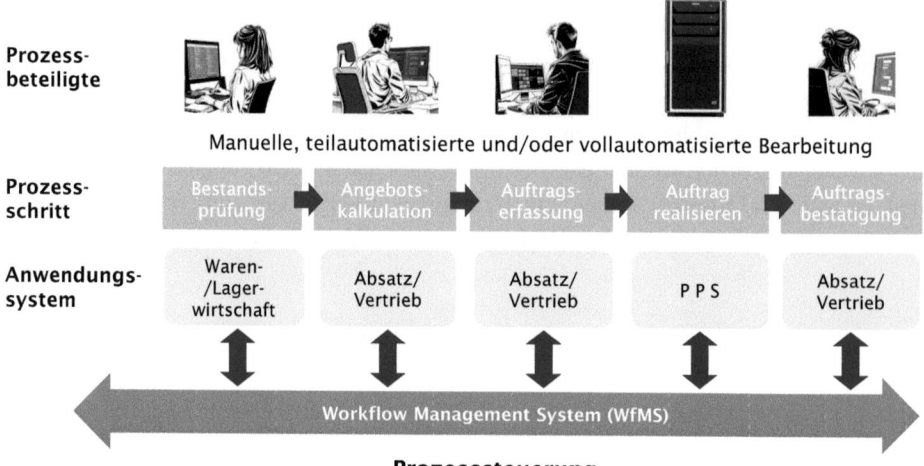

Abb. 4.3 Workflow Management System (WfMS). (Eigene Darstellung in Anlehnung an Gadatsch, 2023, S. 13)

4.2.2 Geschäftsprozess- und Workflowmanagement

Sowohl Geschäftsprozesse als auch Workflows beschreiben Arbeitsabläufe. Während Geschäftsprozesse die Arbeitsschritte mit den organisatorischen Einheiten, die sie ausführen, aus betriebswirtschaftlicher bzw. aus *fachlich-konzeptioneller* Sicht darstellen, ergänzt ein Workflow diese Perspektive um die informationstechnische Sicht und repräsentiert die *operative Umsetzung* des Vorgangs. So beschreibt ein Geschäftsprozess, *was* zu tun ist, um die Zielerreichung zu gewährleisten, ein Workflow beschreibt, *wie* dies konkret umgesetzt wird. Damit erreicht ein Workflow einen Detaillierungsgrad, welcher einer konkreten Arbeitsanweisung entspricht, die auch softwaregesteuert und von einem Anwendungssystem ausgeführt werden kann. Der Workflow ist somit eher *technisch* zu verstehen und im Kontext der Informationsverarbeitung zu sehen (Vgl. Gadatsch, 2023, S. 14 f.) (Vgl. Abb. 4.4).

Die digitale Transformation hat dazu geführt, dass der Unterschied zwischen Geschäftsprozess und Workflow nahezu nicht mehr erkennbar ist, denn es gibt kaum Prozesse, die ohne Softwaresystemunterstützung auskommen. Dennoch bleibt festzuhalten, dass ein Rechnersystem den Vorgangsablauf bei einem Workflow steuert, während bei einem Geschäftsprozess der Mensch die Vorgangsverrichtung und deren Steuerung verantwortet. Ein Workflow repräsentiert somit einen teil- oder vollautomatisierter Geschäftsprozess, der sich nach den beiden nachfolgend erläuterten Kriterien unterscheiden lässt (Vgl. Gadatsch, 2023, S. 16):

4.2 Workflowmanagement und Prozessautomatisierung

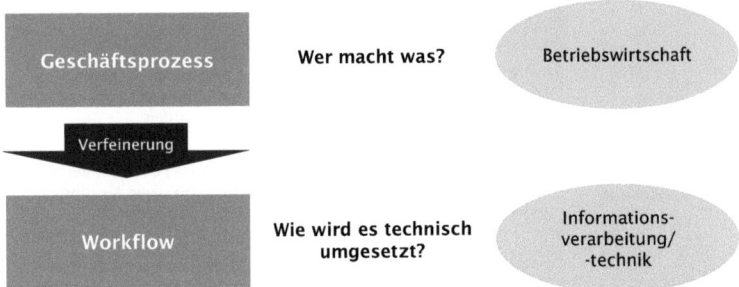

Abb. 4.4 Geschäftsprozess und Workflow. (Eigene Darstellung in Anlehnung an Gadatsch, 2023, S. 15)

- **Workflow nach dem *Grad der Prozessstrukturierung*:** Ein genereller Workflow bezieht sich i. d. R. auf gut strukturierte Verrichtungen und Abläufe; Beispiele sind die Reisekostenabrechnung oder eine Hotelzimmerreservierung. Typisch für diese Abläufe sind ihre Wiederholbarkeit und die vorab bekannte und festgelegte Reihenfolge der Arbeitsschritte. Somit können generelle Workflows, die in hoher Frequenz ausgeführt werden und einen Standardablauf abbilden, leicht automatisiert und in Informationssystemen abgebildet werden. Ein fallbezogener Workflow ist demgegenüber flexibler und nicht vollständig in einem Standard abbildbar. Beispiele liegen in der Vorgangsbearbeitungen für Kreditanträge bei Finanzinstituten oder in der Antragsbearbeitung bei Baubehörden. Diese fallbezogenen Workflows geben den ausführenden organisatorischen Einheiten größere Spielräume bei der Bearbeitung, so können beispielsweise bestimmte Bearbeitungsschritte ausgeführt werden oder begründet nicht ausgeführt werden. Beziehen sich Workflows auf völlig unstrukturierte Prozessabläufe, liegt deren Art und Weise der Bearbeitung im Ermessen der jeweiligen organisatorischen Einheit. Solche Workflows sollten i. d. R. nicht modelliert werden; aufgrund der nicht gegebenen Wiederholbarkeit ist es nicht zielführen, den Aufwand für eine Modellierung zu betreiben. Investitionsvorhaben sind beispielsweise inhaltlich jeweils so spezifisch, dass ihre Bearbeitung in Form von Investitionsanträgen kaum entlang eines standardisierten Modells erfolgen kann. Abhängig von der Größenordnung und den fachlichen Inhalten können unterschiedliche Stellen in ein Genehmigungsverfahren einbezogen sein.
- **Workflow nach dem *Grad der Computerunterstützung*:** Workflows können weiterhin entsprechend ihrer Eignung für eine Computerunterstützung und der Intensität dieser Unterstützung klassifiziert werden. Ein freier Workflow lässt sich i. d. R. vollständig manuell und durch eine Person ausführen. Ein teilautomatisierter Workflow wird hingegen von einer Person durchgeführt und zugleich durch ein Informationssystem unterstützt. So werden bei einem Artikelverkauf im stationären Handel z. B. die personenbezogenen Daten mit einem Anwendungssystem erfasst, wenn es sich um einen

	Geschäftsprozess	Workflow
Ziel	Analyse und Gestaltung von Arbeitsabläufen, orientiert an der Unternehmensstrategie	Spezifikation der technischen Ausführung von Arbeitsschritten und Abläufen
Gestaltungsebene	Konzeptionelle Ebene mit Verbindung zum Geschäftsmodell und der Geschäftsstrategie	Operative Ebene mit Verbindung zur technischen Ausführung durch Technologieeinsatz
Detaillierungsgrad	Eine Reihe von Arbeitsschritten einer Person in logischer Folge an einem Arbeitsplatz	Verfahrenstechnische Konkretisierung von Arbeitsschritten und Ressourceneinsatzplanung

Abb. 4.5 Systematisierung von Geschäftsprozess und Workflow. (Eigene Darstellung in Anlehnung an Gadatsch, 2023, S. 18)

neuen Kunden handelt, während der eigentliche Verkaufsvorgang rein manuell erfolgen kann. Ein vollautomatisierter Workflow wird ohne einen solchen Eingriff einer Person durch ein Informationssystem ausgeführt. Ein Beispiel ist der Ausdruck und Versand einer Auftragsbestätigung für einen Kunden nach einer Bestellung im Onlinehandel. Für teilautomatisierte und automatisierte Workflows kann somit die Ausführung bestimmter Abläufe/Transaktionen systemgestützt umgesetzt werden.

Abb. 4.5 zeigt die wesentlichen Unterschiede, die zwischen Geschäftsprozess und Workflow hinsichtlich der Dimensionen Ziel, Gestaltungsebene und Detaillierungsgrad bestehen. Im folgenden Abschnitt beschreiben die Autoren daraus abgeleitet eine besondere Form von Prozessen, die im Zusammenhang mit Serviceleistungen prägend ist, wenn Kunden mit ihren Bedarfen sowohl Ausgangspunkte der Leistungserbringung als auch Adressaten der Leistungsergebnisse sind.

4.2.3 End-to-End-Prozesse und Modellierungsregeln

Ein Ziel der prozessorientierten Organisation liegt in der Stärkung der Kundenorientierung im Unterschied zur einer rein funktionsorientierten Organisation. Geschäftsprozesse, die in direkter Verbindung mit der Kernkompetenz des Unternehmens stehen, die sog. *Kernprozesse,* oder indirekt zur Wertschöpfung beitragen – *Unterstützungs- und Führungsprozesse* – dienen in einer prozessorientierten Organisation der Befriedigung von Kundenbedürfnissen bzw. -anforderungen. Die Prozesssteuerung obliegt einem Geschäftsprozesseigner, der die Zielsetzung und die steuernden Kennzahlen aus der Unternehmensstrategie ableitet und diese vorgibt.

Vor diesem Hintergrund bestimmt ein End-to-End-Prozess einen auf externe oder interne Kunde ausgerichteten Geschäftsprozess, welcher mit der Bedarfsäußerung durch

4.2 Workflowmanagement und Prozessautomatisierung

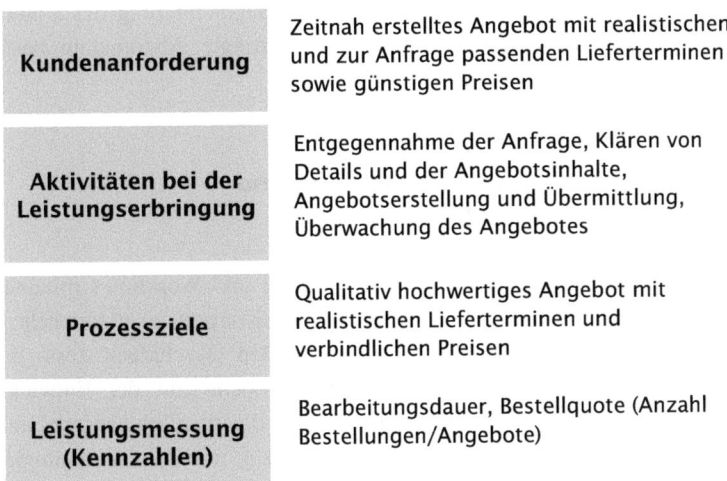

Abb. 4.6 Kunde-zu-Kunde-Geschäftsprozess einer Angebotserstellung. (Eigene Darstellung in Anlehnung an Gadatsch, 2023, S. 18)

die Kunden beginnt und mit der Bedürfniserfüllung bei dem Kunden endet. Insbesondere die mit der Kernkompetenz verbundenen Prozesse (Kernprozesse) sollten in dieser Art als End-to-End-Prozesse organisiert werden, um der im Wettbewerb wichtigen Kundenorientierung gerecht werden zu können. Bei einem End-to-End-Prozess stehen am Anfang somit die Kundenbedarfe und am Ende die Leistungen, welche die Kunden erhalten. Betrifft diese Prozessgestaltung externe Kunden, wird der entsprechende Geschäftsprozess als Kunde-zu-Kunde-Geschäftsprozess bezeichnet (Vgl. Gadatsch, 2023, S. 17). Abb. 4.6 zeigt eine Angebotserstellung als Beispiel für einen solchen Kunde-zu-Kunde-Geschäftsprozess.

Ein End-to-End-Prozess umfasst die Abwicklung eines für einen Kunden spezifischen funktionsübergreifenden Vorgangs vom Anfang bis zum Ende. Für Unternehmen ist es insbesondere von Relevanz, wenn einzelne End-to-End-Prozesse detailliert werden müssen. Dies ist eine Aufgabe der Prozessmodellierung, welche die Frage beantworten muss, wie verschiedene End-to-End-Prozesse voneinander abgegrenzt werden können. Dies betrifft sowohl die inhaltliche Abgrenzung als auch den Detaillierungsgrad, also die inhaltliche Beschreibungstiefe, innerhalb der abzugrenzenden Bereiche. In organisatorisch verteilten Modellierungsprojekten müssen bereits beim Start einer Modellierung Regeln definiert werden, damit das Gesamtmodell einen homogenen Aufbau erhält. Die Regeln müssen einerseits eine ausreichende Abgrenzung ermöglichen, andererseits das Modellierungsziel als Ausgangspunkt von Geschäftsprozessoptimierungen unterstützen. Es ist daher in der Praxis unabdingbar, dass die relevanten End-to-End-Prozesse zunächst identifiziert werden. Eine horizontale Abgrenzung realisiert eine Segmentierung des Unternehmensprozesses in sinnvolle Prozessbereiche und eine vertikale Abgrenzung bestimmt die Beschreibungstiefe innerhalb dieser Prozessbereiche.

4.2.4 Integration von Geschäftsprozess- und Workflowmanagement

Wie in Abschn. 4.2.2 gezeigt, sind Geschäftsprozesse und Workflows miteinander verbunden und somit integriert in einem ganzheitlichen Konzept zu entwickeln. Abb. 4.7 zeigt den Gestaltungsrahmen eines solchen integrierten Geschäftsprozess- und Workflowmanagements: Dieser umfasst die *strategische Ebene* mit der Entwicklung und Steuerung aus der Sicht der Unternehmensstrategie, die *fachlich-konzeptionelle Ebene* des Geschäftsprozessmanagements, die *operative Ebene* mit dem technologieorientierten Workflowmanagement sowie die mit dem Geschäftsprozessmanagement verbundenen Aufgabenstellungen des *Managements der Informationssysteme und der Organisationsentwicklung und -gestaltung*. Somit unterstützt dieser Gestaltungsrahmen einen Abgleich mit der Unternehmensstrategie, mit dem Informationsmanagement sowie mit einem strategischen und operativen Geschäftsprozesscontrolling (Vgl. Gadatsch, 2023, S. 27–28).

Das Workflowmanagement umfasst verschiedene Phasen, angefangen bei der *Workflowmodellierung* über die *Workflowausführung* bis hin zum *Monitoring des Workflows*. Die Workflowmodellierung orientiert sich an der Geschäftsprozessmodellierung. Der modellierte Geschäftsprozess wird um Spezifikationen erweitert, die für die beabsichtigte Geschäftsprozessautomatisierung mithilfe eines Workflow Management Systems (WfMS)

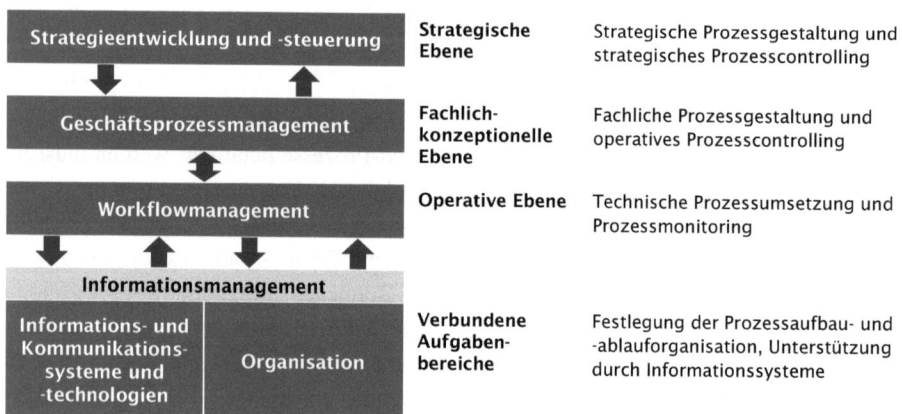

Abb. 4.7 Integriertes Geschäftsprozess- und Workflowmanagement. (Eigene Darstellung in Anlehnung an Gadatsch, 2023, S. 28)

benötigt werden. Die Workflowausführung beinhaltet die Bearbeitung von Prozessobjekten sowie den Geschäftsprozessdurchlauf unter Kontrolle des WfMS. Das Monitoring des Workflows hat schließlich die Aufgabe der kontinuierlichen Prozessüberwachung inne. Durch einen Vergleich von Soll- und Ist-Größen auf der Ebene der Workflows kann die Qualität des Ablaufs bestimmt werden. Bei größeren Abweichungen können Korrekturmaßnahmen eingeleitet werden (Vgl. Gadatsch, 2023, S. 29).

4.3 Integration von Web-Services und Service-orientierten Architekturen (SOA)

Mit dem Begriff *Web-Services* verbunden sind die *Amazon Web Services (AWS)*, die als eine der wichtigsten Infrastrukturen im Zusammenhang mit Cloud-basierten Dienstleistungen gesehen werden können. Die eigene Cloud-Tochter stellt einen wichtiger Erfolgsfaktor für den Internet-Händler *Amazon* dar, mit dem das Unternehmen bereits seit 2014 hohe Wachstumsraten erzielt. Gleichzeitig bilden die AWS für zahlreiche andere Dienstleister eine wichtige Technologiebasis, deren Leistungen insbesondere dann benötigt werden, wenn Plattformen über eine hohe Skalierung den Massenmarkt adressieren. Aktuell gilt dies beispielsweise für Anwendungen der Künstlichen Intelligenz (KI), wenn Chatbot-Applikationen relevanter Anbieter über *Amazon Bedrock* ihre Schnittstellen, welche auch solche für eine finanzielle Abrechnung inkludieren, einem großen Kreis von Entwicklern zur Verfügung stellen.

4.3.1 Technische Grundlagen zu Web-Services und SOA

Das Unternehmen *Amazon* ermöglicht es KI-Unternehmen durch die Standorte der Rechenzentren seines Cloud-Dienstleisters *Amazon Web Services (AWS)*, dass die KI-Unternehmen ein Hosting ihrer Anwendungen in Europa anbieten können, was aufgrund der EU-Gesetzgebung für den Datenschutz eine große Relevanz hat. Auch Streaming-Dienste, wie z. B. *Netflix*, setzen die Funktionalität der AWS ein, um ihre Angebote weltweit zugänglich zu machen. Die Beispiele zeigen, dass Web-Services gerade im Zusammenhang mit dem Internet eine hohe Bedeutung haben und dass sie damit Treiber einer Internetökonomie sind, deren funktionale und institutionelle Basis u. a. digitale Geschäftsmodelle und damit die Digitalisierung von Geschäftsprozessen bilden.

Aus informationstechnischer Sicht sind im Hinblick auf die Entwicklung hin zu Web-Services die Programmiersprachen und Netzwerktechniken relevant. Nach der Einführung der Netzwerke bildete der *Remote Procedure Call (RPC)*, der einenentfernten Funktionsaufruf ermöglicht, einen wichtigen Meilenstein dieser Entwicklung. Mit diesem Aufruf ist es möglich, aus einem Programm auf einem Client eine Funktionsausführung in einem Programm auf einem Server zu veranlassen, was schließlich eine verteilte Informationsverarbeitung in ihrer heute bekannten Qualität realisiert. Die Komplexität dieser Aufrufe, ihre zum Teil hinderliche Bindung an bestimmte Systemsoftwarekomponenten und die nachgefragte höhere Leistungsfähigkeit haben in der Folge zu Weiterentwicklungen geführt, die den Komfort von Schnittstellen für eine vernetzte bzw. verteilte Informationsverarbeitung mittlerweile erhöht und diese über die Einführung von abstrakten Schichten von Systemsoftwarekomponenten unabhängiger gemacht haben. Beispiele für entsprechende neue Techniken sind die *Common Object Request Broker Architecture (CORBA)*, ein von der *Object Management Group (OMG)* definierter Standard, die *Remote Method Invocation (RMI)*, ein in der Programmiersprache Java geschriebener Standard, sowie das *Simple Object Access Protocol (SOAP)*, ein offizielles Netzwerkprotokoll, das vom *World Wide Web Consortium (W3C)* verwaltet wird. Die genannten Konzepte stellen im Unterschied zum ursprünglichen RPC zusätzliche Abstraktionsstufen für die Realisierung zunehmend komplexer Anwendungsszenarien dar, haben jedoch die grundsätzliche Philosophie der zugrunde liegenden Rechnerkopplung kaum verändert. Die aktuellen Entwicklungen in dieser Evolution stellen nun Web-Services und *Service*-orientierten Architekturen (SOA) dar (Vgl. Melzer, 2010, S. 2). Eine Service-orientierten Architektur (SOA) bildet die Grundlage für eine Realisierung von Web-Services. Das Konzept wird nachfolgend unter Einbeziehung der Eigenschaften dieser Architektur diskutiert.

4.3.2 Service-orientierte Architektur (SOA) und das Konzept der Dienste

Der Fokus des Internets liegt heute nicht mehr allein auf der Kommunikation zwischen Menschen, sondern hat sich insbesondere im Zusammenhang mit dem *Internet der Dinge* (engl.:*Internet of Things – IoT*) hin zu vernetzten Rechnersystemen und Anwendungen verschoben. Die Mensch-Maschine-Kommunikation und -Kollaboration bildet mittlerweile ein eigenes Wissenschaftsfeld und die Kommunikation im Internet findet zwischen *Applikationen* statt, in welche die gewünschten Funktionalitäten bzw. Dienste eingebunden sind und aus denen heraus sie dynamisches aufgerufen werden können. Dies beschreibt ein Szenario, das als *Service-orientierte Architektur (SOA)* bekannt ist . Anders als RPC oder RMI fokussiert die SOA nicht nur die technische Umsetzung von Funktionsaufrufen, sondern sie abstrahiert die Realität, die zur Laufzeit beispielsweise durch Web-Services konkretisiert und umgesetzt wird. Die grundlegenden Merkmale einer SOA werden nachfolgend erläutert (Vgl. Melzer, 2010, S. 10 ff.):

- Lose Kopplung: Die *lose Kopplung* bedeutet, dass Dienste von Anwendungen oder von anderen Diensten, sobald sie benötigt werden, dynamisch gesucht, gefunden und eingebunden werden können. Die Bindung erfolgt erst zur Laufzeit und ist bei der Erstellung des Programms noch nicht bekannt.

- **Dynamisches Binden:** Um eine Dienstausführung zu ermöglichen, muss der entsprechende Dienst zunächst gefunden werden. Dafür muss die Applikation auf eine Art Katalog zugreifen können, der die entsprechenden Dienste aufführt. Ein gesuchter Dienst muss somit in einem solchen Katalog eingetragen sein.
- **Verzeichnisdienst:** Das Katalogverfahren nennt sich bei einer SOA *Verzeichnisdienst* oder *Registry*, in dem die registrierten Dienste zu finden sind. Der Verzeichnisdienst kann auch als Repository, also als zentrale Ablage für Daten, Dokumente, Programme, Metadaten oder Datenmodelle (Vgl. IONOS, 2023), gestaltet werden und neben den Verweisen auf die Dienste beschreibende Metadaten zu den aufrufbaren Methoden enthalten.
- **Verwendung von Standards:** Um einen Dienst nutzen zu können, müssen seine Schnittstellenbeschreibungen in maschinenlesbarer Form vorliegen. Eine Voraussetzung dafür ist die Verwendung *offener Standards,* um einen Dienst zu verstehen und für eine möglichst breite Nutzung bereitzustellen. So wird eine Trennung von Schnittstelle und konkreter softwareseitiger Implementierung vorgenommen, sodass das Einhalten der Aufrufregeln durch unterschiedliche Softwaretechniken sichergestellt wird. Auch eine Wiederverwendung des jeweiligen Dienstes wird damit ermöglicht.
- **Einfachheit und Sicherheit:** Die Implementierung der vorangehend dargestellten Kriterien unterstützt einerseits eine schnelle Umsetzung von Diensten, muss andererseits jedoch von Sicherheitsmaßnahmen begleitet werden, um die Vertrauenswürdigkeit die funktional umgesetzten Abläufe zu garantieren. Sicherheit ist somit kein explizites Merkmal einer SOA, sondern vielmehr eine notwendige Voraussetzung für deren erfolgreiche Implementierung.
- **Modellierung:** Durch die Flexibilität ihrer Architektur und die lose Kopplung sind Service-orientierte Architekturen (SOA) für eine Implementierung vorab modellierter Prozesse und Abläufe prädestiniert. Diese entsprechenden Geschäftsprozesse basieren häufig auf externen Ereignissen und eine SOA ist in der Lage, darauf zu reagieren. So können mittels eines geeigneten Dienstes z. B. automatische Bestellungen bei einem Lieferanten initiiert werden, wenn ein Lagerbestand unterschritten wird. Eine SOA stellt in diesem Sinne also eine ereignisgetriebene Architektur dar.

Vor dem Hintergrund der dargestellten Merkmale ist ein Service-orientierte Architektur (SOA) definiert als „eine Systemarchitektur, die vielfältige, verschiedene und eventuell inkompatible Methoden oder Applikationen als wiederverwendbare und offen zugreifbare Dienste repräsentiert und dadurch eine plattform- und sprachenunabhängige Nutzung und Wiederverwendung ermöglicht" (Vgl. Melzer, 2010, S. 13). Diese Definition gibt inhaltlich die Zusammenhänge wieder, die in Abb. 4.8 dargestellt sind und vorangehend über die beschriebenen Merkmale in ihrer Bedeutung erläutert worden sind.

Die Service-Orientierung einer SOA resultiert aus der Verwendung von Diensten, die ein Nutzer nachfragt, ein Anbieter zur Verfügung stellt und ein Vermittler zugänglich

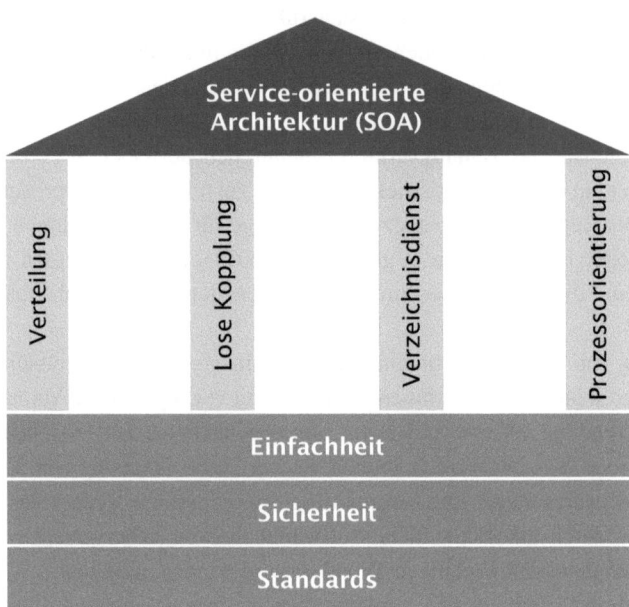

Abb. 4.8 Merkmale und Basiskriterien einer SOA. (Eigene Darstellung in Anlehnung an Melzer, 2010, S. 13)

macht. „In diesem Kontext ist ein Dienst ein Programm oder [...] eine Softwarekomponente, die lokal oder über ein Netzwerk von anderen genutzt werden kann" (Melzer, 2010, S. 14). Die Prozessfolge *Angebot, Suche, Vermittlung* und *Nutzung* der in einem Verzeichnis abgelegten Dienste entlang der definierten Rollen zeigt Abb. 4.9. Zur Implementierung eines Dienstaufrufs muss dem jeweiligen Nutzer eine vollständige Beschreibung der Schnittstelle des Diensts vorliegen. Diese muss entsprechend der vorgestellten Merkmale unabhängig von der verwendeten Programmiersprache oder Plattform sein. Für Web-Services hat sich dafür die *Web Services Description Language (WSDL)* etabliert (Vgl. Melzer, 2010, S. 15).

Hinsichtlich der IT-bezogenen Realisierung bilden die Datenflüsse in einem SOA-Verbund wichtige Komponenten. In einer komplexen Prozessumgebung, in der unterschiedliche Dienste über Ereignisse in einer logischen Reihenfolge aufgerufen werden, ist somit auch die Steuerung der Datenflüsse von zentraler Bedeutung. Die Kommunikation in einer SOA wird daher von einer zentralen Komponente mit intelligenten Fähigkeiten zur Datenflusskontrolle und -steuerung ausgeführt. Bei dieser zentralen Komponente handelt es sich um eine Art Verteiler, der *Enterprise Service Bus (ESB)* genannt wird. Der ESB kann als Weiterentwicklung der SOA gesehen werden, durch seine Steuerungsfunktion bildet er jedoch eher eine Art Rückgrat (engl.:*Backbone*) der Service-orientierten Architektur (Vgl. Melzer, 2010, S. 22). In Abb. 4.10 ist die SOA als Konzept zur Umsetzung

4.3 Integration von Web-Services und Service-orientierten Architekturen (SOA)

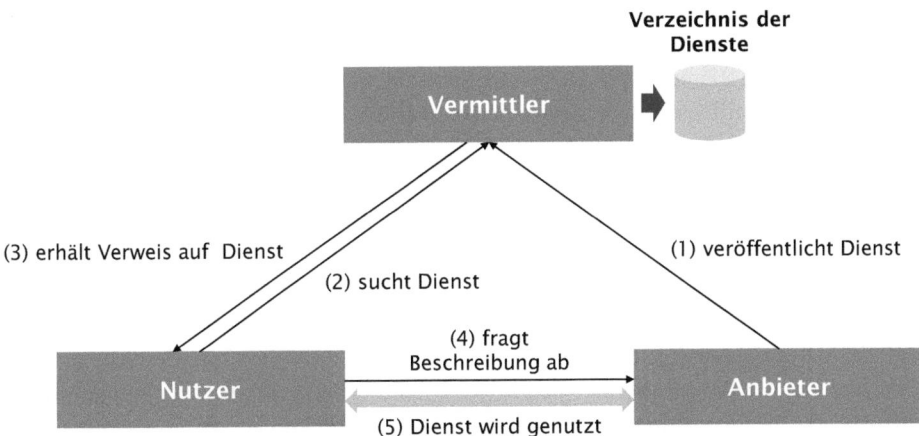

Abb. 4.9 Rollenkonzept einer SOA. (Eigene Darstellung in Anlehnung an Melzer, 2010, S. 14)

eines BPMS über einen ESB visualisiert. Die Hauptaufgabe des ESB als *Middleware* liegt darin, virtuelle Kanäle zwischen den unterschiedlichen Diensten zu realisieren, was über Organisationsgrenzen hinweg möglich ist. Dies setzt voraus, dass sich die Anbieter von Diensten an vereinbarte Standards halten (Vgl. Melzer, 2010, S. 24).

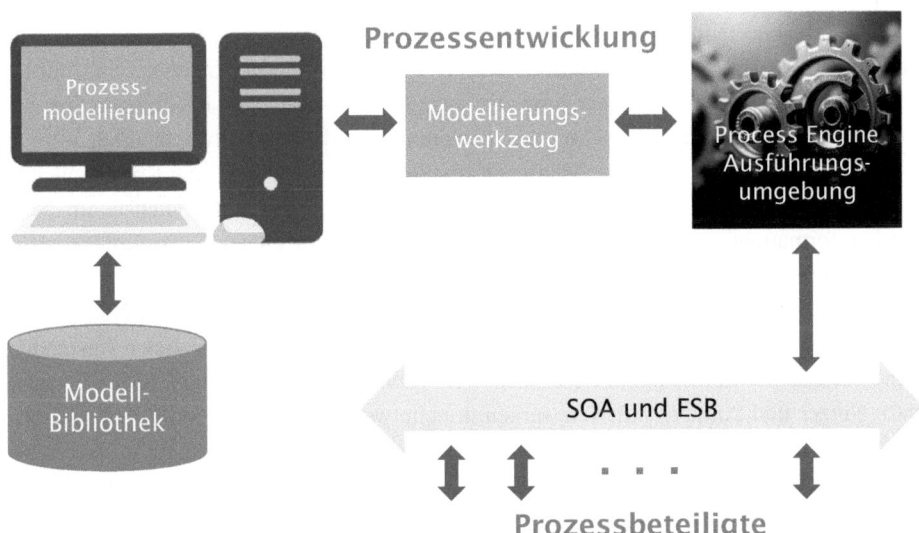

Abb. 4.10 Business Process Management System (BPMS) mit SOA und ESB. (Eigene Darstellung)

Einführung und Betrieb einer SOA stellen Unternehmen vor einige Herausforderungen, denn neben den technischen Aspekten spielen weitere Faktoren in die Umsetzung hinein. Bei den zentralen Elemente der SOA handelt es sich um Dienste, die aus Geschäftsprozessen des jeweiligen Unternehmens resultieren. Damit kommt den Verantwortlichen dieser Geschäftsprozesse eine wichtige Rolle zu, denn diese müssen neben den beteiligten IT-Experten am Entwurf eines SOA-Szenario und am Betrieb der SOA beteiligt werden (Vgl. Melzer, 2010, S. 26 f.). In einem ersten Schritt werden daher die bestehenden Anwendungsfunktionen, die bereits von anderen Systemen genutzt werden, dokumentiert. Damit sollten alle entfernten Aufrufe bekannt sein, was die Komplexität des Einführungsprozesses reduziert. Im zweiten Schritt wird eine Standardisierung dieser Funktionsaufrufe nach den SOA-Regeln durchgeführt. Damit wird festgelegt, wie sich die Geschäftsprozesse gestalten und wie die zugehörigen definierten Dienste genutzt werden sollen (Vgl. Melzer, 2010, S. 27). Wenn das Konzept der Dienste einer SOA konkret auf das Web – also auf die Kommunikation innerhalb der Infrastruktur *Internet* – angewendet wird, bietet sich das Architekturkonzept der Web-Services als Implementierungs- und Gestaltungsinstrument an. Dies wird nachfolgend näher erläutert.

4.3.3 Web-Services als Architekturkonzept

Heute ist es für Interessenten und Kunden jeglicher Leistungen eine Selbstverständlichkeit, diese (Dienst-)Leistungen über das Internet in Anspruch zu nehmen. So nutzen diese Gruppen beispielsweise Onlineshops für den Einkauf unterschiedlicher Produkte, beziehen Theater- oder Kinokarten online über Reservierungssysteme oder schauen Filme, die von Streaming-Dienstleistern offeriert werden. Zahlreiche dieser Angebote sind mittlerweile Teil des Alltags geworden und die angeführten Arten von Kommunikation und Transaktionen zwischen Menschen und Maschinen wird als selbstverständlich wahrgenommen. Ebenso wie zwischen Menschen und Maschinen hat sich eine Kommunikation zwischen Maschinen untereinander etabliert, wenn unterschiedliche Dienste im Netzwerk Informationen austauschen, um Geschäftsprozesse in einem Organisationsumfeld auszuführen.

Die für die beschriebenen Beispiele genutzten Verfahren basieren auf der Nutzung von Web-Services im Internet als „Schnittstelle, über die zwei Maschinen (oder Anwendungen) miteinander kommunizieren können" (IONOS, 2021). Von Vorteil ist die Tatsache, dass Nutzer und Anbieter, in Netzwerken üblicherweise mit Client und Server bezeichnet, nicht die gleichen technologischen und softwaretechnischen Konfigurationen haben müssen, um eine Kommunikation zu führen. Ein Web-Service ist erstens plattformunabhängig und bildet so eine gemeinsame Kommunikationsebene zwischen Client und Server. Zweitens ist ein Web-Service üblicherweise nicht nur von einem einzelnen Client aufrufbar, sondern steht über das Internet unterschiedlichen Clients gleichzeitig als Dienst zur Verfügung, was eine verteilte Informationsverarbeitung unterstützt. Wird ein Web-Service

4.3 Integration von Web-Services und Service-orientierten Architekturen (SOA)

genutzt, sendet ein Client zunächst eine Anfrage an den Server, was eine Aktion bei diesem auslöst. Der Server sendet daraufhin eine Antwort an den Client, mit der dieser seine Verarbeitung fortsetzen kann (Vgl. IONOS, 2021).

Die Service-orientierte Architektur (SOA)und Web-Services weisen eine Verwandtschaft auf: Eine SOA definiert die Dienste, die angeboten werden, während Web-Services ein Architekturkonzept bereitstellen, mit dem diese Dienste implementiert werden können. Eine Beschreibung der technischen Rahmenbedingungen für Web-Services führt somit auf die Konzeptelemente der SOA bzw. auf deren Implementierungsoptionen. Die Spezifikation *Universal Description, Discovery and Integration (UDDI)* stellt einen Verzeichnisdienst mit einer standardisierten Struktur für die Administration von Web-Services und ihrer Metadaten zur Verfügung, welcher die allgemeinen Anforderungen, Eigenschaften und Informationen zum Auffinden von Web-Services umfasst. Ein Web-Service wird damit über eine eindeutige Adresse, den *Uniform Resource Identifier (URI)*, angesprochen. Diese Adresse ist mit dem *Uniform Resource Locator (URL)* vergleichbar, mit der Webseiten aufgerufen werden. Der Vermittler UDDI ist nur dann erforderlich, wenn die genutzten Dienste den Nutzern unbekannt sind, also ihre Adresse nicht vorliegt.

Ein Web-Service als Dienst sollte weiterhin eine Beschreibung implementieren. Diese Beschreibung liegt als Datei vor, die in der *Web Service Description Language (WSDL)*, einer Beschreibungssprache, verfasst ist. Ein Client kann über die WSDL-Informationen die Funktionen des Web-Service identifizieren, die an einem Server ausgeführt werden können. Für die technische Kommunikation über das Internet werden außerdem Protokolle benötigt: Die Netzwerkprotokolle *Simple Object Access Protocol (SOAP)* und der für die Kommunikation erforderliche Internetstandard *Hypertext Transfer Protocol (HTTP)* weisen die Techniken aus, die das Senden und Empfangen von Anfragen und Antworten ermöglichen. Inhaltlich wird die Kommunikation der Anfragen und Antworten häufig mit der *Extensible Markup Language (XML)* realisiert, einer einfachen Sprache, die von Menschen und Rechnersystemen „verstanden" wird. SOAP und die WSDL sind ebenfalls XML-basierte Konzepte. Über alternative Protokolle, wie z. B. dem *Representational State Transfer (REST)*, sind auch andere Sprachformate, wie die *JavaScript Object Notation (JSON)*, für die Kommunikation nutzbar (Vgl. IONOS, 2021). Das Abb. 4.9 gezeigte Rollenkonzept einer SOA mit Nutzer, Anbieter und Vermittler lässt sich somit mit den genannten Technologien umsetzen. Dies erlaubt eine geeignete Adaption des Rollenkonzepts der SOA (Vgl. Abb. 4.11).

Entsprechend des dargestellten Rollenkonzepts lässt sich der Aufbau der Nutzung eines Dienstes wie folgt beschreiben: Der Anbieter eines Dienstes erstellt zunächst eine XML-basierte WSDL-Schnittstellenbeschreibung als Dokument, das er anschließend an einen UDDI-basierten Verzeichnisdienst (Vermittler) zur Veröffentlichung überträgt. Hat ein Nutzer in diesem Verzeichnisdienst einen für seine gewünschte Funktionalität geeigneten Web-Service gefunden, fordert er die WSDL-Schnittstellenbeschreibung an, für welche der Verzeichnisdienst einen URI auf das angeforderte WSDL-Dokument liefert. Mit der erhaltenen WSDL-Beschreibung lassen sich auf Nutzerseite Programmteile erzeugen, mit

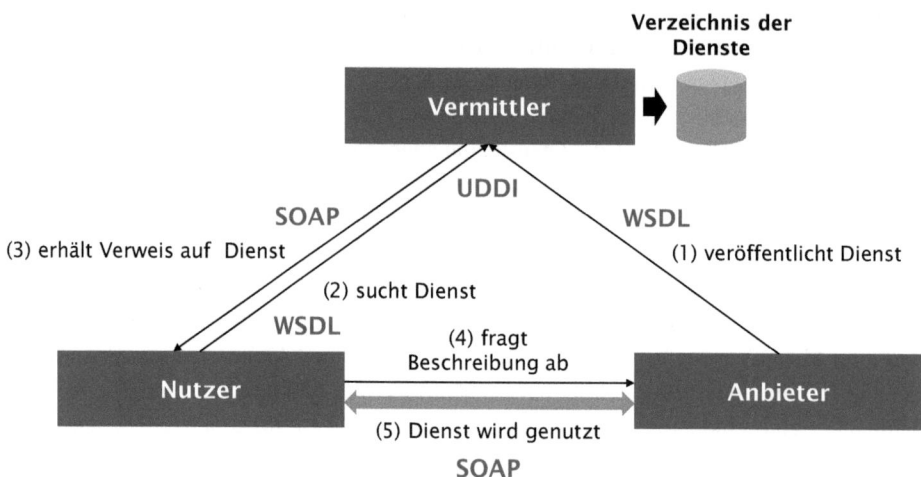

Abb. 4.11 Rollenkonzept einer SOA mit Web-Services. (Eigene Darstellung in Anlehnung an Melzer, 2010, S. 64)

denen der Nutzer mit der Anwendung des Anbieters einen SOAP-Datenaustausch und eine SOAP-Kommunikation ausführen kann (Vgl. Melzer, 2010, S. 64 f.).

Aus dem Zusammenspiel mehrerer Web-Services leitet sich eine Architektur einer Gesamtanwendung ab, sodass diese Art der Orchestrierung eine architekturkonzeptionelle Arbeit beschreibt. Der Ausgangspunkt liegt – wie schon beim SOA-Konzept festgehalten – in der Geschäftsprozessmodellierung; aus dem jeweils modellierten Geschäftsprozess werden die wiederverwendbaren und aufrufbaren Dienste aus dem Set der internen und externen Anwendungssysteme festgelegt. Eine Orchestrierung fokussiert die Workflow-Sicht, in welcher der zugehörige Geschäftsprozess die Aktivitäten steuert. Es wird damit beschrieben, unter welchen Bedingungen der Ablauf- und Verarbeitungslogik der Geschäftsprozesse den Fluss der einzelnen Web-Services und ihrer Aufrufe koordiniert (Vgl. Melzer, 2010, S. 244).

Der größte Nutzen einer Web-Services-Architektur besteht darin, dass die Kommunikation plattformunabhängig ablaufen kann, Client und Server also nahezu keine Gemeinsamkeiten aufweisen müssen. Um dies zu erreichen, nutzen Webs-Services standardisierte Formate, die alle Systeme verstehen können. Darin liegt jedoch auch ein entscheidender Nachteil: So handelt es sich beispielsweise bei XML um ein nicht unproblematisches Format mit Blick auf die Größe der Datenpakete. Wenn die Leistung der Netzwerkverbindungen nicht ausreichend hoch ist, um große Datenpakete zu transportieren, kann dies die Qualität der Kommunikation negativ beeinflussen. Alternativ lässt sich eine andere Möglichkeiten nutzen, um zwei IT-Systeme über das Internet miteinander zu verbinden: Diese liegt im Einsatz definierter Web-*API (Application Programming Interface)*, also Schnittstellen, die entlang klarer Vorgaben implementiert werden und deren

Interoperabilität jedoch eingeschränkt ist (Vgl. IONOS, 2021). Ein Beispiel für eine derartige Web-API ist die, welche Open AI für ihren Chatbot *ChatGPT* zur Verfügung stellt. Über die veröffentlichte Dokumentation können die Vereinbarungen für unterschiedliche Programmierschnittstellen eingesehen werden. Mit der Einrichtung eines Kontos auf der Open-AI-Plattform erhalten die Nutzer einen Autorisierungsschlüssel, der bei jedem API-Aufruf über die Schnittstelle mitgeteilt wird. So lassen sich die Funktionen von *ChatGPT* in Anwendungen der Nutzer integrieren. Mit den technischen Möglichkeiten eine Kommunikationsanbindung bilden digitale Plattformen „Spielwiesen", auf denen die Nutzung von digitalen Services zu einem großen Teil stattfinden kann.

4.4 Bedeutung von Ökosystemen für die Digitalisierung

Digitale Ökosysteme bilden eine wichtige Basis für die Bereitstellung, den Kauf bzw. Bezug und teilweise für die Nutzung von Dienstleistungen/Services in einem digitalisierten Wettbewerbsumfeld. Sie sind damit in der Lage, Dienstleistungsprozesse, die nachfolgend charakterisiert werden, so abzubilden, dass sie über ihre gesamte Wertschöpfungskette für die beteiligten Stakeholder einen effektiven Nutzen bringt.

Die Ausgestaltung und Charakteristika der Ökosysteme, welche die digitalen Dienstleitungen/Services tragen, beeinflusst die Bereitstellung der Kompetenzen der an der Plattform beteiligten Akteure. Vor diesem Hintergrund bildet der Vorgang der Umsetzung von Daten in digitale Prozesse hin zu einer digitalen Wertschöpfung, deren Ursprung in einem entsprechenden Geschäftsmodell liegen muss, einen wichtigen Faktor. Das jeweilig zugrunde liegende digitale Geschäftsmodell folgt wiederum einem definierten Innovationsansatz. Die möglichen ein digitales Geschäftsmodell prägenden Innovationsansätze – *inkrementelle, disruptive, radikale Innovation* – sowie deren Umsetzung in digitalen Ökosystemen über eine Cloud-Infrastruktur werden beschrieben und eingeordnet.

4.4.1 Perspektiven der Dienstleistungsprozessgestaltung

Aus einer Kunden- und Anbieterperspektive lassen sich Dienstleistungsprozesse „als Folgen von Aktivitäten von Kunde und Anbieter, die darauf gerichtet sind, gemeinsam Wert sowohl für den Kunden als auch für den Anbieter zu generieren" (Fließ et al., 2024, S. 1) definieren. Die beiden genannten Parteien wenden für die Inanspruchnahme und für das Erbringen einer Dienstleistung Ressourcen auf und interagieren mit Fokus auf unterschiedliche Aspekte miteinander. Während für Kunden der erhaltene oder generierte Kundennutzen im Vordergrund steht, legen Anbieter ihren Schwerpunkt auf die Konfiguration des Wertschöpfungssystems, mit dem sie nach Möglichkeit Ertrag und Gewinn erzielen möchten. In diesem Zusammenhang ist in Abschn. 1.4.4 der

Service Blueprint eingeführt worden, der sich als Gestaltungs-, Steuerungs- und Entwicklungsinstrumentarium für *Dienstleistungsprozesse* eignet. Aus dieser integrativen Sicht auf Dienstleistungsprozesse lassen sich die folgenden Charakteristika ableiten (Vgl. Fließ et al., 2024, S. 6):

- Dienstleistungsprozesse sind ein Teil der Prozesslandschaft, mit denen Werte generiert werden.
- Dienstleistungsprozesse generieren gleichermaßen Werte/Nutzen für Kunden und Anbieter.
- Dienstleistungsprozesse sind dadurch gekennzeichnet, dass Anbieter und Kunde in diesen Prozessen zur Wert-/Nutzengenerierung kooperieren und sich über Interaktionen austauschen.
- Dienstleistungsprozesse werden effizient und effektiv durch den jeweiligen Anbieter gestaltet.

Aus dem letztgenannten Aspekt resultiert der Anspruch an das Management von Dienstleistungsprozessen, dass die Anbieter diese Prozesse gestalten. Ausgangspunkt für eine solche Gestaltung ist die Konfiguration des Wertschöpfungssystems. Aus dieser Konfiguration können standardisierte, individualisierte sowie Netzwerk- und Plattform-Dienstleistungen entstehen (Vgl. Fließ et al., 2024, S. 13). Das Ziel des Dienstleistungsmanagements liegt in der Gewinnerzielung. Die Gestaltung der Prozesse muss somit in einer Art und Weise erfolgen, dass die Prozesse dieses Ziel bestmöglich erfüllen. Um eine hohe Wettbewerbsfähigkeit und damit die Gewinnerzielung langfristig zu sichern, müssen durch das strategischen Dienstleistungsmanagement dauerhafte Wettbewerbsvorteile aufgebaut und erhalten werden. Das operative Dienstleistungsmanagement muss dafür sorgen, dass das Tagesgeschäft diesem Anspruch an die Wettbewerbsfähigkeit gerecht werden kann. Die Gestaltungsaufgabe insgesamt setzt sich aus den Teilaufgaben *Analyse, Konzeption* und *Implementierung* der Dienstleistungsprozesse zusammen, was im Hinblick auf die Digitalisierung mit den vorgestellten Modellierungs- und Optimierungsaufgaben korrespondiert (Vgl. Fließ et al., 2024, S. 21 f.).

4.4.2 Ökosysteme als Träger und Treiber einer digitalisierten Wertschöpfung

In Abschn. 4.4.1 wird die Konfiguration des Wertschöpfungssystems beschrieben, deren Aufgabe es u. a. ist, die entstehenden Angebote – Produkte, Dienstleistungen und/oder Erlebnisse – in netzwerk- und plattformstrukturierte Angebotsformen einzubringen. Dazu werden häufig komplexe und organisationübergreifende Zusammenarbeitsformen aufgebaut, welche die entsprechenden Ökosysteme charakterisieren. Daraus wird der Begriff der Plattform-Ökonomie geprägt, in der Produkte und/oder Dienstleistungen über digitale Plattformen angeboten und ausgetauscht werden. Eine digitale Plattform ermöglicht ihren Nutzern den Zugang zu einem umfassenden Ökosystem, das es diesen erlaubt, Produkte und Dienstleistungen bzw. digitale Services aus unterschiedlichen Bereichen miteinander zu kombinieren und in Angebots- sowie Verkaufsszenarien zu integrieren. Dabei sorgen die entstehenden Netzwerkeffekte dafür, dass sich durch die Skalierung der Wert dieser Produkte und Dienstleistungen/Services erhöht. Dies macht solche Ökosysteme für weitere Anbieter attraktiv, deren Beteiligung an der entsprechenden digitalen Plattform wiederum das Interesse der Nutzer weiter erhöht. So können diese Netzwerkeffekte zu einem exponentiellen Wachstum führen (Vgl. Abb. 4.2). An dieser Stelle besteht die Verbindung zum Informationsmanagement, denn die Prozesse der Organisation von Daten, Informationen und Wissen innerhalb plattformgestützter Ökosysteme bilden die Voraussetzung dafür, dass die erforderlichen Kompetenzen der an der Plattform beteiligten Akteure zielführend bereitgestellt werden können. Die Akteure nutzen digitale Werkzeuge, um auf der Basis eines Informationsmanagements ihr Wissen zu teilen und dadurch die Entwicklung gemeinsamer Produkte und Dienstleistungen/Services zu ermöglichen (Vgl. Fasnacht, 2023, S. 5).

Die beschriebenen Zusammenhänge zeigen, dass Organisationen ein Zusammenspiel von Innovationen, Technologien und wirtschaftlicher Dynamik realisieren müssen, wenn Wachstum angestrebt wird. Technologien machen Innovationen erst möglich und müssen daher in Form einer Digitalisierungsstrategie die Basis für plattformgetriebene Geschäftsmodelle und Ökosysteme bilden. Für die Führung von Organisationen bedeutet dies, dass sie den Herausforderungen mit einem interdisziplinären Ansatz begegnen muss (Vgl. Fasnacht, 2023, S. 8).

Ökosysteme basieren auf einer betriebswirtschaftlichen Ausrichtung, Innovation, Wissen und Unternehmertum sowie auf einem Austausch mittels Informations-, Kapital-, Güter und Dienstleistungsflüssen. Ihre Dynamik speist sie aus den ständigen Veränderungen ihrer internen Beziehungen und aus äußeren Einflüssen. Ökosysteme werden geprägt von Trends, neuen Systemteilnehmern und wertschaffenden Akteuren, wie auch von externen Verwerfungen. Sie reagieren auf die Dynamiken von innen und von außen durch eine kontinuierliche Anpassung ihrer Fähigkeiten und Ressourcen. Die Vielfalt der entstandenen Beziehungen und Verflechtungen sorgt für eine Komplexität, die Leitplanken benötigt, damit das System funktionsfähig bleibt. Diese Leitplanken werden von den strategischen Maßnahmen gebildet, welche die Grundlagen des operativen Handelns der Systemakteure ausmachen. Unternehmen schließen sich zwar in Ökosystemen zusammen, behalten aber dennoch ihre autarke Organisation bei. Das gemeinsame Ziel liegt im Erzielen von Erfolg durch die Zusammenarbeit, die im Unterschied zum alleinigen Agieren jedes Unternehmens einen größeren Wertzuwachs verspricht (Vgl. Fasnacht, 2023, S. 17).

Die digitale Transformation der letzten Jahre fußt auch auf der Erkenntnis, dass die bisherigen Geschäftsmodelle an Grenzen gestoßen sind. Die Digitalisierung von Geschäftsprozessen ist somit notwendig, um Abnehmern gerecht werden zu können, die

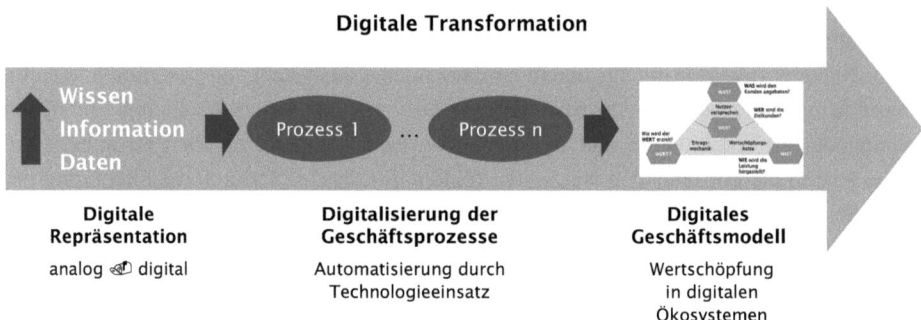

Abb. 4.12 Von der digitalen Repräsentation zur digitalen Wertschöpfung. (Eigene Darstellung in Anlehnung an Fasnacht, 2023, S. 24)

immer stärker digitale Werkzeuge nutzen. Diese arbeiten zunehmend zeit- und ortsunabhängig und können von integrierten Prozessen, die über digitale Plattformen betrieben werden, profitieren, wenn sie beispielsweise mobile Endgeräte nutzen. Die digitale Wertschöpfung in Verbindung mit digitalen Plattformen und Ökosystemen ist demnach ein Ergebnis der digitalen Transformation (Vgl. Fasnacht, 2023, S. 23). Diese Transformation, die wiederum mit den Organisationsprozessen des Informationsmanagements zusammenspielt, läuft in drei Phasen ab (Vgl. Abb. 4.12): Zunächst erfolgt eine Umstellung von analogen zu digitalen Repräsentationen der realen Welt. Dabei entstehen Daten, aus deren Kontextualisierung Informationen resultieren, die wiederum zu Wissensbausteinen vernetzen werden. Wenn diese Daten, Informationen, Wissen im Prozessgeschehen eingesetzt werden, erfolgt eine Digitalisierung der Prozesslandschaft. Diese ermöglicht es, die Digitalisierung unter Berücksichtigung der Wettbewerbssicht in der Konfiguration neuer und die Weiterentwicklung bestehender Geschäftsmodelle einzubringen. Erst mit dem letzten Schritt können Wertschöpfungssysteme aufgebaut werden, die durch plattformgestützte Ökosysteme repräsentiert werden.

Wesentliche Treiber der digitalen Transformation sind die digitalen Daten, ihre Vernetzung über digitale Plattformen und ihre Nutzung in digitalen Kundeninteraktionen und -transaktionen. Insbesondere für Dienstleister bildet dies einen großen Nutzen, da ihre Dienstleistungen/Services über geeignete digitale Plattformen vertrieben werden können. Neben den entstehenden Effizienz- und Kostenvorteilen bilden die erleichterten Markteintrittsbedingungen und ein hoher Automatisierungsgrad wichtige Faktoren, um digitale Wertschöpfungsmodelle erfolgreich zu etablieren. So hat sich beispielsweise *Amazon* von einem Online-Buchhändler mit einer digitalen Plattform durch das Angebot von *Amazon Web Services (AWS)* zu dem führenden Anbieter von Cloud-Dienstleistungen entwickelt (Vgl. Fasnacht, 2023, S. 23 ff.).

Wie weit sich digitale Geschäftsmodelle von ihrem Ursprung entfernen, hängt insbesondere vom Grad der Neuheit, den sie repräsentieren, ab. Der Neuheitsgrad wird wiederum durch die innovativen Ansätzen bestimmt, auf deren Basis neue Elemente eines Geschäftsmodells entwickelt werden. Hier lassen sich die drei folgenden Innovationsansätze unterscheiden (Vgl. Fasnacht, 2023, S. 27 f.):

- Inkrementelle Innovation: Eine *inkrementelle Innovation* fußt auf eher geringen Veränderungen und auf der Nutzung bereits vorhandener Technologien. Oftmals stehen Kostensenkungen und/oder Funktionserweiterungen bei bereits angebotenen Produkten und Services sowie deren Produktionsverfahren im Fokus der innovativen Weiterentwicklung. An dieser Stelle sein auf die japanischen Unternehmen verwiesen, die diesen Ansatz weiterentwickelt und ihre Konzepte zu einer Philosophie der kontinuierlichen Produkt- und Prozessverbesserung ausgebaut haben. Dies war unter anderem die Grundlage des Erfolgs dieser Unternehmen in den 1970er und 1980er Jahren.
- Disruptive Innovation: Die *disruptive Innovation* umfasst jeweils das gesamte Geschäftsmodell, sie fokussiert hingegen keinem isolierten Technologieeinsatz. Disruptive Innovationen fußen nicht notwendigerweise auf neuen Technologien, da sie sich auch dadurch erreichen lassen, dass neue Unternehmen z. B. mit weniger Ressourcenaufwand die bestehenden Geschäftsmodelle gefährden, wenn sie mit ihren Lösungen Marktsegmente bedienen, die bisher vernachlässigt wurden oder die neu entstanden sind. Wenn neue Unternehmen mit diesem Ansatz Erfolg haben, können sie die etablierten Anbieter relevant gefährden. In den letzten Jahren ist es insbesondere Plattformbetreibern gelungen, durch eine Kombination verschiedener Schlüsseltechnologien auch Marktbereiche jenseits ihres Kerngeschäftes mit neuen Geschäftsmodellen erfolgreich zu bedienen. Das Beispiel *Amazon* ist in diesem Zusammenhang oben bereits genannt.
- Radikale Innovation: Bei einer *radikalen Innovation* handelt es sich i. d. R. um Lösungen, die den Einsatz neuer Technologien und die Schaffung neuer Märkte und Anwendungsoptionen miteinander verknüpfen. Die Entwicklung neuer Geschäftsmodelle auf der Basis neuer Produkte, Dienstleistungen respektive digitaler Services und Verfahren steht dabei im Vordergrund. Radikale Innovationen ändern häufig das wirtschaftliche Umfeld des jeweiligen Anbieters und zeigen Auswirkungen auf die Gesellschaft. So ist der Aufstieg bestimmter Länder in die Riege der führenden Industrienationen i. d. R. mit radikalen Innovationen verbunden. So sind beispielsweise chinesische Unternehmen heute Vorreiter der Elektromobilität, was zur aktuellen wirtschaftliche starken Position von China beiträgt.

Ein Beispiel für die Entwicklung innovativer Ansätze im Dienstleistungsbereich sind Cloud-basierte IT-Dienstleistungen. In der Verantwortung des jeweiligen Cloud-Anbieters liegen dabei die Rechenzentrumsicherheit sowie der Betrieb und die Wartung der notwendigen IT-Ressourcen für die Cloud-Infrastruktur. Die Kunden sind für die Sicherheit der Kommunikation in der Cloud verantwortlich, der sie durch den Betrieb und die Wartung der eigenen digitalen Services sowie durch Authentifizierungs- und Autorisierungskonzepte und die Einhaltung von Datenschutzregeln nachkommen müssen. Die Teilung der Verantwortung ermöglicht eine Fokussierung der Unternehmen auf ihre Kernkompetenzen. Ihre eigene Innovationsfähigkeit steigt, da sie mehr Zeit und Ressourcen in ihre Leistungserbringung investieren können.

Die Art und Weise dieser Strukturierung von Verantwortung zeigt sich auch in den unterschiedlichen Angeboten für Cloud Services. Diesbezüglich lassen sich drei Servicemodelle unterscheiden, nämlich *Infrastructure-as-a-Service (IaaS)*, *Platform-as-a-Service (PaaS)* und *Software-as-a-Service (SaaS)*. Das Höchstmaß an Flexibilität und damit verbunden maximale operative Verantwortung kann für einen Cloud-Kunden durch die Nutzung von IaaS entstehen, da ein solcher Kunde die Plattform und die Software selbst implementiert und auf einer Cloudinfrastruktur betreibt. Eine minimale operative Verantwortung hat ein Kunde mit einer SaaS-Lösung, da die Anwendungssoftware in diesem Modell lediglich über die Cloud genutzt wird. Ein wichtiger Aspekt ist die Veränderung der Kostenstruktur durch die Verlagerung von Investitionskosten zu Betriebskosten durch die Nutzung von Cloud-Technologien. Da Cloud-Kunden mit einer überschaubaren technischen Infrastruktur im eigenen Unternehmen arbeiten können, lassen sich Investitionen reduzieren und Investitionsrisiken nahezu gänzlich vermeiden. Der Vorteil von Cloud-Lösungen liegt insbesondere in der bedarfsgerechten Nutzung dieser Lösungen und damit in der möglichen Beschränkung der Kosten bei zeitgenauer Abrechnung der Nutzung der über die Cloud bezogenen Lösungen. Dies erlaubt es, die Innovationskraft des Unternehmens auf seine Kernleistungen zu lenken (Vgl. Fasnacht, 2023, S. 70 f.).

Eine Cloud-Lösung bildet somit ein eigenständiges komplexes Ökosystem aus IT-Services, Anwendungen, Lösungsanbietern, Kunden, Kooperationspartnern, Beratern und Entwicklern. Die Cloud-Plattform ist das zentrale Element, über das die Partner eines solchen Ökosystems interagieren und/oder Leistungen bereitstellen und beziehen (Vgl. Fasnacht, 2023, S. 72).

4.5 Digitale Plattformen für die Prozess- und Serviceimplementierung

Viele der größten und wertvollsten Unternehmen weltweit orientieren ihre Wertschöpfung ganz oder teilweise an einem Plattform-Geschäftsmodell. Zu diesen Unternehmen zählen beispielsweise *Apple*, *Google* oder *Amazon*. Auch soziale Netzwerke wie z. B. *Facebook* oder der Marktplatz für Handwerkerdienstleistungen *MyHammer* bauen auf diesem Geschäftsmodell auf. Insgesamt ist davon auszugehen, dass ein relevanter Teil der globalen Wirtschaft bereits auf der intensiven Nutzung digitaler Plattformen basiert. Dies bedeutet, dass die Unternehmen, die solche Plattformen in einer bestimmten Größenordnung betreiben, einen erheblichen Einfluss auf die weltwirtschaftliche Entwicklung haben. Diese Plattformen präsentieren sich i. d. R. als Internetdienste, die es ihren Nutzern ermöglichen, Produkte, Dienstleistungen und/oder Services über das World Wide Web anzubieten oder zu konsumieren. Sie sind in verschiedenen Branchen und Wirtschaftsbereichen nutzbar und verfolgen mit ihren Funktionen und Diensten spezifische Ziele.

Digitale Plattformen bilden eine Grundlage der digitalen Transformation vieler Branchen. Die mit ihnen erzielbaren Netzwerkeffekte (Vgl. Abschn. 6.2) können zum Erzielen hohe Marktanteile beitragen und den Plattformbetreibern zu marktbeherrschenden Positionen verhelfen, wie es die bereits genannten Beispiele zeigen. Für viele Organisationen bilden digitalen Plattformen zentrale Komponenten, wenn sie ihre digitalisierungsstrategischen Überlegungen in neue Geschäftsmodelle umsetzen wollen. Aufbau und Betrieb von digitalen Plattformen sind anspruchsvoll und es gibt zahlreiche Beispiele für ein Scheitern von Plattformen, wenn Organisationen die für einen erfolgreichen Aufbau notwendigen Ressourcen nicht aufbringen wollen bzw. können oder den Aufwand für Aufbau und Betrieb unterschätzen.

Die Verbreitung von digitalen Plattformen sowie deren zunehmende Bedeutung haben das Interesse der ökonomischen Forschungslandschaft geweckt (Vgl. Steur, 2022, S. 1). Somit lässt sich eine erste Definition digitaler Plattformen formulieren, die deren Transaktionsfunktionen fokussiert. Diese lautet wie folgt (Vgl. Jacobi, 2021, S. 8):

Eine digitale Plattform agiert als Vermittler von Produkten, Dienstleistungen, Erlebnissen und/oder Technologien. Sie führt zwei oder mehr Kundengruppen zusammen und partizipiert an den Erlösen, die über die Vermittlung der entsprechenden Leistungen erzielt werden. Die Kundengruppen auf der digitalen Plattform profitieren durch die über die Plattform zustande gekommenen Kontakte. Damit können ihrerseits neue Kunden akquirieren oder Produkte, Dienstleistungen und Erlebnisse beziehen.

Neben Transaktionsplattformen, welche im Kern durch die vorangehende Definition repräsentiert werden, gibt es weitere Plattformausprägungen, die in Abschn. 6.1 charakterisiert werden. Die nachfolgenden Abschnitte ordnen die Plattformen zunächst entlang der Gestaltungsebenen des Informationsmanagements ein, stellen ein Vorgehensmodell für deren Aufbau und Betrieb vor und zeigen das Zusammenspiel von digitalen Plattformen mit Smart Services auf.

4.5.1 Merkmale digitaler Plattformen

Eine Beschreibung einer *digitalen Plattform* wird zunächst anhand des Referenzmodells für das Informationsmanagement und seinen drei Ebenen vorgenommen (Vgl. Abb. 4.2): Demnach basiert eine digitale Plattform als Informationssystem (zweite Ebene) auf einem digitalen Geschäftsmodell (erste Ebene) und nutzt eine digitale Infrastruktur (dritte Ebene) für die Interaktion, Kommunikation und Kollaboration von Benutzern, die unterschiedliche Marktakteure repräsentieren. Digitale Plattformen sind in diesem Sinne auch

Bestandteil eines Ökosystems, wie es in diesem Abschnitt bereits thematisiert und in Kap. 6 weiter ausgeführt wird. Die vorangehende Definition schließt nicht aus, dass Benutzer innerhalb eines Ökosystems mehrere Rollen innehaben können. So können sie beispielsweise als Nachfrager auf einer digitalen Plattform fungieren und zugleich ihrerseits auf derselben oder einer anderen Plattform Leistungen anbieten. Im Mittelpunkt steht eine Vernetzung von Akteuren, deren Intensität häufig für die Qualität der Plattformnutzung steht. Ein potenzielles Problem liegt darin, dass Nutzer ihre eigene Aktivierung auf einer Plattform davon abhängig machen könnten, dass zahlreiche andere Nutzer auf der Plattform aktiv sind. Damit existiert gerade in der Startphase eines Plattformgeschäfts eine Hürde, die zu überwinden eine Herausforderung darstellt. Viele Plattformbetreiber versuchen aus diesem Grund, Interessenten mit besonderen Aktionen zu einer Aktivierung zu motivieren. Bei gebührenpflichtigen Angeboten kann eine solche Motivation z. B. in einer gegenüber der eigentlichen Gebühr niedrigeren Gebühr für eine bestimmte Zeitdauer nach dem Beitritt liegen.

Bei der Beschreibung digitaler Plattformen bildet der Vernetzungsaspekt vor dem geschilderten Hintergrund das prägende Kriterium. Die Vernetzung der Marktakteure in ihren unterschiedlichen Rollen legt die Verwendung des Begriffs *Community* nahe, der in diesem Zusammenhang verwendet wird. Das zweite Schlüsselkriterium bilden die Daten und Informationen, die über ein spezifisches *Datenmanagement* im Fokus der Architekturgestaltung stehen. Die beiden Kriterien rechtfertigen eine präzisierende Adaption des Referenzmodells des Informationsmanagements auf digitale Plattformen; es werden in diesem Fall mit vier Merkmalsebenen beschrieben, die sich wie folgt darstellen: *Community* und *Datenmanagement* repräsentieren die *Plattform als Informationssystem,* die ihren Community-Mitgliedern Funktionen zur Verfügung stellt. Diese Funktionen werden im Datenmanagement in allen Facetten, beispielsweise vom Angebot bis zur Integration von Bezahl- und Lieferdiensten, abgebildet. Abb. 4.13 stellt das angepasste Modell des Informationsmanagements für digitale Plattformen dar.

Die Flexibilität der Vernetzung der Community-Mitglieder erlaubt den Aufbau unterschiedlicher Ausprägungen von Plattform, die beispielsweise Markttransaktionen ermöglichen oder als Innovationsplattformen agieren. Beispiele für Transaktionsplattformen bilden Finanzplattformen oder Bezahldienste *(PayPal),* Marktplätze *(Ebay, MyHammer),* Vergleichsplattformen *(Check24)* oder Vernetzungsplattformen *(LinkedIn, XING)* (Vgl. Steur, 2022, S. 12). Innovationsplattformen werden z. B. repräsentiert durch die Communities der bekannten Betriebssysteme, wie *Windows, iOS* oder *Android,* oder durch Datenplattformen, wie beispielsweise die Cloud-Dienste *Microsoft Azure* oder die *Amazon Web Services (AWS)* (Vgl. Steur, 2022, S. 13). Die vier möglichen Ausprägungen von Plattformen werden in Abschn. 6.1 dieses Lehrbuchs ausführlich diskutiert.

4.5 Digitale Plattformen für die Prozess- und Serviceimplementierung

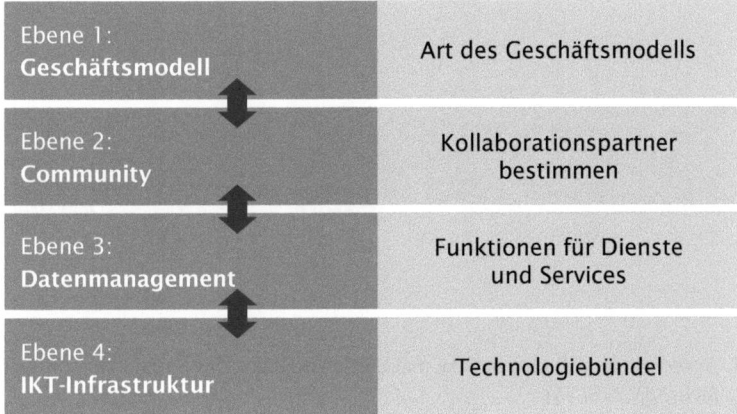

Abb. 4.13 Merkmalsebenen digitaler Plattformen. (Eigene Darstellung in Anlehnung an Hemmrich et al., 2024, S. 24)

4.5.2 Vorgehensmodell zum Aufbau und Betrieb digitaler Plattformen

Die Herausforderungen, denen sich Organisationen beim Aufbau und Betrieb digitaler Plattformen stellen müssen, sind im vorangehenden Abschnitt herausgearbeitet worden. In diesem Abschnitt stellen die Autoren sechs Phasen vor, die für einen erfolgreichen Aufbau und Betrieb von digitalen Plattform durchlaufen werden müssen. Diese sechs Phasen bauen auf Empfehlungen auf, die aus unterschiedlichen Forschungsfeldern in diesem Kontext resultieren: So bilden die Gestaltung der Plattformarchitektur, die Erfolgsfaktoren für den Betrieb, die Motivation von Nutzern zur Teilnahme, das Ertragsmodell der Plattform, ihre Offenheit und die Passung zur gewählten Wettbewerbsstrategie wichtige Gestaltungsfaktoren dieser sechs Phasen. Zusätzliche Faktoren zur Ausgestaltung der sechs Phasen liegen in dem der jeweiligen Plattform zugrunde liegende Geschäftsmodell, ggf. erweitert um komplementäre Produkte und Dienstleistungen, Regeln für den Ordnungsrahmen, der vom jeweiligen Ökosystem, in welches die Plattform eingebettet ist, bestimmt wird (Vgl. Steur, 2022, S. 14 f.).

Aus den sechs Phasen, welche die vorangehend genannten Gestaltungsfaktoren aufnehmen, entsteht ein Vorgehensmodell zum Aufbau und Betrieb digitaler Plattformen (Vgl. Abb. 4.14). Nachfolgend werden die inhaltlichen Schwerpunkte dieser sechs Phasen erläutert (Vgl. Steur, 2022, S. 15 f.):

- Phase 1 – Ökosystem-Design: In der Phase des *Ökosystem-Designs* werden die Plattformteilnehmer aus den Marktakteuren des Plattformökosystems identifiziert und differenziert. Im Anschluss wird das Leistungsangebot der digitalen Plattform festgelegt

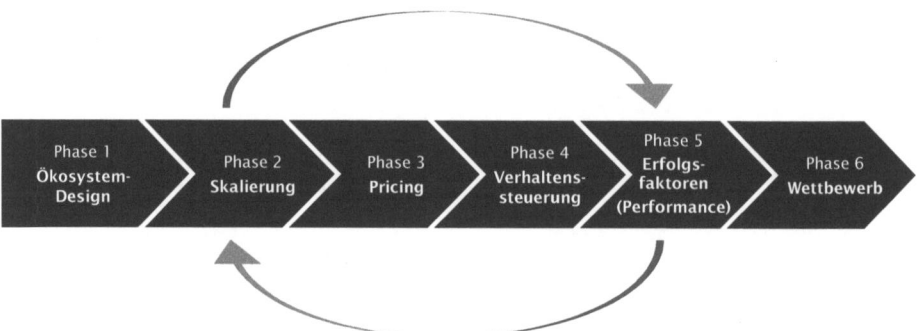

Abb. 4.14 Vorgehensmodell zum Aufbau und Betrieb digitaler Plattformen. (Eigene Darstellung in Anlehnung Steur, 2022, S. 15)

und die Art und Weise der Anbindung ihrer Nutzer und damit die Plattformarchitektur bestimmt.
- Phase 2 – *Skalierung:* Aufbauend auf den Ergebnisse der ersten Phase werden Strategien zur Nutzergewinnung abgeleitet. Hier müssen die oben beschriebenen Startprobleme durch eine ggf. fehlende Motivation von Interessenten gelöst werden. Allgemeine Strategien müssen dafür um weitere Instrumente ergänzt werden, um das Erreichen einer kritischen Masse von Plattformteilnehmern durch eine Diffusion zu gewährleisten.
- Phase 3 – Pricing: In der dritten Phase müssen *Pricing*-Modelle durch eine Differenzierung der beteiligten Marktakteure entwickelt werden. Die in der vorangehenden Phase gefundenen Skalierungsstrategien und zusätzlichen Instrumente zur Interessentenmotivation sind bei der Entwicklung des Preismodells zu berücksichtigen.
- Phase 4 – *Verhaltenssteuerung:* Mit geeigneten Strategien und Instrumenten wird in der nachfolgenden Phase eine Koordination der externen Ressourcen der digitalen Plattform sichergestellt. Eine hohe Nutzungsqualität und die Etablierung einer Governance können zusätzliches Vertrauen schaffen.
- Phase 5 – Erfolgsfaktoren (Performance): In dieser Phase werden unter Beachtung der Entwicklungsphase Ziele erarbeitet, die mit passgenauen Kennzahlen operationalisiert werden müssen. Eine Basis dafür bilden Qualitätskriterien, welche geeignete Kennzahlen und damit die *Performance* der Plattform repräsentieren.
- Phase 6 – *Wettbewerb:* In dieser letzten Phase werden die Wettbewerbsstrategien für die Positionierung der Plattform im Marktgeschehen bestimmt. Wichtig ist in dieser Phase der Einsatz von Instrumenten zur Interessentengewinnung und Nutzerbindung.

4.5.3 Digitale Plattformen und Smart Services

Über einen langen Zeitraum war das Erbringen von Dienstleistungen für Industrieunternehmen ein notwendiges Übel, um den Verkauf und die Installation von Maschinen, Anlagen und anderen physischen Gütern zu befördern. Der intensive und internationale Wettbewerb sowie die gestiegenen Anforderungen der Kunden machen es demgegenüber heute notwendig, dass dem Angebot von Dienstleistungen ein anderer Stellenwert zukommt. Auch bietet die Digitalisierung den Industrieunternehmen neue Möglichkeiten, ihr Geschäftsmodell durch Dienstleistungsangebote aufzuwerten. Doch der Aufbau eines Dienstleistungsgeschäfts als ein wichtiger Schritt in Verbindung mit einer digitalen Transformation kann nur funktionieren, wenn die Bedürfnisse der Nachfrager im Mittelpunkt der Marktbearbeitung stehen und sich im Unternehmen die Überzeugung durchgesetzt hat, dass eine Serviceorientierung auch unternehmenskulturell verankert werden muss (Vgl. Noz, 2021, S. 13). Denn Digitalisierung bedeutet nicht nur technologischen Fortschritt, sondern auch konzeptionelle Veränderungen bis hin zu einem neuen Verständnis von Geschäft und damit verbundenen Veränderungen in der Prozessgestaltung. Die Digitalisierung ist keine allgemeine Querschnittsaufgabe, sondern sie muss ein Geschäftsmodell strategisch fundiert so verändern, dass Wachstum erreicht, die Profitabilität des jeweiligen Unternehmens gesteigert und die Position des Unternehmens im Wettbewerb durch eine Differenzierung gestärkt werden. Auch kann ein Dienstleistungsangebot damit zu einem kalkulierbaren und vielleicht sogar krisenfesten Umsatzanteil werden (Vgl. Noz, 2021, S. 14).

Die Digitalisierung und die Entwicklung, die mit dem Begriff *Servitization* bezeichnet werden kann, ermöglichen Organisationen das Erschließen neuer Geschäftsoptionen. Hier bezeichnet „Servitization [...] einen Geschäftsmodell-Trend weg vom reinen Verkauf eines Produktes hin zum Erbringen von (zusätzlichen) Services" (Bertram, 2022). Diese Sicht repräsentiert einen generellen Trend von einer Sachleistungs- zu einer Dienstleistungsorientierung, der durch digitale Plattformen gefördert wird. Denn mit digitalen Plattformen können Organisationen Funktionalitäten nutzen, welche die Bereitstellung und den Einsatz digital unterstützte Dienstleistungen, sog. *Smart Services*, unterstützen. Zudem erweitern Smart Services den Nutzen digitaler Plattformen, weil die mit ihrer Nutzung anfallenden Daten wiederum analysiert und zur Prozessoptimierung verwendet werden können. Bei der Umstellung der Leistungsbereitstellung auf digitale Plattformen und Smart Services müssen Organisationen ihre Marktleistung ggf. gravierend verändern müssen. Neben der Fähigkeit zur Handhabung einer generell größeren Komplexität durch den Technologieeinsatz müssen diese Organisationen neue Kompetenzen zur Datenanalyse, sog. *Big Data Analytics,* aufbauen, um das eigene Angebotsportfolio zielführend um Smart Services ergänzen zu können. Die genannten Kompetenzen sind Teil eines *Smart Service Engineering,* das die Planung, Entwicklung, Implementierung und Fakturierung von Smart Services umfasst. Dabei gelangen neue Teilprozesse, Rollenbilder und Leistungsstrukturen in den Fokus der Organisationsgestaltung, denn Smart Services

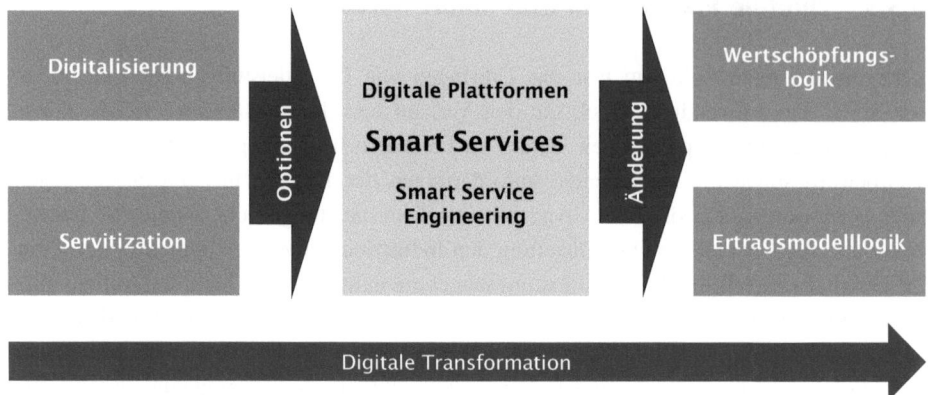

Abb. 4.15 Smart Services und digitale Transformation. (Eigene Darstellung)

und das Smart Service Engineering haben die Transformation wesentlicher Teile der *Wertschöpfungs- und Ertragsmodelllogik* zur Folge, die deutlich kunden- und marktorientierter gestaltet werden müssen (Vgl. Hemmrich et al., 2024, S. 32 ff.) (Vgl. Abb. 4.15).

Bei einer wertkettenübergreifenden Zusammenarbeit mit Marktpartnern in der Wertschöpfung müssen die Kooperationspartner entscheiden, wie die Transaktionen und Geschäftsprozesse ausgestaltet werden, denn diese müssen mindestens eine gemeinsame Nutzung von Daten als Voraussetzung für eine Nutzung von Smart Services über die Plattform umsetzen. Aus diesem Grund müssen Plattformen über einen eigenen Kontext verfügen, in dem die Marktpartner unabhängig von den Sach- und Dienstleistungen agieren (Vgl. Hemmrich et al., 2024, S. 36).

Ein Beispiel aus der Wohnungs- und Immobilienwirtschaft für die Serviceorientierung in der beschriebenen Art zeigt das *digitaleAufzugsmanagement*. Dies umfasst neben dem Betrieb von Aufzugsanlagen in Gebäuden sowie dem Monitoring bzw. der Überwachung dieser Anlagen deren vorausschauende Wartung sowie ESG-Optimierung. Diese Aufgaben werden entweder durch den jeweiligen Aufzughersteller, wie *TK Elevator*, *Otis* oder *Schindler*, ausgeführt oder durch technische Dienstleister, wie *Hundt Consult* oder *TÜV Süd*. Das Aufzugsmanagement hat bereits einen hohen Reifegrad der Digitalisierung erreicht. Eine digitale Vernetzung und die Softwaresteuerung der Aufzugsanlagen sind mittlerweile Standard (Vgl. Galenza, 2022). Remote-Updates der Anlagensteuerung halten diese immer auf dem neuesten Stand und stellen die permanente Einhaltung der IT-Schutzziele sicher. Weiterhin realisiert die Anlagensteuerung im Zusammenspiel mit intelligenten Assistenzsysteme einen effizienten Betrieb der Aufzugsanlagen durch die Optimierung der Fahrwege und die Aktivierung eines Energiesparmodus in Zeiträumen ohne bzw. mit geringer Frequentierung der Anlagen. Damit lassen sich erhebliche Betriebskosten sowie CO_2-Emissionen einsparen. Weiterhin sind moderne, digitalisierte

Aufzugsanlagen mit IoT-Technologien ausgestattet, über welche eine permanente Live-Analyse des Ist-Zustands der Anlagen sowie aufgrund der möglichen Erfassung jeweils aktueller Daten ein detailliertes Monitoring der Betriebsleistung der Anlagen *(Active Machine Monitoring)* vorgenommen werden kann (Vgl. Busse, 2022). Mit der ergänzenden Verknüpfung von Anlagen über eine IoT-Plattform ist es möglich, diese physischen mit virtuellen Objekte zu vernetzen und sie zusammenarbeiten zu lassen. Die aufgenommenen Daten der Aufzugsanlagen werden in Echtzeit aufbereitet und in einem Dashboard visualisiert. Somit haben das Facility Management und/oder die dienstleistenden Betreiber der Anlagen jederzeit Zugriff auf diese Daten und Transparenz über den Zustand der Anlagen bzw. deren Wartungsbedarfe. Schwachstellen sind frühzeitig erkennbar und es kann eine vorausschauende Wartung geplant und vorgenommen werden.

Beispiele für Smart Services im digitalen Aufzugsmanagement sind KI-gestützte Agenten für die Aufzugsteuerung, die zeitraumbezogene Bewegungsmuster der Aufzüge erkennen und damit eine Optimierung der Fahrwege umsetzen können. Weiterhin können KI-basierte Assistenzsysteme in einer IoT-Plattform die aufgenommenen Daten von Aufzugsanlagen analysieren, Anomalien erkennen und potenzielle Schwachstellen von Aufzugskomponenten identifizieren. Dies ermöglicht eine frühzeitige gezielte Wartung bzw. Instandhaltung der Aufzugsanlagen, bevor ein Ausfall eintritt. Auch lassen sich mittels der KI-basierten Assistenzsysteme Wartungszeitpunkte optimieren, indem diese Systeme den Zustand der Anlagen sowie die Betriebsbedingungen überwachen (Vgl. FM-Connect, o. J.).

4.6 Zusammenfassung – Strategien und Ansätze des Informationsmanagements

Das Informationsmanagement ist ein zentrales Element der Unternehmensführung, das darauf abzielt, den Einsatz von Informationen in Geschäftsprozessen zu optimieren. Es umfasst Planung, Steuerung und Kontrolle von Informationen sowie der dafür verwendeten Systeme und Technologien, um die Wertschöpfung zu verbessern und die Wettbewerbsfähigkeit zu stärken. So adressiert das Informationsmanagement mit den Ebenen *Informationswirtschaft, Informationssysteme* sowie *Informations- und Kommunikationstechnik* alle technischen Felder, die im Zuge einer digitalen Transformation von Geschäftsprozessen auszugestalten sind. Ergänzend schließt es Querschnittsfelder, wie die IT-Strategie und das IT-Controlling, als rahmengebene Faktoren in die Gestaltung der digitalen Transformation mit Blick auf die Wertschöpfung ein.

Die Transformation von digitalen Geschäftsmodellen bildet eine wichtige Voraussetzung, um den Anforderungen der digitalen Transformation auf operativer Ebene sowie damit verbunden den Anforderungen des Wettbewerbs gerecht zu werden. Digitalisierte Produkte, Dienstleistungen und/oder Erlebnisse, unterstützt durch moderne IT-Systeme und digitale Technologien, bilden den Kern dieser Entwicklung, die geeignete

Wertschöpfungsstrukturen und damit die digitale Transformation der wertschöpfenden Geschäftsprozesse verlang. Im Zusammenhang mit der praktischen Umsetzung digitaler Geschäftsprozesse bilden Workflow Management Systeme (WfMS) wichtige Befähiger, welche die Ausführung und Überwachung dieser Geschäftsprozesse überwachen.

Die Integration von Plattformmodellen in digitale Ökosysteme stellt eine Möglichkeit der Ausführung digitalisierter Geschäftsprozesse dar Grundsätzlich werden derartige Geschäftsprozesse, die vielfach über das Internet abgewickelt werden, mittels moderner netzwerkbasierter Systemarchitekturen und Kommunikationsstrukturen, wie Serviceorientierten Architekturen (SOA) oder Web-Services nutzbar gemacht. Sie fördern die Interoperabilität und ermöglichen es Organisationen, auf veränderte Marktbedingungen zu reagieren.

4.7 Orientierungsfragen

4.7.1 *Worin liegen die Hauptaufgaben des Informationsmanagements in einer Organisation?*
4.7.2 *Welche Rolle spielt Wissen im Wettbewerbsumfeld und wie hängt es mit dem Informationsmanagement zusammen?*
4.7.3 *Welches sind die Merkmale einer service-orientierten Architektur (SOA)?*
4.7.4 *Worin liegt der Unterschied zwischen einem Geschäftsprozess und einem Workflow?*
4.7.5 *Nennen und beschreiben Sie die Phasen des Vorgehensmodells zum Aufbau und Betrieb digitaler Plattformen.*

Literatur

Bertram, C. (2022). *Servitization: Neue Chancen für produzierende Unternehmen.* FLS GmbH. https://fastleansmart.com/blog/servitization-definition-tipps/. Zugegriffen: 10. Nov. 2024.

Busse, l. v. (2022). *Digitales Aufzugsmanagement – wie Liftanlagen ESG-Ziele unterstützen.* Blackprint. https://www.blackprint.de/blog/wie-liftanlagen-esg-ziele-unterstuetzen Zugegriffen: 11. Dez. 2024.

Fasnacht, D. (2023). *Offene und digitale Ökosysteme: Mehrwert durch Branchen- und Technologiekonvergenz.* Springer Gabler.

Fließ, S., Dyck, S., & Volkers, M. (2024). *Management von Dienstleistungsprozessen: Service Co-Creation – Service Experience – Service Value.* Springer Gabler.

FM-Connect. (o. J.). *KI-Einsatz in Betriebselevator-Systemen analysieren.* FM-Connect.com. https://aufzug.fm-connect.com/strategie/ai/. Zugegriffen: 11. Dez. 2024.

Gadatsch, A. (2023). *Grundkurs Geschäftsprozess-Management – Analyse, Modellierung, Optimierung und Controlling von Prozessen* (10. Aufl.). Springer Vieweg.

Galenza, K. (2022). *Digitaler Aufzugsbetrieb – Von der Betriebsdatenerfassung bis zum Notfallplan. Artikel, FM 04/20222.* Bauverlag. https://www.facility-management.de/artikel/fm_Digitaler_Aufzugsbetrieb-3804947.html. Zugegriffen: 11. Dez. 2024.

Hemmrich, S., Wortmann, F., Lüttenberg, H., Gradert, T., Kämmerling, S., Meyer, M., & Scholtysik, M. (2024). Grundlagen. In D. Beverungen, R. Dumitrescu, A. Kühn, & C. Plass (Hrsg.), *Digitale Plattformen im industriellen Mittelstand – Strategien, Methoden, Umsetzungsbeispiele*. Springer Vieweg.

IONOS. (2021). *Webservices: Dienste von Maschine zu Maschine*. IONOS SE. https://www.ionos.de/digitalguide/websites/web-entwicklung/webservice/. Zugegriffen: 1. Okt. 2024.

IONOS (2023). *Repository: Alles Wissenswerte zum Verzeichnis für digitale Archive*. IONOS SE. https://www.ionos.de/digitalguide/server/knowhow/repository/. Zugegriffen: 9. Dez. 2024.

Jacobi, T. (2021). *Digitale Plattform für den Innovation Hub 13. Working Paper, No. 003*. Technische Hochschule Wildau/BTU Cottbus. https://hdl.handle.net/10419/251342. Zugegriffen: 11. Dez. 2024.

Krcmar, H. (2015). *Informationsmanagement* (6. Aufl.). Springer Gabler.

Melzer, I. (2010). *Service-orientierte Architekturen mit Web Services: Konzepte – Standards – Praxis* (4. Aufl.). Spektrum Akademischer Verlag.

Noz, R. (2021). Fünf Schritte zu einem erfolgreichen industriellen Servicegeschäft. In K. Altenfelder, D. Schönfeld, & W. Krenkler (Hrsg.), *Services Management und digitale Transformation – Impulse und Beispiele für die erfolgreiche Umsetzung digitaler Services*. Springer Gabler.

Steur, A. (2022). *Digitale Plattformen erfolgreich aufbauen und steuern – Grundlagen, Vorgehen, Beispiele*. Springer Gabler.

Organisationsübergreifende Geschäftsprozesse

5

Wertschöpfung kann in vielen Fällen nicht isoliert von einer einzigen Organisation betrieben werden. Vielmehr muss sie im Zusammenspiel unterschiedlicher Akteure – bei Dienstleistungen vielfach unter Einbindung der Kunden – erfolgen. Dies bedeutet, dass die entsprechenden Geschäftsprozesse möglichst durchgängig über die Grenzen von Organisationen und Organisationseinheiten ausgeführt werden müssen. Um eine reibungslose Ausführung dieser Geschäftsprozesse sicherzustellen, müssen diese vielfältige Anforderungen hinsichtlich Standardisierung, Datenaustausch, IT-Einsatz sowie organisatorischer und technischer Zusammenarbeit erfüllen. Diese Anforderungen lassen sich durch unterschiedliche Maßnahmen erfüllen, sowohl in den Organisationen und den Geschäftsprozessen selbst als auch durch die Etablierung von Ökosystemen mit einer zentralen digitalen Serviceplattform, in welchen die Akteure interagieren.

Das vorliegende Kapitel diskutiert die Anforderungen an organisationsübergreifende Prozesse, die Möglichkeiten einer automatisierten Unterstützung von Geschäftsprozessen sowie die Potenziale von Ökosystemen für die Ausführung organisationsübergreifender Geschäftsprozesse. In diese Diskussion spielen wettbewerbsstrategische Überlegungen hinein, es werden Beschreibungsmodelle für organisationsübergreifende Geschäftsprozess dargestellt und technische Lösungsansätze aufgezeigt, die insbesondere eine Handhabung digitalisierter Geschäftsprozesse zwischen unterschiedlichen Organisationen unterstützen. Die Autoren gehen im Einzelnen auf die folgenden Punkte ein:

- Zunächst werden das Wettbewerbsumfeld für Unternehmen als Treiber der Zusammenarbeit zwischen unterschiedlichen Akteuren sowie die wichtigsten organisatorischen und technischen Anforderungen an eine solche Zusammenarbeit beschrieben. Um eine Einordnung einer solchen Zusammenarbeit hinsichtlich der Geschäftsprozesse vornehmen zu können, werden diese entlang technologischer Entwicklungsstufen sowie ihre Potenziale für die Gestaltung von Geschäftsprozessen aufgezeigt. Daraus entwickelt sich ein Stufenmodell für die Ausgestaltung unternehmensübergreifender Geschäftsprozesse.

- Die mögliche Automatisierung organisationsübergreifender digitaler Geschäftsprozesse bildet ein wichtiges Gestaltungsinstrument, um deren effizienten und reibungslosen Ablauf zu unterstützen. Wichtige Instrumente bilden hierbei *Process Mining* und *Robotic Process Automation (PRA)*, für deren zielführende Nutzung zunächst Prozessmodelle aufzubauen sind. Diese Instrumente und deren mögliche Ausgestaltung zur Unterstützung von organisationsübergreifenden Prozessen werden im zweiten Abschnitt dieses Kapitels dargestellt.
- Abschließend wird die strategische Bedeutung digitaler Ökosysteme für die Wertschöpfung und für die Abwicklung organisationsübergreifender Geschäftsprozesse dargestellt. Als Übergang zum nachfolgenden Kap. 6, in welchem das Management von Ökosystemen und digitalen Plattformen ausführlich diskutiert wird, nimmt der letzte Abschnitt dieses Kapitels eine erste Einordnung digitaler Ökosysteme vor und stellt den Zusammenhang zu digitalen Plattformen her.

5.1 Abwicklung von digitalen Geschäftsprozessen über Organisationsgrenzen hinweg

Um im Wettbewerb bestehen zu können, agieren Organisationen heute vielfach in kooperativen Strukturen, in denen die Wertschöpfung und damit die Geschäftsprozesse über Organisationen und/oder Organisationseinheiten hinweg ausgeführt werden. Hier stellt insbesondere das in kooperativen Strukturen notwendige Echtzeitverhalten hohe Anforderungen an funktionierende Geschäftsprozesse, die entsprechend der Kooperations- und Kollaborationsstrukturen durch digitale Technologien unterstützt werden müssen. Die Ausgestaltung der eingesetzten digitalen Technologien hängt teilweise von Grad der kooperativen Geschäftsprozessgestaltung ab. Sie erfordern integrierte Informationssysteme, wie z. B. *Enterprise Resource Planning (ERP)*-Systeme, für die Ausführung intrabetrieblicher Geschäftsprozesse, einen organisationsübergreifenden integrierten Datenbestand und moderne Schnittstellen zwischen den für die Ausführung von interbetrieblichen Geschäftsprozessen eingesetzten IT-Systeme sowie internetbasierte IT-Infrastrukturen für den Betrieb von Geschäftsprozessnetzwerken. Die Potenziale dieser technischen Elemente und ihre Ausgestaltung werden in diesem Abschnitt auf der Grundlage der Wettbewerbsanforderungen an kooperative Geschäftsprozesse entlang eines Entwicklungsstufenmodells beschrieben.

5.1.1 Wettbewerb als Treiber von Unternehmenskooperationen

Moderne Organisationen müssen heute vielfach „in Echtzeit" agieren können, was eine Standardisierung von unternehmensübergreifenden Prozessen voraussetzt, um diese Anforderung zu erfüllen. Außerdem werden zur Unterstützung von Wertschöpfungsnetzwerken, in denen Unternehmen miteinander interagieren, unterschiedliche IT-Systeme eingesetzt und insbesondere im Zusammenhang mit der digitalen Transformation reicht eine Fokussierung auf eine organisationsinterne Prozessgestaltung für eine effiziente durchgängige Wertschöpfung nicht aus. Weiterhin steigen die Anforderungen an wertschöpfende Organisationen stetig an, da im Innovationswettlauf neue Produkte und Dienstleistungen zunehmend schneller, individualisierter und unter hohem Kostendruck entwickelt werden müssen. Diese Anforderungen verändern die Wertschöpfung grundlegend. In manchen Wettbewerbsszenarien können nur noch Anbieter Gewinne erzielen, die ihr Angebot leistungsfähig und vor der Konkurrenz im Markt platzieren. Anbieter, welche die Marktbearbeitung zu spät starten, können die Gewinnschwelle mit ihren Produkten und Dienstleistungen häufig nicht erreichen. Unter dem Eindruck vergangener und aktueller disruptiver Marktveränderungen – hier seinen beispielsweise die Folgen der Finanzkrise oder der Corona-Pandemie genannt – müssen Organisationen sehr schnell agieren und reagieren, wenn sie nicht aus dem Marktgeschehen gedrängt werden wollen (Vgl. Spath et al., 2005, S. 13 f.).

In diesem Kontext ist auch der direkte Zusammenhang zwischen Geschwindigkeit und Kosten relevant: Unternehmen streben nach schnellen Prozessen, was einerseits ein Eliminieren aller nicht notwendigen Aktivitäten erfordert, und andererseits einen Reifegrad in der Digitalisierung der Prozesse verlangt, der nur durch den Einsatz geeigneter IT-Lösungen zu realisieren ist. Eine Prozessbeschleunigung in dieser Art verlangt weiterhin Prozessvereinfachung und -automatisierung und resultiert i. d. R. in Effizienzgewinn und Prozesskostenreduzierung. Durch den Einsatz von digitalen Technologien lassen sich Fortschritte erzielen, die eine Standardisierung der Prozesslandschaft und den Einsatz von integrierten Informationssystemen voraussetzen. Systeme für ein *Enterprise Resource Planning (ERP)*, ein *Workflow Management* und *Dokumentenmanagement* gehören zum Lösungsportfolio in nahezu jedem Unternehmen in jeglichen Branchen – auch in der Wohnungs- und Immobilienwirtschaft. Obwohl Unternehmen ihren Blick an dieser Stelle oft lediglich nach innen richten, gehen sie mehr und mehr dazu über, ihre Marktpartner, Lieferanten und Kunden in die Prozessbetrachtung miteinzubeziehen. Das Ziel liegt in einer Optimierung der gesamten Prozesslandschaft in kooperativen Szenarien einer vernetzten Wertschöpfung und damit in einer unternehmens- bzw. organisationsübergreifende Prozesssteuerung mit schnellem Informationsaustausch (Vgl. Spath et al., 2005, S. 14 f.).

Eine Digitalisierung der Zusammenarbeit zwischen Unternehmen erfolgt bereits durch *E-Business-Lösungen, Unternehmensportale* und *gemeinsame Entwicklungsplattformen*. Standardisierungsinitiativen, wie sie beispielsweise im Zusammenhang mit *Industrie 4.0* zu beobachten sind, geben Antworten auf die bestehenden Herausforderungen. Denn die

Standardisierung von Geschäftsprozessen und deren Schnittstellen ist eine zentrale Notwendigkeit, um eine hohe Verbreitung von Kollaborationsfähigkeit zu realisieren. Neben physischen Produkten und ihrer Herstellung betrifft die Notwendigkeit einer Standardisierung Dienstleistungen, die beispielsweise als *Smart Services* einen wichtigen Beitrag zu Produktivitätssteigerung und Rationalisierung leisten (Vgl. Spath et al., 2005, S. 15 f.).

5.1.2 Geschäftsprozessmanagement und Echtzeitverhalten

Die Praxis zeigt, dass eine organisationsübergreifende digitale Transformation und in der Folge eine vernetzte Wertschöpfung nur umgesetzt werden können, wenn die intra- und interbetrieblichen Geschäftsprozesse das Potenzial der digitalen Technologien nutzen. Nachfolgend werden vor diesem Hintergrund drei aufeinander aufbauende technologische Entwicklungsstufen und ihre Potenziale für die Geschäftsprozessgestaltung beschrieben, die sich teilweise überlappen können (Vgl. Picot & Hess, 2005, S. 32).

Stufe 1 – Intrabetriebliche Geschäftsprozesse

Die Diskussion im Zusammenhang mit einer intensiveren Unterstützung von Geschäftsprozessen durch den Einsatz moderner Informations- und Kommunikationstechnologien und -systeme wird bereits seit den 1990er Jahren geführt. Grund war seinerzeit die nicht ausreichende Integration der funktional ausgerichteten Informationssysteme in den Unternehmen, die häufig als „Abteilungsrechner" für einen funktional abgegrenzten Bereich sehr gut funktioniert haben, mit denen aber ein für die Geschäftsprozesse notwendiger Datenaustausch zwischen diesen lokalen IT-Systemen mit einem erheblichen Aufwand zum Aufbau von Schnittstellen verbunden war. Nicht selten scheiterten Projekte an Komplexitätsproblemen oder im Vorfeld bei der Machbarkeitsprüfung aufgrund der zu erwartenden Kosten. Ein Fortschritt stellten die integrierten Informationssysteme dar, die mit standardisierten Funktionen und einer zentralen Datenhaltung als Standardanwendungssysteme die Prozesslandschaft prägten. Zunächst standen auch hier die Prozesse innerhalb der Unternehmen im Vordergrund des Systemeinsatzes. Beispiele sind die Auftragsbearbeitung und Produktion in Industrieunternehmen oder die Querschnittsfunktionen im Finanz- und Personalbereich von Unternehmen. Die Integration brachte deutliche Verbesserungen, weil sie über eine kontinuierliche Auswertung von Kennzahlen eine Prozessoptimierung ermöglicht hat. Der Einstieg in eine prozessorientierte Organisation ist damit gelungen, auch wenn die damit verbundenen Ziel nicht immer vollständig erreicht worden sind. Allerdings gelang damit meistens eine Etablierung einer eindeutigen und abteilungsübergreifenden Prozessverantwortung sowie einer tauglichen Prozesskontrolle (Vgl. Picot & Hess, 2005, S. 32 f.).

In der aktuellen Situation ist die innerbetriebliche Integration von Systemen und Prozessen auch durch die Digitalisierung weiter fortgeschritten. Insbesondere die Möglichkeiten, die durch den Einsatz intelligenter Informations- und Kommunikationstechnologien geschaffen worden sind, leisten einen wichtigen Integrationsbeitrag, den die beiden Begrifflichkeiten *Smart Devices* und *Smart Services* prägnant repräsentieren. Viele Objekte, Güter, Werkstücke und Maschinen sind heute vernetzt und agieren als intelligente Teilnehmer in einem *Internet of Things (IoT)* in den Geschäftsprozessen. Die Digitalisierung hat also die intrabetrieblichen Geschäftsprozesse auf ein höheres Niveau gehoben.

Stufe 2 – Interbetriebliche Geschäftsprozesse
Während in der ersten Stufe der Fokus auf dem Ausschöpfen von Verbesserungspotenzialen innerhalb eines Unternehmen liegt, geht der Ansatz in der zweiten Stufe stärker in Richtung einer Optimierung der zwischenbetrieblichen Geschäftsprozesse. Wichtiger Integrationsbereich sind auch hier die Informationen, deren Austausch zwischen Unternehmen nach Möglichkeit standardisiert erfolgen soll. Die Lösungsmöglichkeiten haben sich hier in den vergangenen 20 Jahren stark verbessert, da die Infrastruktur für eine unternehmensübergreifende Vernetzung vormals mit viel Aufwand von den Unternehmen realisiert werden musste, Netzwerkverbindungen heute durch das Internet unternehmensübergreifend und jederzeit verfügbar vorhanden sind. In einem ersten Schritt sind Vereinbarungen zur prozessualen Ausgestaltung und zu den Datenformaten an den Schnittstellen getroffen worden; damit konnten bereits sehr gute Ergebnisse für die Kommunikation erzielt werden. Insbesondere die Verbindung von Unternehmen in einer Lieferkette stellt ein Beispiel für die entsprechende unternehmensübergreifende Kommunikation dar und mit einer *Just-in-Time-Belieferung* können die Prozesslandschaften von Industrieunternehmen effizienter gestaltet werden.

Auch die Anbieter von standardisierten informationstechnischen Systemen können an den technologischen Möglichkeiten partizipieren und mit der Einrichtung von Schnittstellen die Kommunikationsintegration zwischen Unternehmen oder Organisationseinheiten innerhalb eines Unternehmens erleichtern. Einschränkend muss angemerkt werden, dass die Integration über entsprechende IT-Systeme für zentral organisierte Unternehmen leichter realisiert werden kann. Dezentral strukturierte Unternehmen können den notwendigen Integrationsgrad, der eine Voraussetzung für die Effizienz einer solchen Vernetzung ist, oft nicht erreichen. Unternehmen, die in einem interbetrieblichen Geschäftsprozess kooperieren, verfolgen jeweils ihre eigenen Ziele. So hängt die Zielerreichung oft in erheblichem Maße von der Verhandlungsmacht der beteiligten Akteure ab. Diese Problematik ist aus dem Beispiel der Zulieferindustrie der Automobilhersteller bekannt: Im Automotive-Bereich kann die Prozessgestaltung soweit abgestimmt sein, dass sich aus den Machtverhältnissen Abhängigkeitsverhältnisse ergeben, die in Krisenzeiten der Branche zu großen Verwerfungen auf der Seite der Zulieferer führen können. So führen aktuell beispielsweise die strukturellen Änderungen, die durch die angestrebte zunehmende Elektromobilität verursacht werden, zu den geschilderten Phänomen (Vgl. Picot & Hess, 2005, S. 36 f.).

Stufe 3 – Geschäftsprozessnetzwerke
Die erste und die zweite Entwicklungsstufe der Geschäftsprozessgestaltung stellen die Gestaltungsoptionen und Mehrwertpotenziale der intra- sowie interbetrieblichen Geschäftsprozesse in den Mittelpunkt der Betrachtung. Die dritte Stufe verbindet diese beiden Konzeptansätze. So entstehen Geschäftsprozessnetzwerke als Kombination von internen und externen prozessualen Teilbereichen. Gestalterischer Ordnungsrahmen ist dabei der gesamte Wertschöpfungsprozess, der alle Aktivitäten, die zur Erstellung des Leistungsbündels aus Produkten und Dienstleistungen erforderlich sind, umfasst. Damit wird die Trennung in interne und externe Prozesse zugunsten einer ganzheitlichen gestalterischen Optimierung des unternehmensübergreifenden Prozessgeschehens aufgelöst. Treiber dieser Entwicklung sind die informations- und kommunikationstechnischen Infrastrukturelemente, insbesondere das Internet, die aufgrund ihrer Echtzeitfähigkeit eine integrierte Vorgangsbearbeitung über Unternehmensgrenzen hinweg erlauben. Damit wird ein standortunabhängiges Informationsmanagement umgesetzt, das auf abgeschlossenen Teilprozessen, die von definierten organisatorischen Einheiten in einem Netzwerk durchgeführt werden, basiert (Vgl. Picot & Hess, 2005, S. 39 f.).

Im Zuge der Organisation von Geschäftsprozessnetzwerken ist zunächst zu bestimmen, in welchen Unternehmen und Organisationseinheiten die Teilprozesse ablaufen sollen. Die Unternehmen beantworten diese Frage auch vor dem Hintergrund ihrer strategischen Ausrichtung. Tangiert ein Teilprozess die Kernkompetenz eines Unternehmens, wird dieser Teilprozess wahrscheinlich unternehmensintern abgewickelt. Auf Basis der informations- und kommunikationstechnischen Infrastruktur ergibt sich eine Standortflexibilität, welche die Geschäftsprozessgestaltung positiv beeinflussen kann, denn mit einer solchen Infrastruktur können an bestimmte Standorte gebundene spezifische Kompetenzen in nahezu beliebige Aufgabenbearbeitungen einbezogen werden. Erfolgreiche Unternehmen der Internetökonomie, beispielsweise *Amazon* oder *Ebay*, machen vor, wie auf diese Art flexible und echtzeitorientierte Wertschöpfungsstrukturen integriert werden können. Diese Unternehmen bieten über ihre Portale eine große Anzahl von Dienstleistungen/ Services an, die auswählbar und ggf. miteinander kombinierbar sind. Sie erfüllen die technischen und organisatorischen Voraussetzungen, um Wertschöpfungsprozesse vernetzt und in Echtzeit durchzuführen (Vgl. Picot & Hess, 2005, S. 40- ff.).

Abb. 5.1 unterstreicht, dass für ein Echtzeitverhalten in und zwischen Unternehmen Technologien, Systeme und Konzepte benötigt werden, die eine prozessuale und informationsseitige Integration unterstützen. Weiterhin sind die internen und unternehmensübergreifenden Abläufe so zu gestalten, dass die Potenziale dieser Technologien, Systeme und Konzepte nutzbar gemacht werden und die Geschäftsprozesse bzw. die Wertschöpfung in Echtzeit und automatisiert ablaufen können.

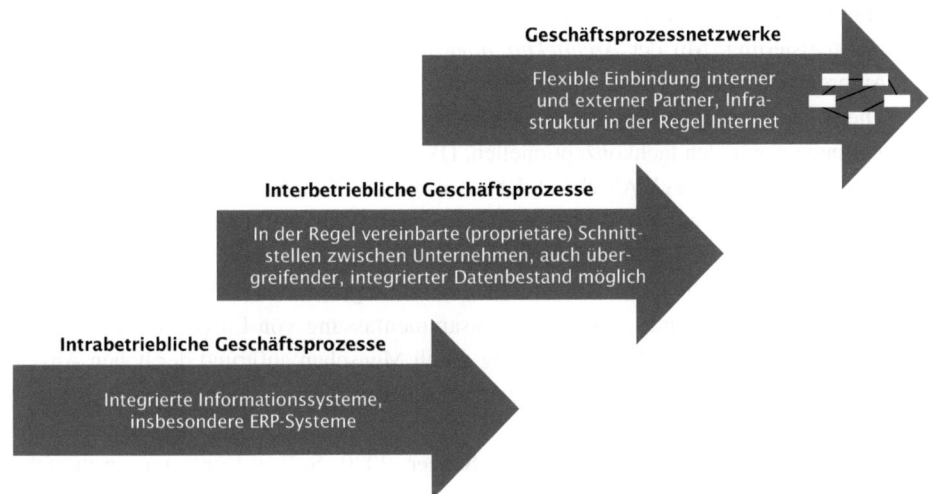

Abb. 5.1 Evolution der kooperativen Geschäftsprozessgestaltung. (Eigene Darstellung)

5.2 Automatisierte Geschäftsprozessunterstützung über System-, Standort- und Plattformgrenzen

Die Ausführungen im vorangehenden Abschnitt haben gezeigt, dass die vorhandenen Potenziale der Technologien, Systeme und Konzepte Einfluss auf die Automatisierung von Geschäftsprozessen haben. Sie führen in Kombination mit den passenden Organisationsstrukturen und Prozessen zu einer ökonomisch erfolgreichen Durchsetzung der Ziele der jeweiligen Organisation (Vgl. Scheer, 2020, S. 3). Die Treiber, die dafür wesentlich sind, stehen i. d. R. im Zusammenhang mit dem zugehörigen Geschäftsmodell, d. h. mit den einzelnen Faktoren, die von Osterwalder und Pigneur (2011) zu dessen jeweiliger Beschreibung dargestellt werden. U. a. bilden prozessunterstützende Technologien wichtige Voraussetzungen für die Automatisierung von organisationsübergreifenden Geschäftsprozessen. Daher werden die beiden wichtigsten, nämlich das *Process Mining* sowie *Robotic Process Automation (RPA)* sowie deren Bedeutung und Ausgestaltung für die automatisierten Abwicklung von organisationsübergreifenden Geschäftsprozessen in diesem Abschnitt näher betrachtet.

5.2.1 Prozessmodell und Anwendungssystem

Im Mittelpunkt der realen Umsetzung eines Geschäftsmodells stehen in der jeweiligen Organisation die Geschäftsprozesse sowie mit Bezug zur digitalen Transformation deren

Modellierung und Digitalisierung. Sie bilden die wesentliche Voraussetzung für die Prozessautomatisierung. Mit der *Architektur Integrierter Informationssysteme (ARIS)* haben die Autoren in diesem Lehrbuch bereits auf ein Rahmenwerk verwiesen, das wichtige Dienste leisten kann, um die verschiedenen Sichten auf Geschäftsprozesse, deren Beschreibung sowie den fachkonzeptionellen, DV-konzeptionellen und Implementierungsansatz zu präsentieren (Vgl. Abschn. 1.4.1). Aus diesem Konzept haben sich in der Praxis verschiedene Notationen zur fachlichen Geschäftsprozessmodellierung durchgesetzt, die in Abschn. 1.4.2 dieses Lehrbuchs dargestellt sind.

Prozessmodelle stellen die Abläufe in einer komprimierten Form und redundanzfrei dar. Eine entsprechende modellhafte Zusammenfassung von Einzelprozessen ist vor allem dann sinnvoll, wenn ihre Bearbeitung durch Menschen aufgrund der hohen Anzahl einzelner Prozessinstanzen mit einem ökonomisch vertretbaren Aufwand nicht möglich ist. Das damit konfigurierte Prozessmodell bildet die Grundlage der aus diesem Grund angestrebten Prozessautomatisierung (Vgl. Scheer, 2020, S. 74). Denn um ein digitales Geschäftsmodell in einer Anwendungssystemarchitektur abbilden zu können, wird ein Soll-Modell benötigt, entlang dessen die Prozessinstanzen ablaufen sollen. Das Prozessmodell selbst beschreibt dazu keine realen Prozesse, sondern dokumentiert ein ideales Prozessverhalten (Vgl. Scheer, 2020, S. 77).

Abb. 5.2 zeigt das Vorgehen, das bereits aus dem *Business Process Management (BPMS)* bekannt ist: Eine Bibliothek enthält die Prozessmodelle und die Prozessausführung obliegt in dieser Abbildung einem ERP-System, das der ARIS-Philosophie durch seinen integrativen Charakter und seinen funktionalen Umfang ideal entspricht. Damit kann sich die Umsetzung eines Soll-Modells für ein Laufzeitsystem aus den Parametereinstellungen des Standard-ERP-Systems (Customizing) ableiten, ergänzt werden kann dies durch die Generierung von Softwarebausteinen für ein spezifisches Anwendungssystem nach der BPMS-Architektur, die das konfigurierte Modell abbilden (Vgl. Scheer, 2020, S. 78). So lassen sich beispielsweise unterschiedliche Konfigurationen für ein Gesamtsystem durch den Einsatz von Web-Services finden. Die intrabetriebliche Geschäftsprozessgestaltung ist durch das ERP-System in einem Unternehmen oder durch ein BPMS, das lediglich unternehmensspezifisch modelliert wird, umsetzbar. ERP-System und BPMS können über Schnittstellen mit anderen externen Systemen kommunizieren, was eine interbetriebliche Geschäftsprozessgestaltung ermöglicht. Eine Kombination von ERP-System und BPMS, die eine Nutzung von Web-Services über die Unternehmensgrenzen hinweg als Option zulässt, führt zu einem Geschäftsprozessnetzwerk. Auch die Geschäftsprozessautomatisierung kann damit über System-, Standort- und Plattformgrenzen realisiert werden.

5.2 Automatisierte Geschäftsprozessunterstützung über …

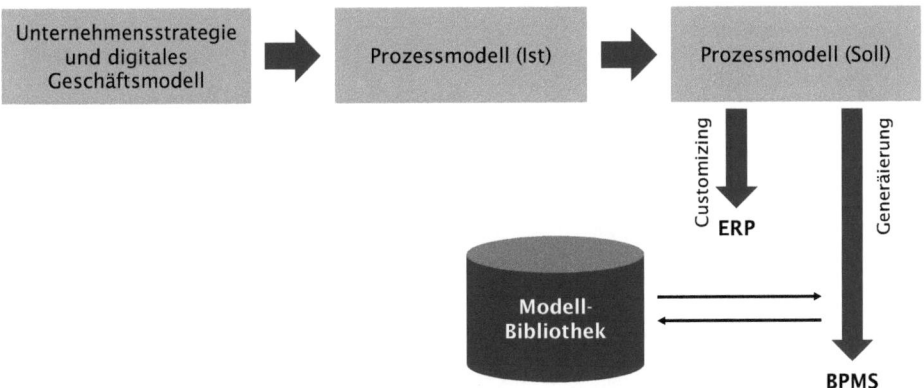

Abb. 5.2 Prozessmodell und Anwendungssystem. (Eigene Darstellung in Anlehnung an Scheer, 2020, S. 78)

5.2.2 Process Mining zur Geschäftsprozessoptimierung

Beim *Process Mining* handelt es sich um eine „Data Mining-Technik im Geschäftsprozessmanagement, mit deren Hilfe Geschäftsprozesse anhand von Logfiles und Bewegungsdaten betrieblicher Informationssysteme rekonstruiert und analysiert werden können" (Siepermann, 2018). Eine ergänzende Beschreibung des Process Mining und dessen Einbettung in ein vierstufiges Phasenmodell zur Automatisierung von Geschäftsprozessen wird in Abschn. 3.3.2 dieses Lehrbuchs vorgenommen. Voraussetzung für die zitierte Art der Optimierung von Geschäftsprozessen ist deren Transparenz und damit die Kenntnis der aufbau- und ablauforganisatorischen Zusammenhänge, in welchen diese ablaufen. Ein Process Mining kann dabei helfen, inhaltlich unbekannte Prozesse zu identifizieren/extrahieren oder bestehende Geschäftsprozesse zu überprüfen und so ihre Übereinstimmung mit der Realität zu bestätigen oder diesbezüglich Mängel aufzudecken (Vgl. Siepermann, 2018). Eine Kombination des Process Mining mit der in Abb. 5.2 dokumentierten Integration von Prozessmodell und Anwendungssystem führt auf ein Zyklus-Modell, das einem Regelkreis vergleichbar den Optimierungsablauf repräsentiert (Vgl. Abb. 5.3).

Data Mining wird bereits seit mehreren Jahren als Teildisziplin der *Data Analytics* für das Erkennen von Mustern und Zusammenhängen in Datenbeständen genutzt; dies Anwendung dieses Konzepts auf Geschäftsprozesse bezeichnet das *Process Mining*. Im Zuge des Process Mining werden die Bewegungsdaten aus den Prozessen als Logdaten kontinuierlich erfasst und über ein Monitoring strukturiert ausgewertet. In einem nächsten Schritt kann eine Analyse zu einem Abgleich von realem Ist und einem idealen Soll führen, was ggf. eine Korrektur des Soll-Modells zur Folge hat. So entstehen prozessgestalterische Handlungsempfehlungen, die zu einer systemseitigen Anpassung im Sinne einer Optimierung führen können (Vgl. Scheer, 2020, S. 86).

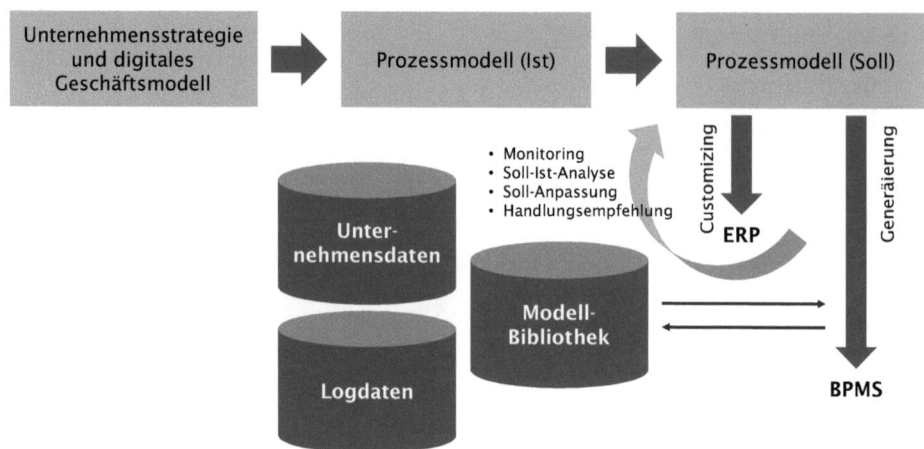

Abb. 5.3 Process Mining Zyklus. (Eigene Darstellung in Anlehnung an Scheer, 2020, S. 86)

Mit Process Mining können beispielsweise Kapazitätsengpässe ermittelt sowie die Durchlaufzeiten und die Qualität einer Auftragsbearbeitung messbar gemacht werden. Mögliche Schlussfolgerungen aus den entsprechenden Erkenntnissen können mit Unterstützung von Methoden der Künstlichen Intelligenz (KI) generiert werden (sog. *Process Intelligence*). Daraus kann sich ein neues Soll-Modell ableiten, das in der Modell-Bibliothek abgespeichert wird. Neben den Logdaten werden die von den Anwendungssystemen erzeugten Ergebnisdaten (Unternehmensdaten) im skizzierten Zyklus verwendet (Vgl. Scheer, 2020, S. 87).

5.2.3 Robotic Process Automation (RPA) zur Teil- und Vollautomatisierung

„Unter RPA – Robotic Process Automation – versteht man die automatisierte Bearbeitung von strukturierten Geschäftsprozessen durch digitale Software-Roboter. Diese innovative Technologie spielt ihre Stärken bei eindeutig strukturierten, sich wiederholender und regelbasierter Prozesse und Aufgaben aus, die von Menschen ausgeführt werden" (Safar, o. J.). Die Software-Roboter (Bots) werden i. d. R. in Anwendungssysteme integriert und übernehmen Aufgabenstellungen, die ihnen von den Systemnutzern übergeben werden. Wichtig ist dabei, dass sie mit anderen Softwaresystemen interagieren können, was ihre Einsatzflexibilität ausmacht. Im Gegensatz zu physisch existenten Maschinen der industriellen Robotik sind diese Bots jedoch physisch nicht existent, sondern als Anwendungssoftware Bestandteil von Informationssystemen. „Es handelt sich um digitale Roboter, die Prozesse gemäß ihren Anweisungen vollständig alleine abwickeln können und andere Programme wie von Geisterhand bedienen" (Safar, o. J.).

Anwendungsbeispiel für den Einsatz von *Robotic Process Automation (RPA)* liegen in Dateneingabefunktionen, Downloads oder Uploads. Die RPA-Technologie ermöglicht eine Prozessautomatisierungen, erfordert jedoch keine Veränderung an bestehenden Anwendungen. Die Art der Integration macht somit keine zusätzlichen Tests notwendig, da die eigentliche inhaltliche Funktionsausführung des mit der RPA-Technologie verbundenen Informationssystems sich nicht ändert (Vgl. Safar, o. J.). Ein Bot bildet hier die Benutzerschnittstellen zur Oberflächen der jeweiligen Systeme im Zugriff. Er führt die Arbeitsschritte aus, welche ohne diesen Bot durch eine Person ausgeführt werden. Damit können die Vorteile, die durch den industriellen Robotereinsatz erzielt werden – zum Beispiel die zeitlich nicht limitierte Verfügbarkeit – auch in der Administration und im Management nutzbar gemacht werden.

Durch die Vernetzung von Bots zu einem Botnet entstehen komplexere Strukturen und durch den Einsatz von Künstlicher Intelligenz (KI), insbesondere von Sprachenerkennung oder von maschinellen Verfahren für die Analyse strukturierten und unstrukturierten Daten, können neuartige Funktionen nutzbar gemacht werden. So lassen sich beispielsweise eingehenden Anrufen und Textnachrichten automatisiert verarbeiten und in eine Programmausführung integrieren. Die RPA-Technologie unterstützt damit komplexere Geschäftsprozesse und ermöglicht ggf. deren Vollautomatisierung. In produktiver Anwendung auch in der Wohnungs- und Immobilienwirtschaft sind bereits Chatbots zur Unterstützung des Dialogs mit (potenziellen) Mieter:innen. Der Erfolg der bereits durchgeführten RPA-Projekte zeigt, dass dieses Konzept zur Prozessautomatisierung ein Faktor einer Digitalisierungsstrategie sein kann und daher weiterhin einen größeren Einfluss auf die Ausgestaltung von Geschäftsprozessen in Organisationen haben dürfte (Vgl. Scheer, 2020, S. 120 f.).

Im EPK-Modell, welches in Abb. 5.4 dargestellt ist, übernimmt ein RPA-Bot die Überprüfung einer nicht automatisch freigegebenen Rechnungszahlung. Der Bot wendet dazu programmierte Prüfregeln an und veranlasst bei einer positiven Überprüfung die Zahlung, während bei einem negativen Ausgang der Prüfung eine Weiterverarbeitung/Klärung durch die Sachbearbeitung eingeleitet wird.

Die RPA-Technologie eignet sich insbesondere für wiederholbare und strukturierte sowie formalinhaltlich vorbestimmte Verarbeitungsschritte, wie beispielsweise das *Bearbeiten von Formularen,* die *Organisation von Daten/Informationen,* die *Organisation von strukturierten Dokumenten,* das *Durchführen von Kalkulationen und Berechnungen,* das *Verarbeiten von Webseiten und Daten aus dem Internet,* das *Vernetzen mit Sozialen Medien* oder das *Bearbeiten von E-Mails* (Vgl. Safar, o. J.). Die genannten Funktionen werden durch Softwarebausteine realisiert, welche die/der jeweilige Anwender:in mittels eines Customizing individuell einstellen kann. Erfolgt der Einsatz in einer prozessgetriebenen Umgebung, muss der ausführende Bot das Prozessmodell kennen, damit er sein Verhalten regelbasiert einstellen kann. Durch die Dokumentation aller Bearbeitungsschritte, die ein Bot ausführt, kann ein detailliertes Process Mining unterstützt werden (Vgl. Scheer, 2020, S. 125) – dies auch automatisiert. So kann der Bot z. B. alle Aktionen auf

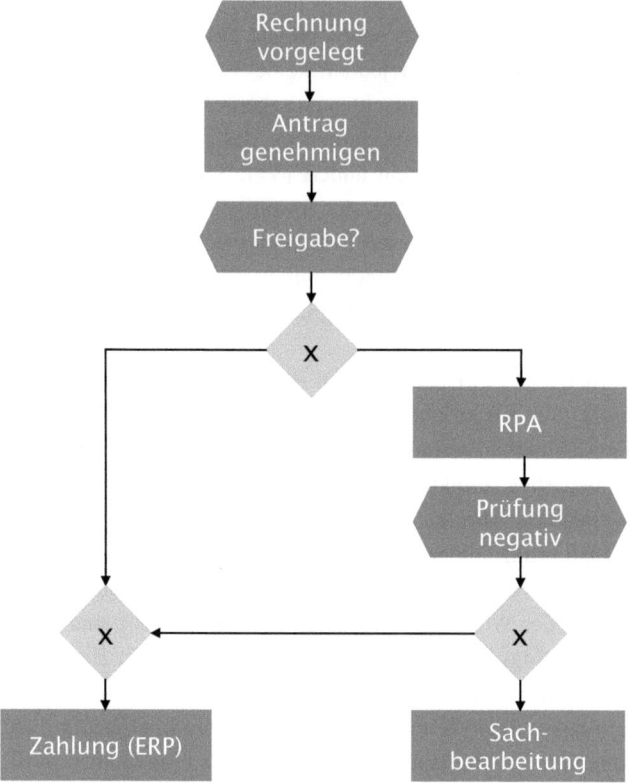

Abb. 5.4 EPK (Beispiel Zahlungsfreigabe) mit RPA-Einsatz. (Eigene Darstellung in Anlehnung an Scheer, 2020, S. 122)

einem Bildschirm verfolgen und auf der Klickebene dokumentieren. Damit lassen sich auch Programmaufrufe oder das Bearbeiten von E-Mails in Logdateien festhalten. Der Umfang der Datenerfassung übersteigt also den des Process Mining im BPM-Kreislauf, bei dem hauptsächlich die Transaktionsdaten aus einem ERP-System oder BPMS genutzt werden (Vgl. Scheer, 2020, S. 128). Die Einbindung der RPA-Technologie in eine unternehmensübergreifende Gesamtarchitektur zeigt Abb. 5.5.

5.3 Organisationsübergreifende Service-Ökosysteme

Ein organisationsübergreifendes Service-Ökosystem dient i. d. R. einem gemeinsamen Zweck für eine üblicherweise interorganisationale Zusammenarbeit. Geschäftstätigkeiten eines solchen agilen und flexiblen Netzwerks, auch als *offenes Ökosystem* bezeichnet, sind üblicherweise darauf ausgerichtet, der Marktdynamik mit ihren sich schnell ändernden

5.3 Organisationsübergreifende Service-Ökosysteme

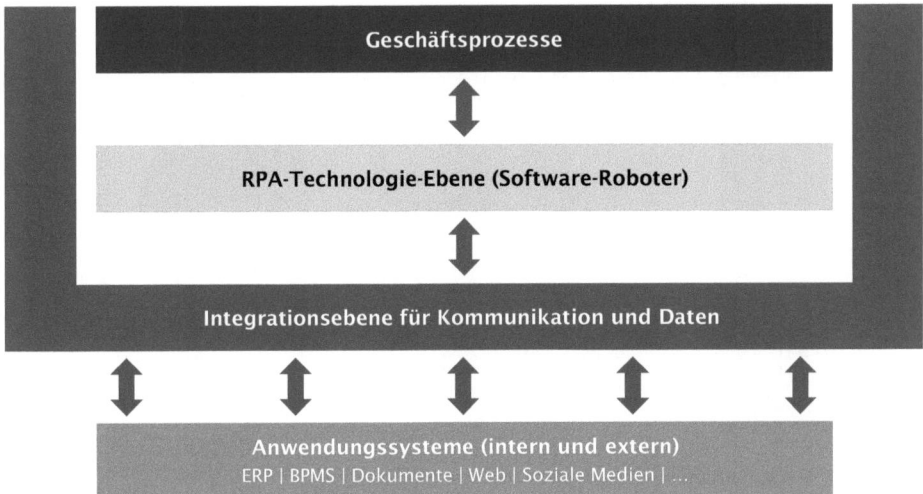

Abb. 5.5 Gesamtarchitektur mit RPA-Technologie. (Eigene Darstellung in Anlehnung an Scheer, 2020, S. 130)

Kundenbedürfnissen gerecht zu werden. Bei diesem offenen Ökosystem, das allgemein zugänglich ist, bringen unterschiedliche Akteure Technologie, Wissen und Ressourcen in das Netzwerk ein, um Wertschöpfung zu betreiben, welche bei den Kunden einen Mehrwert erzeugen. Durch die Integrationen der unterschiedlichen Stakeholder werden Informationen und Inhalte für die Netzwerkteilnehmer verfügbar gemacht. Organisationen haben in einem offenen Ökosystem die Möglichkeit, Technologiekonzepte und Services zu nutzen, die auch aus anderen Wirtschaftsbereichen stammen können. Technologieunternehmen können ihre Kernkompetenz vor diesem Hintergrund in anderen Bereichen ausspielen und damit zu aktiven Mitspielern in wichtigen Szenarien des Marktgeschehens werden. Insbesondere die amerikanischen Unternehmen der Internetökonomie haben sich auf diesem Weg führende Positionen in diesem Sektor erarbeitet (Vgl. Fasnacht, 2023, S. 136).

Die Intensität der Zusammenarbeit und der Grad der Offenheit kann sich von Ökosystem zu Ökosystem unterscheiden. So hängt der Grad der Vernetzung beispielsweise von den Beziehungen ab, die sich zur gemeinsamen Wertschöpfung etabliert haben. Weiterhin wird zwischen geschlossenen bzw. privaten (*organisationale Ökosysteme*) und offenen Wertschöpfungsnetzwerken (*interorganisationale Ökosysteme*) unterschieden. Schließlich haben sich Mischformen für spezifische Anwendungen, z. B. bei einem höheren Datenschutzbedürfnis, wie dies im Gesundheitswesen der Fall ist, etabliert (Vgl. Fasnacht, 2023, S. 137).

Mit der skizzierten Plattform-Ökonomie lassen sich Netzwerkeffekte erzielen, die sich aus der Möglichkeit einer vielfältigen Kombination von Objekten, Diensten und

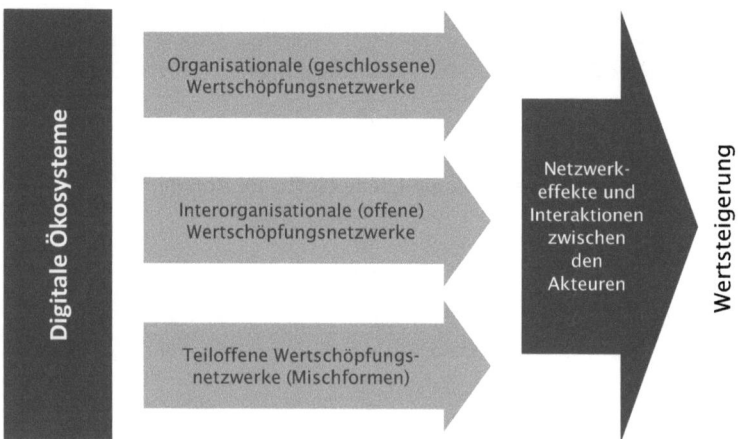

Abb. 5.6 Wertsteigerung in Ökosystemen. (Eigene Darstellung)

Akteuren in einem Internet der Dinge speisen. Diese Kombinationsmöglichkeiten führen auf spezifische digitale Geschäftsmodelle und können zahlreiche neue verknüpfte Produkte, Dienstleistungen/Services und Technologien hervorbringen. Damit verbunden ist ein sozioökonomischer Prozess, der aufgrund der potenziell ansteigenden Zahl von Interaktionen zwischen den Akteuren in zusätzlicher Wertsteigerung resultiert. Dieser Effekt erweitert die Grenzen der Wertsteigerung im Vergleich zu bilateralen Partnerschaften deutlich (Vgl. Fasnacht, 2023, S. 139) (Vgl. Abb. 5.6).

Die infrastrukturelle Basis eines Ökosystems bildet i. d. R. eine digitale Plattform, über die sich die beteiligten Marktakteure verbinden. Neben dem ökonomischen Aspekt der durch die vielfache Verbindung der Marktakteure begründeten Netzwerkeffekte führt der Erwerb von Informationen durch ihre Verknüpfung zu einem Wissenserwerb und damit Lerneffekt. Mit der Anzahl der Interaktionen und Verbindungen im Netzwerk nimmt dieser Lerneffekt zu, sodass das aufgebaute Wissen zu mehr Innovationen im Ökosystem führen kann. Diese kooperative Wissensdynamik setzt eine Art *operative Wertschöpfungslogik* für die Netzwerkteilnehmer in Gang (Vgl. Fasnacht, 2023, S. 140 f.), die das Angebot von Produkten und Dienstleistungen stark verändert.

Aus den linearen Wertschöpfungsketten entwickeln sich zudem Wertschöpfungsstrukturen für Produkte und Dienstleistungen, die sich auf mehrere Akteure aufteilen und damit flexibler agieren und reagieren können. Dadurch entsteht ein Modell der Wertschöpfung, das sich durch eine Kooperation von mehreren Akteuren auszeichnet. Zugleich kann dieses Modell im Kontext der digitalen Transformation vieler Wirtschaftsbereiche die damit verbundenen Herausforderungen besser meistern (Vgl. Fasnacht, 2023, S. 142 f.). So ist in linearen Wertschöpfungsketten ist die Leistungsfähigkeit i. d. R. nur so groß, wie es das schwächste Glied in der Kette zulässt. Im ökosystemischen Netzwerk gibt es hingegen keine linear gekoppelten Glieder innerhalb der Wertschöpfung und damit ist ein solches

System üblicherweise stärker als die schwächste Einheit, die dem Netzwerk angehört. Das System verkraftet auch unproduktive Einheiten, da es eine gewisse „Selbstregulierung" vornimmt, die durch ihre Dynamik in der Wertschöpfungskonstellation zu einem kontinuierlich wertschaffenden Agieren führt (Vgl. Fasnacht, 2023, S. 148).

Daten und Informationen bilden den zentralen Produktionsfaktor der Internetökonomie. So können Informationen einerseits materialisiert werden, andererseits sind sie schützenswert, was die entsprechende Gesetzgebung auf europäischer Ebene wirkungsvoll unterstreicht. Beispielsweise sind Kundendaten relevant, wenn ein vollständiges Kundenprofil als Voraussetzung für eine Mehrwertgenerierung erstellt werden soll. Sie bilden eine mögliche Informations- bzw. Wissensquelle für die Entwicklung neuer Produkte und Dienstleistungen/Services des digitalen Ökosystems, das sich auf die Erfüllung der Kundenbedürfnisse ausrichten muss (Vgl. Fasnacht, 2023, S. 153).

Das Hauptmotiv für den Betrieb digitaler Ökosysteme liegt darin, die technologischen Fähigkeiten für eine schnelle Steigerung der Anzahl an Plattformteilnehmern zu nutzen. Plattformbetreiber sind meistens marktführende Unternehmen aus dem (Internet-)Technologie- oder Social-Media-Sektor und können mit ihrer Erfahrung digitale Plattformen zügig und zielführend einsetzbar machen. Auch können diese Betreiber eine Integration mit sozialen Medien und Zahlungssystemen oft als Standard bereitstellen. Sie bilden damit den „Kern des Ökosystems" und bestimmen die Daten- und Informationsorganisation sowie die Nutzungsregeln und -preise (Vgl. Fasnacht, 2023, S. 150). Die Charakteristiken der Wertschöpfung in digitalen Ökosystemen stellt Abb. 5.7 zusammenfassend dar.

5.4 Zusammenfassung – Geschäftsprozesse und Ökosysteme über System-, Standort- und Plattformgrenzen

Die digitale Transformation wird durch den Einsatz innovativer IT-Technologien unterstützt, die es den Organisationen ermöglichen, sich an Marktveränderungen anzupassen und effizient zu arbeiten. Trotz dieser IT-Unterstützung reicht insbesondere für ein Agieren in Echtzeit eine Gestaltung intrabetrieblicher Prozesse nicht aus. Vielmehr müssen Organisationen ihre externen Geschäftsprozesse und die Zusammenarbeit mit Lieferanten und Kunden optimieren bzw. in Wertschöpfungsnetzwerken arbeiten. Eine austarierte Gestaltung der Geschäftsprozesse verlangt vor diesem Hintergrund die Ausschöpfung der Potenziale entsprechend den jeweiligen Anforderungen der Organisation.

Um eine bestmögliche Unterstützung von Geschäftsprozessen über System-, Standort- und Plattformgrenzen hinweg zu realisieren, sind neben dem Einsatz von IT-Systemen, welche eine (Teil-)Automatisierung der Prozesse realisieren können, ein Monitoring dieser Prozesse sowie der Einsatz von Technologien erforderlich, die erstens die Grundlage für Prozessoptimierungen in Form von prozessbezogenen Daten schaffen und zweitens

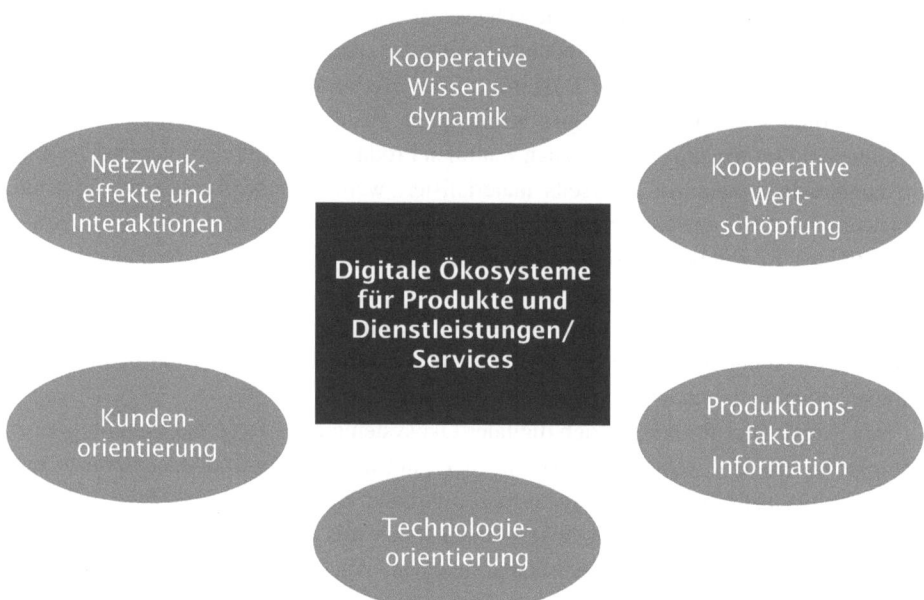

Abb. 5.7 Charakteristiken der Wertschöpfung in digitalen Ökosystemen. (Eigene Darstellung)

eine Überführung von manuellen Tätigkeiten in Softwareanwendungen in automatisierte Prozesse realisieren. Vor diesem Hintergrund stellen *Process Mining* und *Robotiv Process Automation (RPA)* wichtige Unterstützungswerkzeuge für die Gestaltung von Geschäftsprozessen im Kontext ihrer digitalen Transformation dar. Ebenso gewinnt das Konzept von Service-Ökosystemen, in deren Zentrum eine digitalen Plattform betrieben wird, an Bedeutung. Dieses Konzept ermöglicht es Organisationen, ihre Produkte und Dienstleistungen/Services in einem vernetzten Umfeld anzubieten. Der Erfolg derartiger Ökosysteme hängt oft von der Fähigkeit der jeweiligen zentralen Plattformen ab, Daten effektiv zu nutzen und zu verwalten.

Zusammenfassend sind Unternehmen gehalten, ihre Geschäftsprozesse umfassend zu digitalisieren und dabei sowohl die interne Effizienz als auch die externe Zusammenarbeit zu optimieren, um den Anforderungen eines dynamischen Marktes gerecht zu werden. Veränderungen müssen als kontinuierlicher Prozess betrachtet werden; dies erfordert eine flexible Anpassungsfähigkeit und Bereitschaft zur Innovation in der gesamten Organisation. Somit bedeuten die Umsetzung digitaler Geschäftsmodelle und die damit verbundenen Implementierung digitaler Geschäftsprozesse nicht nur technologischen Fortschritt, sondern sie erfordern eine sorgfältige strategische Planung und die Anpassung der Unternehmenskultur.

5.5 Orientierungsfragen

5.5.1 *Warum ist die Standardisierung von unternehmensübergreifenden Prozessen für moderne Unternehmen wichtig?*
5.5.2 *Welche Rolle spielen Informationstechnologien im Kontext unternehmensübergreifender Geschäftsprozesse?*
5.5.3 *Was ist unter dem Begriff „Process Mining" zu verstehen und welche Ziele verfolgt es?*
5.5.4 *Welche drei technologische Entwicklungsstufen werden in Bezug auf Geschäftsprozesse beschrieben und wie gestalten sich diese?*
5.5.5 *Welche Eigenschaften zeichnen ein offenes Ökosystem für interorganisationale Zusammenarbeit aus?*

Literatur

Fasnacht, D. (2023). *Offene und digitale Ökosysteme: Mehrwert durch Branchen- und Technologiekonvergenz.* Springer Gabler.

Osterwalder, A., & Pigneur, Y. (2011). *Business Model Generation: Ein Handbuch für Visionäre, Spielveränderer und Herausforderer.* Campus.

Picot, A., & Hess, Th. (2005). Geschäftsprozessmanagement im Echtzeitunternehmen. In B. Kuhlin & H. Thielmann (Hrsg.), *Real-Time Enterprise in der Praxis – Fakten und Ausblick.* Springer.

Safar, M. (o. J.). *Was ist Robotic Process Automation (RPA)?* Weissenberg. https://weissenberg-group.de/was-ist-robotic-process-automation/. Zugegriffen: 13. Dez. 2024.

Scheer, A.-W. (2020). *Unternehmung 4.0: Vom disruptiven Geschäftsmodell zur Automatisierung der Geschäftsprozesse* (3. Aufl.). Springer Gabler.

Siepermann, M. (2018). *Process Mining.* Springer Gabler. https://wirtschaftslexikon.gabler.de/definition/process-mining-54500/version-277529. Zugegriffen: 21. Aug. 2024.

Spath, D., Renner, T., & Weisbecker, A. (2005). Unternehmensübergreifende Geschäftsprozesse und E-Collaboration. In B. Kuhlin & H. Thielmann (Hrsg.), *Real-Time Enterprise in der Praxis – Fakten und Ausblick.* Springer.

6 Ökosystem- und Plattformmanagement für die Immobilienwirtschaft

Das Informationsmanagement behandelt „das Erfassen, Verarbeiten, Speichern und Bereitstellen der richtigen Informationen zur richtigen Zeit und am richtigen Ort" (Koch et al., 2020). Um diese Funktionen bestmöglich darstellen zu können, müssen die folgenden drei Aufgabenfelder des Informationsmanagements in geeigneter Weise gestaltet werden:

- Definition des Leistungsumfangs: Mit der *Definition des Leistungsumfangs* werden die durch die Informationstechnik zu erbringenden Leistungen festgelegt (Vgl.Koch et al., 2020). Dies umfasst die Auswahl und Implementierung von Hardware und Software, die Qualität der Leistungserbringung, die mittels Service Level Agreements (SLAs) definiert werden kann sowie die zu implementierenden IT-Sicherheitsmechanismen.
- Organisatorische Gestaltung: Die *organisatorischen Gestaltung* bestimmt die Koordinations- und Kontrollstrukturen in einer Organisation und damit die organisatorische Verankerung der Aufgaben des Informationsmanagements in der Organisation, die Aufbauorganisation sowie die mögliche Auslagerung der Leistungserbringung aus der Organisation (Vgl. Krcmar, 2003, S. 281 ff.).
- Gewährleistung des Erbringens der definierten Leistung: Dass die definierte Leistung in der richtigen Art und Weise erbracht wird, ist die Aufgabe der *IT-Governance*. Diese fasst die Führungs- und Steuerungsprozesse des IT-Managements sowie die entsprechenden Instrumente zusammen. Das Ziel der IT-Governance liegt in der Sicherung der Unterstützung der Geschäftsziele durch die Informationstechnik und dies mit höchster Effizienz und Effektivität (Vgl. Saat et al., 2018).

Die wichtigsten Werkzeuge zur Erfüllung der Aufgaben des Informationsmanagements bilden Softwaresysteme und Plattformen, die in diesem Kapitel fokussiert werden. Organisatorische Aspekte und Aspekte der IT-Governance werden hier lediglich an den Stellen diskutiert, an denen dies notwendig ist und der Herstellung des Verständnisses über die Zusammenhänge dient. Ausgehend von der Darstellung digitaler Ökosystemen für die Wohnungs- und Immobilienwirtschaft werden in diesem Kapitel die Ausgestaltung entsprechender digitaler Plattformen dargestellt und die Gestaltung eines immobilienwirtschaftlichen Serviceökosystems in einem Fallbeispiel beschrieben.

6.1 Digitale immobilienwirtschaftliche Plattform-Ökosysteme

Digitale Ökosysteme bilden in nahezu allen Branchen eine wichtige Basis, um eine erfolgreiche Geschäftstätigkeit zu betreiben. Es handelt sich dabei um sozio-technische Systeme für die Kooperation von Unternehmen und Menschen. Die Kooperationspartner agieren in einem digitalen Ökosystem unabhängig voneinander, versprechen sich jedoch von ihrer Einbettung in ein solches System Vorteile. Im Zentrum jedes digitalen Ökosystems steht eine *digitale Plattform,* welche die Kooperation zwischen den Akteuren über Dienste, die für das Ökosystem bereitgestellt werden, optimal unterstützt. Der Nutzen eines digitalen Ökosystems liegt in der Bereitstellung und Nutzbarmachung einer digitalen Interaktionsplattform, die eine große Menge an Partnern mit spezifischen Interessen zusammenführt. Die Partner beteiligen sich zum gegenseitigen Nutzen am jeweiligen digitalen Ökosystem und die Interaktionen zwischen den Partnern realisieren Netzwerkeffekte (Vgl. Fraunhofer IESE, o. J.).

Die digitale Plattform bildet den Kern eines Ökosystems. Es handelt sich bei einer digitalen Plattform um ein netzwerkbasiertes Softwaresystem, welches von den Akteuren, insbesondere von Leistungsanbietern und deren Kunden, über Cloud-Technologien, die Implementierung von Standards wie SOAP und REST für die Interoperabilität, Programmierschnittstellen (APIs) und Benutzungsoberflächen – beispielsweise über ein Portal – direkt genutzt werden kann. Die Kommunikation bzw. Abstimmung zwischen den Akteuren über das jeweilige Produkt bzw. die jeweilige Leistung wird durch Dienste realisiert, die über die Plattform bereitgestellt werden. Auch der Austausch der Güter aller Art, der angebotenen Dienstleistungen oder Software, also der sog. *Assets,* zwischen den Anbietern bzw. Produzenten und den Kunden bzw. Konsumenten erfolgt über die digitale Plattform. Der jeweilige Plattformbetreiber fungiert als Asset-Vermittler bzw. *Broker* und strebt die Abwicklung einer möglichst hohe Rate an Transaktionen über die Plattform an. Weitere Aufgaben des Plattformbetreibers liegen in einem schnellen und einfachen Onboarding der Plattformteilnehmer sowie in der Sicherung der Kommunikation und Interaktion dieser Nutzer (Vgl. Fraunhofer IESE, 2023, S. 9). Das Zusammenspiel der Akteure und Objekte innerhalb eines digitalen Ökosystems ist in Abb. 6.1 dargestellt.

6.1 Digitale immobilienwirtschaftliche Plattform-Ökosysteme

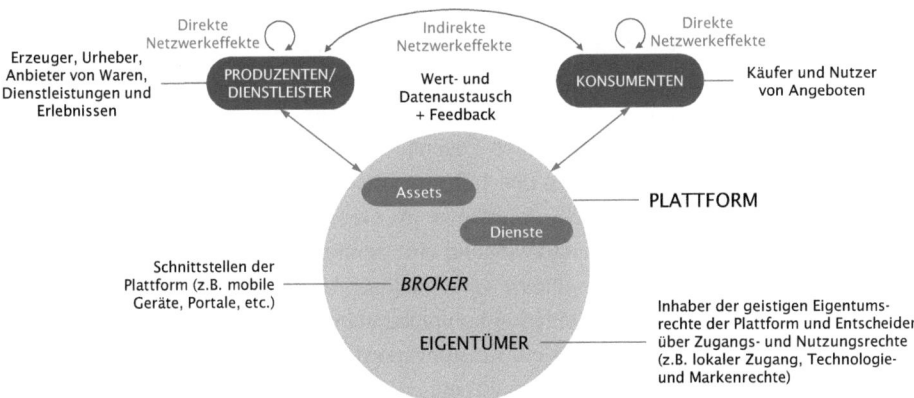

Abb. 6.1 Akteure und Objekte eines Plattform-Ökosystems. (Eigene Darstellung verändert nach Arnold et al., 2023, S. 14)

Digitale Ökosysteme können in der dargestellten Struktur unterschiedliche Ausprägungen aufweisen, die wiederum mit spezifischen Geschäftsmodellen verbunden sind. Damit übernimmt ein solches System, in dessen Zentrum i. d. R. eine digitale Plattform steht, spezifische Funktionen im Zusammenwirken der Akteure. Es lassen sich entsprechend des jeweils abgebildeten Geschäftsmodells die folgenden vier Ausprägungen der zugehörigen Plattformen unterscheiden (Vgl. Arnold et al., 2023, S. 15 f.):

- Transaktionsplattformen: *Transaktionsplattformen* fungieren als Vermittlungselemente zwischen zwei oder mehr Marktseiten. Sie unterstützen eine direkte Kommunikation und Interaktion der Marktteilnehmer und reduzieren mit dem Einsatz geeigneter Technologien die Transaktionskosten auf allen Seiten. Beispiele für Transaktionsplattformen bilden die klassischen Verbraucherplattformen wie *Ebay* oder *MyHammer;* neben diesen bekannten Plattformen existieren B2B-Plattformen wie *Schüttfix, Quimnet* oder *Tradeindia.*
- Innovationsplattformen: Auf *Innovationsplattformen* können die Plattformteilnehmer neue Produkte, Dienstleistungen oder Wissen entwickeln. Die entsprechende Plattform stellt die technologische Basis zur Verfügung, wobei ehemals plattformimmanente Funktionen innovativ erweitert werden sollen. Die Entwicklungsergebnisse können anderen Teilnehmern auf der jeweiligen Plattform gebündelt angeboten werden. Durch die Bündelung wird mit den Produkten und Dienstleistungen ein deutlicher Mehrwert für die Konsumenten geschaffen. Innovationsplattformen bilden sich beispielsweise in den Software-Ökosystemen von *Microsoft, Apple* oder *Google* ab, entsprechende Ökosysteme mit Industriefokus werden z. B. durch *Adamos, SAP* oder *265FarmNet* gebildet.

- **Informationsmärkte:** Mit *Informationsmärkten* lassen sich Informationen und Nachrichten kanalisieren und kategorisieren, sodass diese über die entsprechende Plattform zur individuellen Interaktion an bestimmte Teilnehmen ausgespielt werden können. Neben Plattformen wie *X, TripAdvisor* oder *Instagram*, die vielfach durch die Nutzer erstellte Inhalte verbreiten, zählen Datenhubs wie der *Avaneo Data Marketplace, GitHub* oder *Carus Dataplace* zu den Informationsmärkten.
- **Industriemärkte:** *Industriemärkte* benötigen im Gegensatz zu den drei vorangehend vorgestellten Ökosystemen nicht zwingend eine zentrale digitale Plattform. Es handelt sich vielmehr um Zusammenschlüsse verschiedener Unternehmen und/oder Organisationen, welche durch die Kombination komplementärer Produkte und Dienstleistungen ein neues Leistungsangebot oder ein Leistungsportfolio zur Verfügung stellen. Für die Nutzergruppen innerhalb dieser Ökosysteme entsteht durch die Summe an Aktivitäten, die unabhängig voneinander ausgeführt werden und sich dennoch gegenseitig bedingen, ein Mehrwert. Beispiele für derartige Ökosysteme liegen in der Zusammenarbeit unterschiedlicher Unternehmen der *Computerindustrie* oder von Unternehmen aus dem *Smart-Home-Bereichs*.

Der erfolgreiche Aufbau eines digitalen Ökosystems erfordert neben der Bereitstellung einer eingängigen, gut funktionierenden Plattform und der auf dieser Plattform betriebene Dienste die Berücksichtigung der Interessen und potenziellen Geschäftsmodelle der Plattformnutzer und -partner. Diese müssen vollständig Ende-zu-Ende durchdrungen und beim Aufbau und der Etablierung des jeweiligen digitalen Ökosystems mitgedacht werden. Damit verbunden bildet die Offenheit der jeweiligen Plattform für externe Anbieter ein wichtiges erfolgstreibendes Element von Plattformen und eine wichtige Voraussetzung für die Etablierung des Ökosystems. Das Auslagern von wertschöpfenden Aktivitäten vom Plattformbetreiber hin zu externen Partnern fördert die Innovationsfähigkeit des gesamten Ökosystems. Beispielsweise werden die Partner in Ökosystemen, welche eine Innovationsplattform im Zentrum haben, unter Nutzung der Ressourcen dieser Plattform in die Lage versetzt, ihrerseits neue Produkte und Dienste für die Plattform zu entwickeln. Bei den Plattformressourcen kann es sich beispielsweise um Programmierschnittstellen, Softwareentwicklungswerkzeuge, Wissensdatenbanken oder für die Plattformpartner nutzbare Helpdesks handeln. Damit werden die Kreativität und Innovationskraft der Partner für die Leistungserweiterung der Plattform genutzt und gebündelt (Vgl. Arnold et al., 2023, S. 9). Mittels des generierten breiten Leistungsangebots und der damit verbundenen Bereitstellung sich ergänzender Dienste gelingt es vielfach, die Plattform für die Nutzer attraktiver zu gestalten und ein leistungsstarkes Ökosystem aufzubauen, welches alle von den Konsumenten benötigten Assets – von physischen Gütern über Lebensmittel, Software, Schriftarten, Kontakte, Wissen bis hin zu spezifischen Daten – umfasst. Damit baut sich ein sich selbst verstärkender Mechanismus, der sog. *Netzwerkeffekt*, auf (Vgl. Nölling, 2022).

6.1 Digitale immobilienwirtschaftliche Plattform-Ökosysteme

Die bekanntesten Beispiele für digitale Ökosysteme haben Plattformen wie *Airbnb, Uber, Amazon* oder *Ebay* im Zentrum. Auch in der deutschen Immobilienwirtschaft haben sich digitale Ökosysteme etabliert, beispielsweise haben diese sich um Plattformen wie *ImmoScout 24, McMakler* oder *Bau Digital* gebildet. Die Ausdehnung dieser und weiterer Ökosysteme in der Immobilienwirtschaft ist sehr auf spezifische Anwendungsfelder begrenzt. Die vorhandenen Plattformen unterscheiden sich neben den Anwendungsfeldern, die sie entlang des Immobilienlebenszyklus bedienen, in ihrer Konfiguration. Eine wichtige Grundlage der entsprechenden Plattformen bilden die damit verbundenen Geschäftsmodelle.

Der Entwicklungsstand von digitalen Ökosystemen bzw. Plattformen gestaltet sich entlang der Phasen des Immobilienlebenszyklus unterschiedlich: So zeigt sich insbesondere die Phase *Bau/Erstellung* des Lebenszyklus von Immobilien, in welcher viele physische Aktivitäten betrieben werden (Vgl. Abb. 3.1), als wenig affin für die Einrichtung digitaler Ökosysteme, wohingegen Aktivitäten in den Phasen *Planung/Entwurf* und *Verwaltung/Bewirtschaftung* bereits gut funktionierende digitale Plattformen und Ökosysteme implementieren. Somit gibt es einen guten Stand des Betriebs von digitalen Ökosystemen in der Immobilienvermarktung wie auch in den Funktionsbereichen *Facility Management, Vermietung* und *Instandhaltung*. Neben Anbietern von Mieter:innenportalen stellen insbesondere Anbieter aus der Banken- und Versicherungswirtschaft stabil funktionierende Ökosysteme bereit. Die entsprechenden Angebote fokussieren Hypothekenberatung und -lösungen oder Kreditgeber-Cockpits (Vgl. Staub et al., 2022, S. 78 f.). Die Ökosysteme, die in der Wohnungs- und Immobilienwirtschaft erfolgreich betrieben werden, beschränken sich, wie bereits erwähnt, auf einzelne Funktionen bzw. Aufgaben im Immobilienlebenszyklus. Eine die gesamte Branche beherrschende digitale Plattform – wie es diese mit *Amazon* beispielsweise im Handel gibt – und ein damit verbundenes integriertes Ökosystem mit einem zentralen Player hat sich in der Wohnungs- und Immobilienwirtschaft noch nicht etabliert (Vgl. Offergeld & Treff, 2023).

Aus den Ausführungen ist erkennbar, dass sich entlang des Immobilienlebenszyklus einige digitale Ökosysteme platziert haben, die spezifische Prozesse und Funktionen in der jeweiligen Lebenszyklusphase ausführen. Vielfach befinden sich im Zentrum dieser Ökosysteme *Transaktionsplattformen*, teilweise sind dort auch *Innovationsplattformen* und *Informationsmärkte* verortet. Beispiele für die beiden letztgenannten Ausprägungen von immobilienwirtschaftlichen Plattformen sind die Entwicklungsplattform *RealAssetX* (Vgl. Amabile & Marcus, 2023), welche Universitäten und Technologieunternehmen zur Entwicklung von Innovationen in den Bereichen Nachhaltigkeit, künstliche Intelligenz und Deep Tech zusammenführt, sowie *GeoMap, SQIS* und *QUIS* als Marktplätze für Geo-, Quartiers- bzw. Standortdaten. Einige spezifische digitale Immobilien-Ökosysteme werden nachfolgend vorgestellt. Im Zuge dessen stellen die Autoren den Bezug zu den über die jeweilige Plattform gerouteten digital transformierten Prozessen her.

Ökosystem um die *Airbnb*-Transaktionsplattform

Als eine der bekanntesten Plattformen im Immobilienbereich vermittelt *Airbnb* Übernachtungsmöglichkeiten von Mietenden oder Eigentümern einer Wohnung an Reisende. Bei den vermittelten Assets handelt es sich sowohl um ganze Wohnungen als auch um einzelne Zimmer in einer Wohnung. Damit handelt es sich bei *Airbnb* um eine *Transaktionsplattform* als Zentrum eines Ökosystems, welches neben dem Plattform-Broker, Anbietern und Leistungsempfängern lokale Eventveranstalter bzw. Guides, zu deren Angeboten verlinkt wird, Dienstleister, z. B. Fotografen, und die Hotellerie als Branche, zu der *Airbnb* mit seinem Angebot in Konkurrenz tritt, umfasst. Der Plattform-Broker übernimmt neben seiner Vermittlungsaufgabe die Rolle eines Mediators, wenn es Probleme zwischen den an einer Transaktion beteiligten Parteien gibt. Die Plattform ermöglicht das Einstellen von Übernachtungsangeboten und stellt einen filterbaren Katalog der Angebote für die Reisenden bereit. Weiterhin erfolgen die Kommunikation zwischen den Partnern sowie die Zahlungsabwicklung über die Plattform. Das Geschäftsmodell von *Airbnb* gestaltet sich derart, dass sowohl von den Leistungsanbietern als auch von den Konsumenten eine Gebühr eingezogen wird, die sich am jeweiligen Umsatz der jeweiligen Transaktion bemisst (Vgl. Fraunhofer IESE, 2023, S. 40).

Die Prozesse, die über die *Airbnb*-Plattform abgebildet werden, sind u. a. Registrierungsprozesse sowohl für Leistungsanbieter wie auch für die Leistungsempfänger, Vermittlungsprozesse, die sich aus den Teilprozessen *menügeführte Angebotserstellung, Angebotspräsentation in einem Katalog* sowie *Auswahl des Angebots* und *Transaktionsabwicklung* zusammensetzen, Kommunikationsprozesse und schließlich Bewertungsprozesse. Auch wenn diese Prozesse in einer digitalen Transformation aus den ehemals analogen Prozessen der Buchung und Abwicklung von Übernachtungen in einem Hotel, einer Pension oder einer Ferienunterkunft entstanden sind, so erfordern sie dennoch aktive Eingriffe durch die Prozessbeteiligten über die Transaktionsplattform. Werden diese Prozesse an den Stellen, an denen manuelle Tätigkeiten erforderlich sind, nicht weitergeführt, kommt der jeweilige Prozess zum Erliegen. Der Nutzen des *Airbnb*-Ökosystems und der darin eingebetteten Prozessabwicklung liegt im Zusammenbringen von Akteuren, welche bis dato nicht in Kontakt treten konnten, unabhängig von Ort und Zeit, in einem überwiegend C2C-Angebot, das im Vergleich zu den klassischen Übernachtungsmöglichkeiten oft kostengünstiger für Reisende ist, in einer automatisierten und sicheren Abwicklung der monetären Transaktionen über die Plattformen sowie der Bereitstellung eines zentralen Kommunikations- und Schlichtungspunkts für die beteiligten Parteien.

Ökosystem um den Informationsmarkt von *ImmoScout 24*

Eine weitere sehr bekannte Plattform in der Immobilienwirtschaft stellt *ImmoScout 24* dar. Es handelt sich hier um einen *Informationsmarkt* für Immobilien, die von den Anbietern vorwiegend zur Miete aber auch zum Kauf angeboten werden. Die Miet- und Kaufangebote werden durch die Anbietenden – Wohnungsunternehmen, Bauträger, Privatpersonen – gegen eine Gebühr, die pro Anzeige, für ein Anzeigenbündel oder für einen bestimmten Zeitraum zu leisten ist, und die von der Anzeigenlaufzeit sowie vom Wert des inserierten Objekts abhängt, auf der Plattform eingestellt und dort in einem Katalog, auf den Filter gesetzt werden können, präsentiert. Miet- oder Kaufinteressenten nehmen über die Plattform initial Kontakt zum jeweiligen Anbieter auf, die eigentlichen Transaktionen erfolgen außerhalb der Plattform. Das *ImmoScout 24*-Ökosystem umfasst die Anbieter von Wohnobjekten, die Objektsuchenden sowie weitere Akteure, wie Immobilienbewerter, Telekommunikationsunternehmen, Umzugsunternehmen, Finanzierungsanbieter, etc. (Vgl. Fraunhofer IESE, 2023, S. 74). Dies bedeutet, dass die Interessenten auch in einem laufenden Transaktionsprozess mehrfach auf die Plattform kommen können, um ergänzende Leistungen rund um die Wohnobjektsuche zu suchen und ggf. zu finden. Auch diese ergänzenden Leistungen werden im Plattform-Ökosystem, aber außerhalb der eigentlichen *ImmoScout 24*-Plattform, abgewickelt. Somit fungiert der Plattform-Broker im Wesentlichen als Informationsvermittler und Initiator von Transaktionen. Neben den Gebühren für das Inserieren von Wohnobjekten erzielt der Plattformbetreiber Einnahmen aus Zusatzleistungen, wie beispielsweise Grundstücksbewertungen, oder durch die Partner, die Ihre Leistungen über die Plattform anbieten, in Form von Werbeeinnahmen, deren Höhe u. a. von der Platzierung des jeweiligen Partners und der Laufzeit der Partnerschaft abhängen.

Bei den über die Plattform abgewickelten digitalen Prozessen handelt es sich um Registrierungsprozesse für Immobilienanbieter und -suchende sowie um Bereitstellungs- und Präsentationsprozesse für die Immobilienangebote, Suchprozesse für die Konsumenten und Initiierungsprozesse für die Kommunikation zwischen potenziellen Transaktionspartnern. Der Nutzen der *ImmoScout 24*-Plattform für die beteiligten Partner liegt im Verbinden von bis dato einander unbekannten Akteuren unabhängig von Ort und Zeit sowie im Bereitstellen von verlässlichen Informationen über die Immobilienobjekte und insbesondere die Leistungsempfänger im Vorfeld weiterer Transaktionsaktivitäten.

Hybrides Ökosystem um die *Schüttfix*-Plattform
Ein Beispiel für ein hybrides immobilienwirtschaftliches Ökosystem bildet *Schüttflix*. In dieses Ökosystem sind neben dem Broker die Parteien Bauunternehmer, welche Schüttgut für ihre Baustellen benötigen, Lieferanten von Schüttgut sowie Spediteure, die das Schüttgut vom Bereitstellungsort an den Verbrauchsort transportieren, eingebunden. Somit werden über die zentrale *Schüttflix*-Plattform, die als *Transaktionsplattform* im B2B-Geschäft fungiert, mehrere Anbieter von Assets, nämlich von physischen Gütern und von Transportdienstleistungen, mit i. d. R. gewerblichen Konsumenten zusammengeführt (Vgl. Fraunhofer IESE, 2023, S. 98). Das Unternehmen streckt die Kosten für das bestellte Schüttgut sowie für den Transport an die Leistungsanbieter vor und reduziert damit das Risiko von Zahlungsausfällen durch ein Bauunternehmen. Einnahmen erzielt *Schüttflix* dadurch, dass das Unternehmen Vermittlungsgebühren von den Bauunternehmen in Rechnung stellt, die Schüttgut über die Plattform bestellen. Die Anbieter der Assets können die Plattform hingegen kostenfrei verwenden. Mit der *Schüttflix*-Plattform steht den Schüttgutlieferanten und den Transportdienstleistern eine benutzerfreundliche Vermarktungsmöglichkeit zur

Verfügung; zugleich erlangen die Bauunternehmen über die Plattform Transparenz über die Marktpreise und profitieren von einer schnellen Lieferung der Materialien (Vgl. Fraunhofer IESE, 2023, S. 22).

Für den Zugang zur *Schüttflix*-Plattform müssen die Akteure zunächst einen Registrierungsprozess durchlaufen; weiterhin sind ein digitaler Angebotsprozess sowie ein Marktplatz, auf dem die Schüttgüter für die Bauunternehmen präsentiert werden, auf der Plattform implementiert. Auch die nicht-physischen Transaktionsprozesse – Auswahl des Schüttguts und des Transportdienstleisters, Kontaktaufnahmen und Kommunikation mit Lieferant und Dienstleister, Terminierung/Disposition der Schüttgutlieferung und Bezahlung der Ware – werden teilautomatisiert über die Plattform ausgeführt. Lediglich die Beladung der Fahrzeuge, der Transport und die Entladung des Schüttguts auf der Baustelle müssen als physische Prozesse vorgenommen werden. Der Nutzen dieses Ökosystem liegt in der engen Vernetzung der Leistungsanbieter, in der mit der zentralen Plattform erzielten hohen Transparenz der Schüttgut- und Speditionsmärkte, in der vollständigen Abwicklung der digitalen Transaktionen einschließlich der Zahlungsabwicklung mit einer Absicherung der Zahlung durch den Broker sowie in der zügigen Lieferung des bestellten Schüttguts innerhalb von vier Stunden (Vgl. Fraunhofer IESE, 2023, S. 99).

Hybrides Ökosystem um die Überwachungsplattform *WeMaintain*

Das abschließende Beispiel ist das eines ebenfalls hybriden Ökosystems, in dem die Überwachungsplattform des Unternehmens *WeMaintain* das Zentrum bildet. Kern des Leistungsangebots bildet die Wartung und Instandhaltung von Aufzügen, Rolltreppen, elektrischen Türen, Feuermeldern, Klimaanlagen und weiterer gebäudetechnischer Anlagen und Geräte. Über die zentrale *WeMaintain*-Plattform und mittels IoT-Technologien überwacht der Broker die Anlagen und Geräte seiner Kunden und steuert damit die physischen Wartungs- und Instandhaltungs- bzw. Instandsetzungsaktivitäten. Das *WeMaintain*-Ökosystem besteht somit aus dem Eigner der Plattform, der zugleich als Broker fungiert, der Plattform selbst mit Machine Learning Diagnosesystemen und Dashboards, den Leistungsempfängern – Asset Management Unternehmen, andere Immobilien- und Wohnungsunternehmen – den gebäudetechnischen Anlagen und Geräten sowie einem herstellerunabhängigen *WeMaintain*-IoT-Netzwerk einschließlich der zugehörigen Sensoren und Aktoren. Auch sind die Mitarbeiter:innen, welche die Wartung und Instandhaltung der Anlagen und Geräte vornehmen, Teil des Ökosystems. Darüber hinaus versorgt *WeMaintain* die eigenen Kunden mit den über die Sensorik gesammelten Daten, welche bspw. Auskunft über das den Zustand und die Auslastung der Anlagen und Geräte liefern, und damit Rückschlüsse auf die Lebensdauer von Teilen einer Anlage oder eines Geräts durch *Predictive Maintenance* zulassen (Vgl. Debrunner, 2022).

Im *WeMaintain*-Ökosystem ist der Plattformeigner bzw. -broker selbst der Hauptnutzer der zentralen Plattform. Die Kernprozesse, die über die Plattform betrieben werden, spielen Daten in die Plattform hinein und führen vollautomatisiert Analysen dieser Daten und damit der Zustände der Anlagen und Geräte aus, deren Ergebnisse über Dashboards angezeigt werden und welche Wartungs- und Instandhaltungsaufträge generieren und damit die Mitarbeiter:innen steuern. Lediglich die physische Wartung und Instandhaltung der Anlagen und Geräte, deren Instandhaltung und Instandsetzung einschließlich der Ersatzteilversorgung werden außerhalb der Plattform abgewickelt. Der Nutzen dieses Ökosystems liegt in einer herstellerunabhängigen vorausschauenden Wartung von gebäudetechnischen Anlagen und Geräten sowie in deren zügige Wartung, Instandhaltung und Instandsetzung zu signifikant günstigeren Preisen als diese durch die OEMs der Anlagen und Geräte gefordert werden.

6.2 Immobilienwirtschaftliche digitale Serviceplattformen

Das jeweilige Zentrum der in Abschn. 6.1 beispielhaft dargestellten digitalen Ökosysteme wird gebildet durch eine digitale Plattform, über welche Kernprozesse des Ökosystems geführt, Transaktionen abgewickelt und/oder Dienste für das Ökosystem bereitgestellt werden. Neben diesen Funktionen vernetzen digitale Plattformen die unterschiedlichen an einem Prozess beteiligten Objekte – Menschen, Produkte, Dienste, Daten, Infrastruktur. In Abgrenzung zu einem Ökosystem, welches eine Kombination an konsumierbaren Produkten und Dienstleistungen mit unterschiedlichen Akteuren – Leistungsanbietern, Kunden bzw. Leistungsempfänger, Intermediären, einem oder mehreren Plattformbetreibern – beschreibt, bezeichnen digitale Plattformen IT-Systeme, die es den Akteuren im Ökosystem ermöglichen, miteinander zu interagieren. So repräsentieren beispielsweise Online-Marktplätze, auf denen Anbieter ihre Produkte platzieren können und diese Produkte durch Konsumenten schnell und in einer strukturierten Übersicht finden und kaufen können, entsprechende Plattformen (Vgl. Arnold et al., 2023, S. 13).

Mit der Vernetzung der an einem Prozess beteiligten Objekte lösen sich rein prozessorientiere Strukturen teilweise auf. Die Netzwerkpartner, die über digitale Plattformen interagieren, verschieben ihren Fokus von der Steuerung der eigenen Ressourcen in einer Wertschöpfungskette hin zu einer Orchestrierung von Ressourcen und Akteuren auf der jeweiligen Plattform. Diese Verschiebung wird durch drei strategische Faktoren getrieben (Vgl. Van Alstyne et al., 2016):

- Orchestrierung von Ressourcen: Eine prozessorientierte Sicht auf den Wettbewerb bedeutet, dass Unternehmen knappe und wertvolle Ressourcen kontrollieren, die sich nur sehr schwer reproduzieren lassen. Zu diesen Ressourcen gehören sowohl physische Objekte, wie beispielsweise Rohstoffminen oder Immobilien, als auch nicht-physische Objekte, wie z. B. Informationen und Wissen. Plattform-Assets hingegen, nämlich die Community und die Ressourcen, welche die Plattform-Mitglieder besitzen und in die Plattform einbringen, sind kaum zu kopieren. Damit bilden das *Netzwerk der Plattformteilnehmer und deren Zusammenspiel die Kernassets* einer Plattform.

- Etablierung externer Interaktionen: Prozessorientiert ausgerichtete Unternehmen organisieren ihre interne Arbeit und ihre Ressourcen, indem sie über die optimale Ausgestaltung einer End-to-End-Wertschöpfungskette Produkte oder Dienstleistung erstellen. Hingegen betreiben Plattformen Wertschöpfung, indem sie *geschäftlicheInteraktionen zwischen externen Produzenten und Konsumenten* initiieren und fördern. Mit der Orientierung nach extern werden die Kosten für die Wertschöpfung auf die interagierenden Plattformteilnehmer verteilt. Die Kernaufgabe der Plattformbroker und -eigentümer liegt darin, Plattformteilnehmer zu gewinnen und auf der Plattform zu halten; die Kontrolle des Ökosystems ist damit die wichtigste Kompetenz der Plattformbetreiber.
- Fokussierung auf die Schaffung von Werten für das Ökosystem: Prozessorientierte Strukturen zielen darauf ab, den Konsumenten, die am Ende einer Wertschöpfungskette stehen, einen langfristigen Wert der erworbenen Produkte und Dienstleistungen zu bieten. Im Gegensatz dazu streben Plattformen an, einen *maximalenGesamtwert für ein expandierendes Ökosystem* in einem zirkulären, iterativen und Feedback-getriebenen Prozess zu erzielen. Dies kann die Förderung einer bestimmten Gruppe von Konsumenten erfordern, um für eine andere Gruppe von Konsumenten angenommen zu werden.

Die aufgelisteten strategischen Faktoren zeigen, dass der Wettbewerb über eine Plattform komplexer und dynamischer ist und dass sich die Wettbewerbskräfte anders verhalten als im prozessorientierten Geschäft. Vor diesem Hintergrund müssen die Plattformbetreiber die Interaktionen auf der Plattform, die Beiträge der Plattformteilnehmer sowie spezifische Leistungskennzahlen, die sich von den üblichen Leistungskennzahlen unterscheiden, genau im Blick haben. Ein wichtiges Merkmal der Internetökonomie sind *Netzwerkeffekte*, die von Plattformteilnehmern erwartet werden. Netzwerkeffekte realisieren Effizienzsteigerungen in sozialen Interaktionen, in der Verdichtung von Bedarfen, in der Entwicklung von Apps sowie in weiteren Bereichen, welche zur Expansion eines Netzwerks beitragen. Unternehmen, die in einer Internetökonomie ein höheres Interesse als ihre Wettbewerber erzielen, also mehr Plattformteilnehmer aufweisen, können einen höheren durchschnittlichen Wert je Transaktion anbieten (Vgl. Abb. 6.2). Denn je größer das Netzwerk sich gestaltet, desto mehr Daten stehen für einen Abgleich zwischen Angebot und Nachfrage zur Verfügung und desto höher ist die Passgenauigkeit von Angebot und Nachfrage. Eine bessere Skalierung erzeugt mehr Wert, dies zieht wiederum mehr Teilnehmer an, die ihrerseits wiederum mehr Wert erzeugen (Vgl.Van Alstyne et al., 2016).

Um eine klares Verständnis von digitalen Plattformen sowie über deren Bedeutung für die Abwicklung von Prozessen und für die Bereitstellung von Diensten herzustellen, wird der Plattformbegriff nachfolgend erläutert: Es handelt sich bei einer digitalen Plattform um ein zentrales informationstechnisches System, welches Angebote (Waren, Dienstleistungen, Erlebnisse, Software- oder andere Dienste) für unterschiedliche Stakeholder einer Organisation, beispielsweise für Mitarbeiter:innen, Kunden oder Partner, bereitstellt.

6.2 Immobilienwirtschaftliche digitale Serviceplattformen

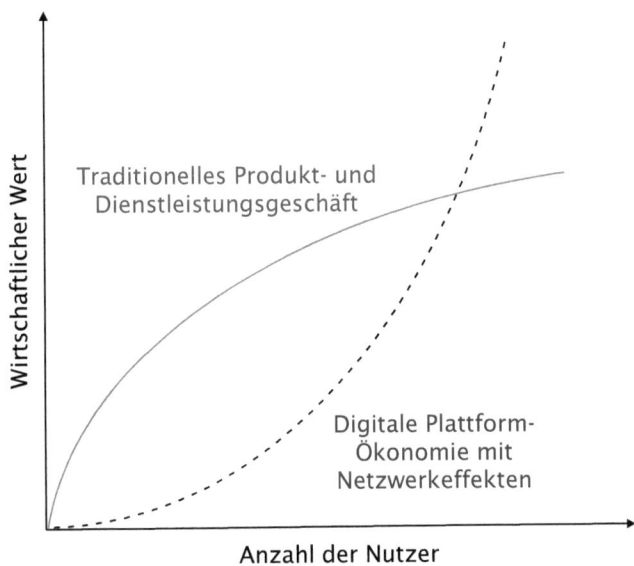

Abb. 6.2 Skalierungseffekte traditioneller Wertschöpfung vs. Wertschöpfung über eine digitale Plattform. (Eigene Darstellung in Anlehnung an Arnold et al., 2023, S. 10)

I. d. R. repräsentieren digitale Plattformen Transaktions- oder Innovationsplattformen, die Business-to-Employee (B2E)-, Business-to-Consumer (B2C)-, Business-to-Business (B2B)- oder Portallösungen umsetzen und damit, wie vorangehend ausgeführt, Netzwerkteilnehmer mit komplementären Interessen und Bedarfen in einem Ökosystem vereinen. Kern einer digitalen Plattformen bildet eine zentrale und zielgruppenspezifische Aufbereitung von Informationen und Prozessen, die übergreifende und effektive Interaktionen zwischen den Stakeholder unterstützen. Die Informationen werden den Stakeholdern über eine einheitliche Benutzeroberfläche, die auf unterschiedlichen Kanälen, beispielsweise über Desktoprechner, mobile Geräte oder digitale Sprachassistenten, zugänglich ist, einheitlich und personalisiert präsentiert. Durch die Zentralisierung von Funktionen und Daten werden sog. „Informationssilos" aufgelöst und die Kommunikation und Interaktionen zwischen den Stakeholdern gefördert (Vgl. Firnau, 2023).

Einen wichtigen Kern digitaler Plattformen bilden *Smart Services*, also digital unterstützte Dienstleistungen (Vgl. Abschn. 4.5.3). Sie schaffen für Konsumenten einen zusätzlichen Mehrwert, indem sie die auf der jeweiligen digitalen Plattform verarbeiteten Daten sowie die entsprechenden Vertriebs- und Lieferkanäle nutzbar machen. So bilden Online-Bestellmöglichkeiten, das Tracking von Warenlieferungen, Video-Sprechstunden und -Diagnosen bei Ärzt:innen oder eine vorausschauende Wartung von Maschinen und Anlagen Beispiele für Smart Services (Vgl. Meiren et al., 2021, S. 4). Die entsprechenden (Dienst-)Leistungen sind in hohem Maße anpassbar und berücksichtigen i. d. R. die

Bedarfe und die jeweilige Situation ihrer Nutzer sowie den Kontext, in welchem sich diese befinden.

Vor dem Hintergrund der plattformgebundenen Veredelung von Daten zu Smart Services sowie deren Nutzbarmachung werden digitale Plattformen mitunter auch als *Serviceplattformen* bezeichnet. Wie bereits beschrieben vernetzen diese Plattformen die Plattformteilnehmer zu digitalen Ökosystemen. Dabei dient die jeweilige Serviceplattform als *betriebswirtschaftliche Integrationsschicht,* welche die Rahmenbedingungen für die Kommunikation und Interaktionen – Austausch von Wissen, Handel von Gütern, Dienstleistungen und Daten – der Akteure vorgibt. Wichtige Steuerungsgrößen sind die Realisierung eines reibungslosen Ablaufs, die möglichst weitgehende Automatisierung der Plattformprozesse und die Schaffung hoher Rechtssicherheit. Eine Etablierung von digitalen Serviceplattformen und darauf aufbauend von beispielsweise Online-Portalen, -Marktplätzen oder App-Stores sowie der Ökosysteme, deren Zentrum die Plattformen oftmals bilden, kann einen wichtigen Erfolgsfaktor im Wettbewerb bilden (Vgl. Acatech, 2015, S. 17).

Arten von digitalen immobilienwirtschaftlichen Serviceplattformen

Digitale Serviceplattformen bilden auch in der Immobilienwirtschaft wichtige Funktionen entlang des Immobilienlebenszyklus ab (Vgl. Abb. 3.13) und stellen damit häufig eine Basis für die Umsetzung neuartiger Geschäftsmodelle bereit. Bei den gängigsten der in der Branche eingesetzten Plattformen handelt es sich um Portale – Finanzierungsportale, Maklerportale, Immobilienportale, Mieterportale – sowie um Social Media Plattformen, Leerstandsmelder und Projektmanagement-Plattformen zur Steuerung und Dokumentation von Bauprozessen.

Finanzierungsportale dienen in der Immobilienwirtschaft dazu, unterschiedliche Finanzierungsoptionen zu präsentieren und mögliche Immobilienfinanzierungen transparent zu machen. So stehen einerseits Vergleichsportale für Finanzierungen zur Verfügung, andererseits können Finanzierungen über Crowdfunding-Plattformen angefragt und realisiert werden (Vgl. Drosihn, 2017, S. 14). Treiber dieser Angebote sind sog. *FinTechs* – Start-Up-Unternehmen, welche digitale und innovative Lösungen aus der Finanzwirtschaft bereitstellen – und die mittels digitaler Serviceplattformen neue Zugänge zu Immobilienfinanzierungen insbesondere für Privatpersonen erschließbar machen. Für Finanzierungen und Versicherungen stehen zahlreiche Vergleichsportale in Konkurrenz zueinander. Die Portale stellen umfangreiche Informationen strukturiert bereit, sodass die Konsumenten gezielt nach Angeboten suchen können, die ihren Bedürfnissen entsprechen. Innerhalb der Portale entstehen teilweise Communities, die jeweils aktuelle Informationen zu Finanzierungen austauschen. Weiterhin können die Portale ergänzende Informationen, beispielsweise Kapitalmarktanalysen, Analysen von Kreditentwicklungen, etc. zur Verfügung stellen. Ein Beispiel eines Vergleichsportal ist *Finanztip,* in dem beispielsweise Vergleiche von Geldanlagen, Krediten oder Versicherungen, vorgenommen werden und das darüber hinaus einen Finanzrechner bereitstellt. Auch informiert das Portal mittels eines Newsletters über jeweils aktuelle Finanzthemen. Das üblich Geschäftsmodell zur Generierung von Einnahmen mittels eines Vergleichsportals ist das *Affiliate Modell,* in dem Kreditunternehmen oder Finanzdienstleister mit dem Portalbetreiber eine Provision für die Weiterleitung der Portalteilnehmer auf ihre eigene Website vereinbaren (Vgl. Drosihn, 2017, S. 17 f.). Finanzierungsportale und Crowdfunding-Plattformen kommen üblicherweise in den Phasen *Planung/Entwurf* sowie *Abriss/Sanierung* des Immobilienlebenszyklus zum Tragen.

In der Immobilienlebenszyklusphase *Verwaltung/Bewirtschaftung* werden neben Social Media Plattformen Maklerportale, Immobilienportale und Mieterportale genutzt (Vgl. Drosihn, 2017, S. 31). Die Ausgestaltung der genannten Portale stellt sich wie folgt dar:

- *Maklerportale* dienen dazu, einen Vermietungs- oder Verkaufsprozess aktiv zu begleiten. Sie verfolgen das Ziel, Verkäufer bzw. Vermieter und potenzielle Käufer bzw. Mieter:innen zusammenzubringen (Vgl. Drosihn, 2017, S. 8 f.). Von den teilnehmenden Maklern werden in diesen Portalen Miet-/Kaufangebote auf der Portalplattform publiziert. Die Interessent:innen finden die für sie interessanten Angebote mittels einer strukturierten Suche und können in einem ersten Schritt mit dem jeweiligen Makler in Kontakt treten. Im weiteren Prozess können die Makler aus den eingegangenen Interessensbekundungen eine Vorauswahl treffen und diejenigen Interessent:innen zu einer Besichtigung des jeweiligen Immobilienobjekts einladen, welche die von ihnen gestellten grundlegenden Anforderungen erfüllen. Dies bedeutet, dass Besichtigungen lediglich mit den potenziellen Käufern bzw. Mieter:innen in nicht in sehr hohen Anzahl durchgeführt werden müssen. Maklerportale setzen sowohl für die Produzenten-/Dienstleisterseite als auch für die Konsumentenseite eine einfache und komfortable Online-Vermittlung von Immobilienobjekten zu deutlich günstigeren Kosten um, als diese beispielsweise bei der Beauftragung eines „klassischen" Maklers entstünden. Darüber hinaus können sie das vollständige Leistungsspektrum, welches Makler bieten, angefangen von der automatisierten KI-gestützten Erstellung von Exposés bis hin zum Vertragsabschluss, kostengünstig abbilden(Vgl. Janositz, 2023,S. 14).
- Bei *Immobilienportalen* handelt es sich um Informationsmärkte, welche den Plattformteilnehmern einen strukturierten Überblick über die Immobilienmärkte, sei es Vermietungs- oder Verkaufsmärkte, geben. Die auf den Portalen eingestellten Immobilien lassen sich für eine einfache Suche nach unterschiedlichen Kategorien filtern, beispielsweise nach regionalen Kriterien, Preisen, Größe des jeweiligen Objekts, etc. (Vgl. Drosihn, 2017, S. 11 f.). Im Unterschied zu Maklerportalen, die als Transaktionsplattformen einzuordnen sind, bilden Immobilienportale Informationsmärkte, die eher passiv genutzt werden. Beispielhaft für ein Immobilienportal steht der Informationsmarkt *ImmoScout 24,* dessen Ökosystem in Abschn. 6.1 beschrieben ist. Die Angebote in einem Immobilienportal sind identisch aufgebaut, es werden wichtige Eckdaten angegeben, es können weiterhin Angaben zur Ausstattung und Infrastruktur getätigt sowie individuelle textliche Angaben durch die Anbieter formuliert werden. Darüber hinaus

kann die jeweilige Anzeige durch Objektfotos und Angaben zum Anbieter ergänzt werden. Immobiliensuchende können über das Portal ihr Wunschobjekt suchen, indem sie ihre Wunschkriterien in einer strukturierten Suchmaske eingeben. Gesuche und inserierte Objekte werden im Portal abgeglichen und die Objekte, die den Suchkriterien der Immobiliensuchenden entsprechen, werden angezeigt. Daraufhin kann eine Kontaktaufnahme der Suchenden mit den Anbietern erfolgen.

- *Mieterportale* unterstützen die Betreuung von Immobilien durch die Mieterverwaltungen bzw. das Property Management. Insbesondere die Kommunikation und die Abwicklung von Interaktionen zwischen Verwaltungen und Mietenden kann über derartige Portale auch in Abhängigkeit von den jeweiligen Prioritäten gesteuert werden. Derartige Portale bieten den Mieter:innen die Möglichkeit, Dienste rund um das jeweilige Mietobjekt in Anspruch zu nehmen, bestehende Mängel am und im Objekt an die Verwaltung zu kommunizieren, Fragen zu klären oder Termine zu vereinbaren (Vgl. Drosihn, 2017, S. 18 f.). Mit einem Mieterportal kann eine Entlastung der Verwaltung von Routineaufgaben realisiert werden, es können Formulare und Informationen für die Mieter:innen bereitgestellt werden oder zusätzliche Angebote von externen Dienstleistern bereitgestellt werden. Der Zugang der Plattformteilnehmer zu einem Mieterportal kann browsergebunden über Desktoprechner oder Notebooks erfolgen, alternativ kann eine Anbindung einer App realisiert sein, über welche die unterschiedlichen Nutzergruppen das Portal erreichen. Für die Mieterkommunikation kommen zudem zunehmend KI-gestützte Chatbots zum Einsatz, über welche sich häufig wiederholende Kommunikationsprozesse automatisiert abbilden lassen.

Von diesen Portalen unterscheiden sich *Social Media Plattformen* dahingehend, dass diese nicht zur Abbildung spezifischer immobilienwirtschaftlicher Geschäftsmodelle entwickelt worden sind, sondern vielmehr eine digitale Kommunikation mittels unterschiedlicher Medien zwischen den Teilnehmern der jeweiligen Plattform unterstützen. Sie dienen dazu, Beziehungen abzubilden, diese zu pflegen und zu verwalten sowie neue Beziehungen aufzubauen. Es kann sich dabei um allgemeine Plattformen handeln oder es können spezifische Netzwerke, wie beispielsweise berufliche oder themenbezogene Netzwerke, fokussiert werden (Vgl. Stuhec-Meglic, 2020). Im Immobilienlebenszyklus können Social Media Plattformen beispielsweise im Zuge der Vermarktung von Objekten eingesetzt werden, um existierende oder neue Kunden auf Immobilienangebote aufmerksam zu machen. Auch nutzen Immobilienanbieter, wie beispielsweise Projektentwickler oder Makler, diese Plattformen zur Darstellung neuer Projektideen, zur regelmäßigen Präsentation von Immobilien oder Bau-, Entwicklungs- und Sanierungsprojekten sowie zur Information über aktuelle Entwicklungen der Immobilienmärkte (Vgl. Drosihn, 2017, S. 26).

Weitere immobilienwirtschaftliche Serviceplattformen sind beispielsweise *Leerstandsmelder,* die neue Projekte anstoßen können, oder *Plattformen für dieOnline-Planung* von Immobilien in der Phase *Planung/Entwurf* des Immobilienlebenszyklus. Leerstandsmelder erlauben das Melden leerstehender Flächen oder Objekte bei der jeweiligen Gemeinde,

6.2 Immobilienwirtschaftliche digitale Serviceplattformen

in welcher ein Leerstand bemerkt wird. Mit den Plattformen wird der Zweck verfolgt, Transparenz über Leerstand zu schaffen und die jeweiligen Eigentümer der Objekte sowie die Öffentlichkeit auf den jeweiligen Leerstand aufmerksam zu machen. Ziel ist es, eine Nutzung der leerstehenden Fläche bzw. der Immobilie herbeizuführen und damit ihrem Verfall entgegenzuwirken. Auch lassen sich Nutzungsvorschläge auf solchen Plattformen angeben (Vgl. Drosihn, 2017, S. 14). Plattformen für die Online-Planung unterstützen hingegen eine kooperative Planung von Bau-, Sanierungs- oder Transformationsmaßnahmen mit Bezug zu einem Gebäude durch die beteiligten Akteure. Bei diesen Plattformen handelt es sich um Innovationsplattformen, die i. d. R. als Plattform- oder Software-as-a-Service-Modelle betrieben werden und die kreative Prozesse unterstützen und strukturieren. Die Palette einsetzbarer Werkzeuge reicht von einer relativ einfachen Kollaborationsplattform, wie beispielsweise *Miro*, bis hin zu komplexen Projektmanagement-Werkzeugen, welche die Steuerung entsprechender Planungsprojekte unterstützen und zahlreiche zusätzliche Funktionen, z. B. für Entwurf oder Design, zur Erstellung von Präsentationen oder für eine unmittelbare Kommunikation via Chat bzw. Call, integrieren können (Vgl. Abschn. 2.2.1).

6.2.1 Merkmale und Funktionen von digitalen Plattformen

In Abschn. 6.1 sind mit *Transaktionsplattformen, Innovationsplattformen, Informationsmärkten* sowie *Industriemärkten* vier Ausprägungen von Plattformen identifiziert und beschrieben worden, welche definierte Geschäftsmodelle abbilden. Wenn erstens die informationstechnisch umgesetzten Plattformen fokussiert und zweitens das Ausspielen von Informationen und Nachrichten an bestimmte Plattformteilnehmer als Transaktion verstanden werden, sind im Weiteren lediglich zwei idealtypische Arten von digitalen Serviceplattformen, nämlich *transaktionszentrierte digitale Plattformen* sowie *datenzentrierte digitale Plattformen* von Relevanz (Vgl. Engelhardt et al., 2017, S. 6). Damit erfolgt in diesem Abschnitt eine technikfokussierte Eingrenzung der vier Plattformausprägungen auf zwei, die eine klare Beschreibung der entsprechenden Merkmale und Funktionen dieser Plattformen erlaubt.

Die beiden vorangehend definierten digitalen Plattformen sind idealtypisch, d. h. die in der Realität implementierten Plattformen weichen von diesen Idealtypen ab bzw. können sich überlappen. Die Kernmerkmale dieser beiden o. g. idealtypischen digitalen Plattformen lassen sich wie folgt beschreiben:

- Eine *transaktionszentrierte digitale Plattform* führt das Angebot und die Nachfrage nach Waren, Dienstleistungen oder Erlebnissen zusammen, sie bildet somit Transaktionen die dafür notwendigen Prozesse ab. Damit umfasst eine solche Plattform Informations- und Suchfunktionen und implementiert einen Angebotsmechanismus, beispielsweise die Möglichkeit, Angebote parallel einzuholen, sowie einen

Bewertungs- bzw. Reputationsmechanismus. Der letztgenannte Mechanismus dient der Sicherung der Qualität der über die Plattform gehandelten Leistungen und kann eine Vorabprüfung der Anbieter integrieren. I. d. R. sind transaktionszentrierten Plattformen unabhängig und bilden neutrale Marktplätze, vom jeweiligen Plattformbetreiber werden eine Gebühr für die Teilnahme an der Plattform sowie ein Anteil am monetären Transaktionsvolumen erhoben. Oftmals bestehen strategische Partnerschaften zwischen Plattformbetreiber und einzelnen Akteuren, die Plattform kann zudem Zugangsangebote implementieren, welche einer oder mehreren Stakeholdergruppen den Zugang zur Plattform erleichtern (Vgl. Engelhardt et al., 2017, S. 6 f.).

- Eine *datenzentrierte digitale Plattform* bildet die Basis, komplementäre Komponenten, wie beispielsweise Hardware, Software, Daten und Dienstleistungen, in einem System zusammenzuführen und dieses zu steuern. Die bereitgestellten Funktionen liegen in einer Qualitätssicherung bzw. Zertifizierung der Einzelkomponenten sowie in der Aufbereitung und Auswertung der Datenströme für die Stakeholder. Weiterhin bildet die Nutzerfreundlichkeit der Plattform ein wesentliches Qualitätsmerkmal, die neben dem Kundenzufriedenheitsmanagement durch den Plattformbetreiber verantwortet wird. Mit einer Zertifizierung der Leistungen wird sichergestellt, dass diese erstens zum Gesamtsystem passen und zweitens qualitative Mindestanforderungen erfüllen. Wichtige Voraussetzungen, einen Zugang auf die Plattform zu erlangen, sind die Interpretierbarkeit der Daten und die Interoperabilität der integrierten Leistungskomponente(n) des jeweiligen Anbieters mit den auf der Plattform vorgehaltenen Komponenten. Für den Zugang zur Plattform und teilweise für die Nutzung der Plattform sowie für bestimmte Datenauswertungen verlangt der jeweilige Plattformbetreiber Gebühren. Wichtig für einen erfolgreichen Betrieb einer datenzentrierten Plattform sind eine hinreichende Menge an angebotenen Systemkomponenten sowie die hohe Offenheit des Systems (Vgl. Engelhardt et al., 2017, S. 7).

Um die in digitalen Serviceplattformen implizierten Geschäftsmodelle effektiv abbilden und profitable Ökosysteme um die entsprechenden Plattformen herum aufbauen zu können, müssen sowohl transaktionszentrierte als auch datenzentrierte Plattformen definierte Anforderungen der Märkte erfüllen. Plattformmärkte sind vielfach *mehrseitig,* d. h. es werden verschiedene Gruppen von Stakeholdern über eine digitale Plattform miteinander verbunden sowie unterschiedliche Transaktionen standardisiert abgewickelt (Vgl. Engelhardt et al., 2017, S. 9). Diese Anforderungen, die sich aus mehrseitigen Märkten an digitale Plattformen ableiten, sind teilweise bereits in den vorangehenden Abschnitten skizziert und werden nachfolgend ausführlich dargestellt:

- Da sich die digitalen Märkte sehr gut skalieren lassen und eine hohe Reichweite aufweise, müssen digitale Plattformen diese *hohe Salierbarkeit und Reichweite* abbilden können. Dies bedeutet, dass digitale Plattformen schnell und flexibel auf zusätzliche Leistungsbedarfe reagieren müssen. Weiterhin besteht in diesem Kontext die

6.2 Immobilienwirtschaftliche digitale Serviceplattformen

Anforderung einer *breiten Datenauswertung,* um die durch die jeweilige Plattform dargestellten Leistungsangebote zielführend weiterentwickeln und steuern zu können. Auch lassen sich aus Datenauswertungen weitere Verwertungsmöglichkeiten bzw. Geschäftsmodelle entwickeln (Vgl. Engelhardt et al., 2017, S. 11).

- Digitale Plattformen funktionieren nur erfolgreich, wenn sie für ihre Nutzer *niedrige Transaktionskosten* verursachen, d. h. sie müssen einen einfachen und kostengünstigen Zugang zu den bereitgestellten Leistungen ermöglichen. Denn die Transaktionskosten haben Einfluss darauf, ob bestimmte wirtschaftliche Aktivitäten überhaupt stattfinden, denn dies ist vom Aufwand abhängig, „einen geeigneten Geschäftspartner zu finden (Informationskosten), den Vertrag abzuschließen (Verhandlungs- und Vertragskosten), ggf. nachträgliche Vertragsanpassungen durchzuführen (Anpassungskosten) sowie die Erfüllung der vertraglichen Leistungen zu kontrollieren bzw. durchzusetzen (Kontroll- und Durchsetzungskosten)" (Engelhardt et al., 2017, S. 12). Als Intermediäre können digitale Plattformen einer Organisation Zugang zu mehreren Leistungsanbietern zu geringeren Transaktionskosten ermöglichen, als wenn die entsprechende Organisation die entsprechenden Beziehungen eigenständig aufbaut. Auch können Plattformen gänzlich neue Märkte generieren, indem sie mehrere komplementäre Leistungsangebote miteinander verknüpfen, denn sie koordinieren das Gesamtsystem und sichern die Interoperabilität innerhalb dieses Systems, sodass damit eine Reduzierung der Transaktionskosten (Koordinationskosten) für die Plattformteilnehmer realisiert wird (Vgl. Engelhardt et al., 2017, S. 12 f.).
- Die Attraktivität einer digitalen Plattform hängt von der Anzahl an Teilnehmern, die Zugang zur Plattform haben, und damit von den mit der Plattform erzielbaren Netzwerkeffekten ab. Das Ziel einer digitalen Plattform besteht darin, möglichst vielen Stakeholdern eines Ökosystems, die unterschiedlichen Gruppen zugerechnet werden können, Kommunikation, Interaktionen und ggf. Transaktionen zu ermöglichen. Mit sog. *positiven Netzwerkeffekten* profitiert jede Gruppe von der Netzwerkgröße der jeweils anderen Gruppen, indem sich die Netzwerkeffekte mit den Gruppengrößen gegenseitig verstärken und die Plattform für alle Stakeholder attraktiver wird (Vgl. Engelhardt et al., 2017, S. 13).
- Die Entwicklung neuer Technologien und Methoden zur Datenanalyse sowie der Eintritt neuer Wettbewerber mit innovativen Geschäftsmodellen führen zu dynamischen Veränderungen der Märkte, welche durch die indirekten Netzwerkeffekte verstärkt werden können. Vor diesem Hintergrund müssen digitale Plattformen die *besonderen Marktdynamiken* beherrschen, um langfristig bestehen zu können. Dies bedeutet, dass eine digitale Plattform die definierte kritische Masse, ab der konkurrierende Plattformen für die Marktteilnehmer unattraktiv werden, als erster Player erreichen muss, um mit einem Anteil von 100 % im Markt zu verbleiben. Dies erfordert den Einsatz vieler Ressourcen und das Eingehen eines hohen Risikos. Die Marktdynamiken, die durch die Netzwerkeffekte induziert werden, können zu einer dominierenden Stellung einzelner Plattformen auf ihren Märkten und zu ihrem Quasi-Monopol auf diesen

Märkten führen. Der skizzierten Monopolisierungstendenz kann durch eine Differenzierung der Plattform oder durch die Möglichkeit, dass die Plattformteilnehmer der unterschiedlichen Gruppen mehrere Plattformen parallel nutzen (sog. *Mulithoming*), entgegengewirkt werden (Vgl. Engelhardt et al., 2017, S. 15 f.)

Die dargestellten Anforderungen mehrseitiger Immobilienmärkte verlangen nach grundlegenden Funktionen der digitalen Plattformen, die entlang der jeweiligen Leistungsangebote und der Stakeholdergruppen optimal ausgestaltet sein müssen. Dabei unterscheiden sich die Kernfunktionen der beiden oben beschriebenen Idealtypen von Plattformen. Diese Funktionen sind oben bereits dargestellt und können in spezifischen digitalen Plattformen Überschneidungen aufweisen (Vgl. Engelhardt et al., 2017, S. 17): Beispielsweise kann ein Maklerportal, das im Kern eine transaktionszentrierte digitale immobilienwirtschaftliche Plattform repräsentiert, datenbasierte Erkenntnisse aus den Marktplatzaktivitäten, z. B. aus der Anzahl an Klicks für bestimmte Immobilienobjekte, generieren und diese den Anbietern – im Beispiel den Maklern zur Verbesserung der Präsentation von einzelnen Objekten – oder einer anderen Stakeholdergruppe zur Verfügung stellen. Wichtige Erfolgskriterien einzelner in den digitalen Plattformen abzubildenden Funktionen, welche die Attraktivität der jeweiligen Plattform bestimmen, stellen sich wie folgt dar (Vgl. Engelhardt et al., 2017, S. 21 f.):

- Die in einer digitalen Plattform implementierten Informations- und Suchfunktionen erfordern eine *hohe Ausdifferenzierung,* die beispielsweise über geeignete Filter realisiert werden kann, um die von den Leistungssuchenden gewünschten Informationen schnell und passgenau bereitzustellen. Darüber hinaus müssen die auf der jeweiligen Plattform präsentierten *Informationen über potenzielle Transaktionspartner so aufbereitet* sein, dass die Plattformteilnehmer sich ein valides Bild über diese Partner machen können. Werden diese Kriterien an die Informations- und Suchfunktion einer digitalen Plattform erfüllt, lassen sich das Suchen und das Aufnehmen von Informationen für die Plattformteilnehmer sehr effizient und damit zu minimalen Kosten realisieren.
- *Besondere Angebotsmechanismen* als Zusatzleistungen einer Plattform können eine positive Abgrenzung der jeweiligen Plattform zu konkurrierenden Plattformen realisieren. So ermöglichen beispielsweise Auktionsfunktionen sowohl für Leistungsanbieter wie auch für Konsumenten eine angebots- und nachfragebezogene dynamisierte Preisgestaltung, die insbesondere Privatpersonen oder kleinere Unternehmen im C2C-Geschäft auf eine Plattform ziehen können. Eine wichtige Zusatzfunktion bildet die Möglichkeit für die Plattformteilnehmer, Parallelangebote über die jeweilige Plattform einzuholen, sodass Angebote durch eine direkte Gegenüberstellung auf der jeweiligen Plattform effizient verglichen werden können.
- Insbesondere für private Personen und kleine Organisationen können *standardisierte Verträge, Vertragsmuster und/oder -grundsätze* helfen, Transaktionen sowohl im C2C-

als auch im B2C-Geschäft einfach und kostengünstig zu gestalten. Eine wichtige Voraussetzung für die Wirksamkeit der Bereitstellung von Verträgen bzw. Vertragsmustern ist deren Rechtssicherheit. In den beiden genannten Geschäftskonstellationen können zudem *spezifische Zusatzleistungen*, wie beispielsweise Schutz- oder Versicherungsleistungen, für die durch die jeweilige Plattform vermittelten Transaktionen wichtige Faktoren für die Auswahl einer bestimmten Plattform durch die Plattformteilnehmer darstellen.

- Bei datenzentrierten digitalen Plattformen bildet die *Definition von Standards*, welche die Interoperabilität der angebotenen Leistungskomponenten im unterstützten Gesamtsystems sicherstellen, einen entscheidenden Erfolgsfaktor für die zielführenden Nutzbarkeit der entsprechenden Plattform. Mit derartigen Standards kann sichergestellt werden, dass die angebotenen Komponenten, Softwaresysteme und Dienstleistungen reibungslos miteinander interagieren, sodass diese durch die Plattformteilnehmer mit hoher Effizienz und Effektivität betrieben bzw. genutzt werden können.
- Eine *exzellenten Usability* der jeweiligen digitalen Plattform und ihrer Funktionen führt zu einer hohen Zufriedenheit der Plattformteilnehmer, womit Netzwerkeffekte unterstützt werden können. Die Usability kann sich auch in einem nutzerfreundlichen Aufbau und einer zielführenden Orchestrierung der Plattformfunktionen zu einem konsistenten Gesamtsystem manifestieren, was wiederum eine angenehme und effiziente Nutzung der entsprechenden Plattform unterstützt.
- Im B2C-Geschäft können wichtige indirekte Funktionen von digitalen Plattformen in *datenbasierten Analysen* der Aktionen der Plattformteilnehmer auf der jeweiligen Plattform und daraus abgeleiteter individualisierter Online-Werbung liegen, die zusätzliche Transaktionen auf dieser Plattform initiieren. Damit lassen sich für die Leistungsanbieter wie auch für den Plattformbetreiber zusätzliche Umsatzeffekte erzielen, die das Gesamtvolumen der Plattform erhöhen und positive Netzwerkeffekte auslösen können.
- Auch lassen sich *datenbasierte Zusatzleistungen* durch den Plattformbetreiber bereitstellen, die über existierende oder ergänzende Transaktionsfunktionen zugänglich gemacht werden und das Leistungsangebot an die Plattformteilnehmer erweitern. So kann mit der Analyse von Daten, die auf der jeweiligen Plattform verarbeitet werden, die Grundlage für fundierte Entscheidungen beim Plattformbetreiber wie auch bei den Plattformteilnehmern gelegt werden, die wiederum in Effizienzgewinnen und Effektivitätssteigerungen von Leistungsangeboten resultieren können.
- Ein grundlegendes Kriterium für die Akzeptanz digitaler Plattformen bei potenziellen Plattformteilnehmern sind die *Gewährleistung höchster Datensicherheit sowie des Schutzes der auf der Plattform verarbeiteten Daten* in allen Funktionen, die über die Plattform abgebildet werden. Dies gilt somit für die Kommunikation und die Interaktionen der Plattformteilnehmer wie auch für die unterschiedlichen Transaktionen und plattformgebundene Nutzung komplementärer Leistungskomponenten.

- Der Einsatz von Instrumenten der *Zertifizierung sowie Qualitätssiegel* sind insbesondere für die Nutzer datenzentrierter digitaler Plattformen wichtige Entscheidungskriterien für eine Plattform. Die jeweiligen Zertifizierungsinstrumente sollen sicherstellen, dass das Zusammenführen der Leistungsangebote und deren komplementärer Betrieb in einem konsistenten Gesamtsystem einwandfrei und reibungslos funktionieren. Somit bildet ein entsprechender Prüfungs- und Zertifizierungsprozess eine wichtige Funktion auf den entsprechenden digitalen Plattformen ab.
- Um eine Bewertung der Qualität der Leistungsangebote sowie der Leistungsanbieter auf transaktionszentrierten digitalen Plattformen zu unterstützen, sollten diese *Reputationsmechanismen* in Form von Bewertungssystemen implementieren. Mit einer solchen Funktion erlangen die Plattformteilnehmer eine gewisse Transparenz und Sicherheit über die Leistungsangebote, was wiederum weitere Plattformteilnehmer auf die entsprechende Plattform ziehen kann.
- Grundlegende Funktionen, die im Hintergrund einer digitalen Plattform ausgeführt werden können, sind die *Automatisierung einzelner Prozesse sowie ein Workflowmanagement,* welches die Plattformteilnehmer durch definierte Transaktionsprozesse, beispielsweise durch einen Checkout-Prozess bei Bezug von Waren, Dienstleistungen oder Erlebnissen über die Plattform, führt. Je zielführender Automatisierung oder Workflowmanagement die Stakeholder durch die entsprechenden Prozesse auf der entsprechenden Plattform führen, desto nutzerfreundlicher und angenehmer werden diese Prozesse und damit die Plattform insgesamt wahrgenommen.

Neben den vorangehend aufgeführten Erfolgskriterien sind die Art und die Anzahl der eingebundenen Stakeholdergruppen sowie deren angestrebte Interaktionen für die in eine digitale Plattform zu implementierenden Funktionen maßgeblich (Vgl. Engelhardt et al., 2017, S. 17): So können digitale Plattformen beispielsweise sowohl Angebote für das B2C-Geschäft als auch für B2B-Geschäft bereitstellen und damit Finanztransaktionen über den Checkout eines Warenkorbs mit unterschiedlichen Zahlungsmitteln für private Konsumenten oder eine elektronische Rechnungsstellung von Waren und/oder Dienstleistungen via EDI- oder eInvoicing-Funktionen an Geschäftskunden veranlassen. Dies ist beispielsweise bei einem Handwerkerportal denkbar, welches Reparaturleistungen sowohl für Privatkonsumenten als auch für Wohnungsunternehmen vermittelt und die Abwicklung der monetären Transaktionen steuert. Auch für unterschiedliche Business-Stakeholdergruppen können differenzierte Funktionen einer digitalen Plattform zum Einsatz kommen, wie beispielsweise ein Katalog zum Einkaufen von Baustoffen, in dem Baustofflieferanten ihre Angebote platzieren können, sowie zugleich eine Auktionsplattform für Spediteure, über welche diese ihre günstigsten Preisangebote für Transportaufträge für die bezogenen Baustoffe an die jeweiligen Käufer übermitteln können (Vgl. Hybrides Ökosystem um die *Schüttfix*-Plattform in Abschn. 6.1). Darüber hinaus ist der Verkauf von Marktdaten durch einen Plattformbetreiber an Dritte denkbar, sodass eine weitere Business-Stakeholdergruppe in das entsprechende Plattform-Ökosystem eingebunden würde.

6.2.2 Implementierungsstrategien

Das in Abschn. 6.1 vorgestellte Immobilienvermittlungsportal *ImmoScout 24* repräsentiert eine der bekanntesten und größten Plattformen der Immobilienwirtschaft. Die als Informationsmarkt eingeordnete Plattform vermittelt die meisten Miet- und Kaufobjekte in Deutschland und bietet darüber hinaus bestimmten Stakeholdergruppen, die rund um die Transaktionen von Immobilien agieren, wie beispielsweise Telekommunikationsunternehmen, Umzugsunternehmen oder Finanzierungsanbietern, die Möglichkeit zur Präsentation ihrer Leistungen. Mit der reinen Vermittlung von Immobilien gilt *ImmoScout 24* als sog. *Single-Use-Plattform,* d. h. die Plattform dient einzig dem Zweck der Immobilienvermittlung. Demgegenüber positionieren sich die *ImmoScout 24*-Wettbewerber *Immomio, Housey* und *rentcard* als *Multi-Use-Plattformen*: Neben der Vermittlung von Immobilien implementiert beispielsweise *Immomio* mit seiner Plattform ein digitalisiertes Anfragemanagement zur Unterstützung des Bewerbungsprozesses von Mietinteressent:innen für Immobilien. Damit werden die Interessent:innen eines Mietobjekt auf der *Immomio*-Plattform nach verschiedenen Faktoren kategorisiert und entsprechend der Anforderungen des jeweiligen Vermieters priorisiert, sodass der Auswahlprozess unterstützt wird. Auch unterstützt die Plattform weitere Funktionen, wie den Datentransfer zu einem ERP-System über eine geeignete Schnittstelle oder die Terminplanung mittels eines interaktiven Besichtigungskalenders. Zudem implementiert die Plattform eine Schnittstelle zu den „großen" immobilienwirtschaftlichen Informationsmärkten wie zu den Angebotsportale *ImmoScout 24, Immowelt, Immonet* oder *WG-Gesucht.de* (Vgl. Nölling, 2022).

Neben den Single-Use- und Multi-Use-Plattformen bilden *universelle Plattformen* eine weitere Umsetzungsmöglichkeit immobilienwirtschaftlicher Plattformen. Eine universelle Plattform integriert ergänzende für das Asset Management, das Property Management und das Facility Management wichtige Funktionen und kann darüber hinaus *Sensoren* und *Internet-of-Things (IoT)*-Anwendungen anbinden, die eine große Menge an Daten für das effiziente und sichere Verwalten von Gebäuden generieren. Universelle Plattformen für die Wohnungs- und Immobilienwirtschaft könnten einen umfassenden Leistungsumfang bereitstellen, welcher z. B. die folgenden Anwendungsfelder adressiert (Vgl. Nölling, 2022):

- Vermietung von Wohn- und Gewerbeeinheiten,
- digitale Kommunikation mit Mieter:innen oder WEG-Mitgliedern (im Sinne einer Mieter-App),
- Steuerung von Smart-Home-Anwendungen, wie z. B. Heizungsthermostate oder Beleuchtungsanlagen,

- Submetering und digitale Betriebskostenabrechnung,
- digitale Abwicklung und Steuerung von Handwerkeraufträgen und
- digitale Türöffnung plus Zutrittsmanagement.

Eine Plattform, welche die aufgelisteten Anwendungen vereint und zugleich möglichst vielen Anbietern offen stünde, wäre sehr erfolgversprechend – allerdings auch ziemlich komplex. Mit den umfassenden Funktionen hätten die Plattformnutzer einen außerordentlichen Nutzen und es wäre zu erwarten, dass sich die relevanten Marktteilnehmer sich um eine Anbindung bemühen würden. Es würde eine Plattform bereitgestellt, die in der Wohnungs- und Immobilienwirtschaft außerordentlich stark vertreten wäre und zugleich Innovationen – ganz nach den Vorstellungen des Plattformbetreibers – anschieben und steuern könnte (Vgl. Nölling, 2022).

Um Plattformen zielführend in einschlägigen Märkten zu implementieren, bedarf es eines klaren strategischen Pfads. Den Ausgangspunkt für eine Beschreibung von strategischen Ansätzen für die Implementierung von Plattformen bildet das Geschäftsmodell-Technologie-Portfolio (Vgl. Abb. 6.3), dessen horizontale Achse (x-Achse) Geschäftsmodelle charakterisiert und dessen vertikale Achse (y-Achse) Entwicklungsstufen von Informationstechnologien abbildet (Vgl. Engels et al., 2017, S. 40). Diese beiden Achsen gestalten sich wie folgt:

- Die Ausprägungen der horizontalen Achse liegen in produkt- und servicebezogenen Geschäftsmodellen. Bei den produktbezogenen Geschäftsmodellen stehen physische Produkte oder Lösungen im Zentrum des Geschäfts, wohingegen servicebezogene Geschäftsmodelle Dienstleistungen fokussieren. Es kann Synthesen zwischen den beiden genannten Ausprägungen geben, die vielfach eine Erweiterung des jeweiligen Geschäftsmodells bedeuten. Im Feld der servicebezogenen Geschäftsmodelle bilden Daten ein zunehmend wichtiges Element des Geschäfts.
- Auf der vertikalen Achse werden operative Technologien auf dem sog. *Shopfloor*[1], Informationstechnologien, die dem *Officefloor* zuzuordnen sind, sowie Internet of Things (IoT) Technologien aufgetragen. Die Entwicklung von den operativen Technologien bis hin zu IoT-Technologien vollzieht sich durch den zunehmenden Einsatz moderner Digitalisierungstechnologien, wie z. B. Infrastructure-as-a-Service (IaaS), Cyber Physischer Systeme (CPS) oder softwarebasierter Plattformen und Webservices.

Die Felder, die sich aus den beiden vorangehend dargestellten Dimensionen ableiten und das Geschäftsmodell-Technologie-Portfolio bilden, zeichnen charakteristische Bilder

---

[1] *Shopfloor* bezeichnet den Teil einer Fabrik, in welchem die Produkte hergestellt werden (vgl. Collins, 2024). Produkte bezeichnen in diesem Fall physische Produkte, Beim Shopfloor handelt es sich allgemeiner um den Ort der Wertschöpfung, wobei dieser Bereich oft eine eigene IT-Landschaft implementiert, die sich von der des Officefloors unterscheidet und von dieser entkoppelt ist (Bader, 2023).

6.2 Immobilienwirtschaftliche digitale Serviceplattformen

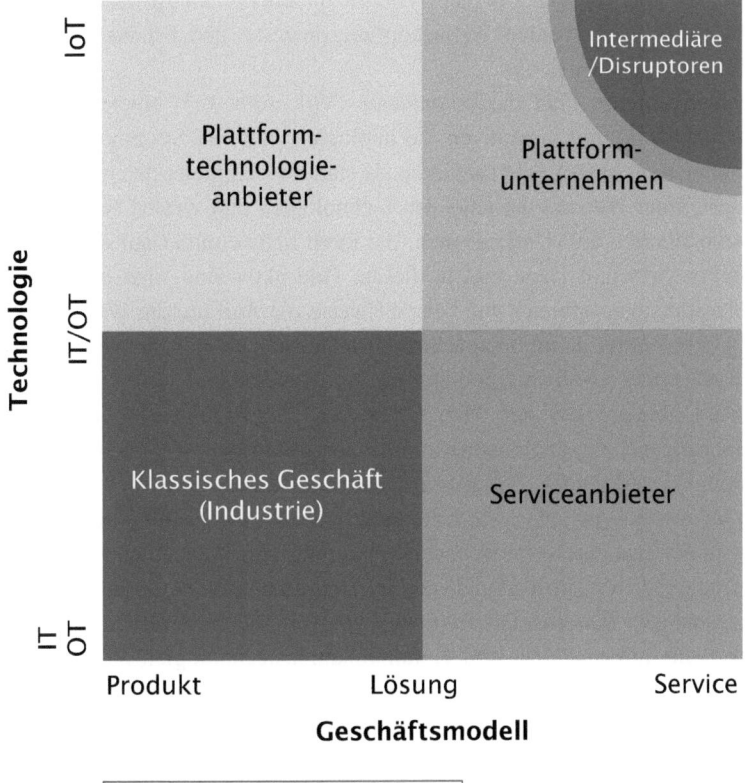

Abb. 6.3 Geschäftsmodell-Technologie-Portfolio. (Eigene Darstellung in Anlehnung an Gausemeier & Plass, 2014, S. 144)

der Leistungsanbieter aus der Kombination ihrer Geschäftsmodelle mit der Ausprägung der durch sie eingesetzten Technologien. Diese Felder stellen sich wie folgt dar (Vgl. Engels et al., 2017, S. 40 f.):

- Das linke untere Feld *Klassisches Geschäft (Industrie)* in Abb. 6.3 kombiniert produktbezogene Geschäftsmodelle unter Integration von Dienstleistungsprodukten mit operativen Technologien. Aus dem Bereich Wohnungs- und Immobilienwirtschaft sind hier einerseits traditionelle Unternehmen einzuordnen, welche Wohnungen für private Mieter:innen bereitstellen, als Verwaltungen für Häuser und WEGs fungieren oder Gewerbeimmobilien betreiben. Technologieeinsatz und Digitalisierung fokussieren

hier die Nutzung einschlägiger IT-Systeme zur effizienten Abwicklung der anfallenden Aufgaben, ggf. werden Wertschöpfungsprozesse und Produkte durch geeignete Technologien optimiert.
- Im rechten unteren Feld *Serviceanbieter* (Vgl. Abb. 6.3) spielen servicebezogene Geschäftsmodelle mit operativen Technologien bzw. IT-Systemen zusammen. Die Unternehmen in diesem Feld fungieren als etablierte Anbieter datengetriebener Dienstleistungen unter Nutzung bestehender Technologien und weisen stabile Kompetenzen in diesem Bereich auf. Unternehmen, die ihren Schwerpunkt auf die Wohnungs- und Immobilienwirtschaft legen und in diesem Feld aktiv sind, sind etablierte Software- und Dienstleistungsanbieter wie beispielsweise die *Aareon,* die *WISAG* oder *Techem.* Diese Unternehmen kombinieren ihre Dienstleistungen mit passgenauen Softwarelösungen oder bieten Softwareprodukte für ihre Kunden an.
- Im linken oberen Feld der Abb. 6.3 stehen *Plattformtechnologieanbieter,* welche produktbezogene Geschäftsmodelle mit fortgeschrittenen IT-Systemen bzw. IoT-Technologien verknüpfen. Bei diesen Unternehmen handelt es sich beispielsweise um Cloud-Infrastrukturanbieter, wie z. B. *Amazon Web Services (AWS),* oder Unternehmen, die beispielsweise eine vorausschauende Wartung von Anlagen und Geräten in Gebäuden vornehmen, wie die Aufzughersteller *Otis* und *Schindler* oder der Hersteller von Heizungsanlagen *Buderus.* Die letztgenannten Unternehmen vernetzen ihre physischen Produkte mit Informations- und Kommunikationstechnologien zu Cyber Physischen Systemen (CPS). Weiterhin zählen zu diesem Feld Unternehmen, die spezifische Funktionalitäten für Softwareplattformen anbieten, wie beispielsweise Sicherheitslösungen, Lösungen für Bezahlvorgänge oder für ein Reporting.
- Schließlich sind mit der Kombination von servicebezogenen Geschäftsmodellen und fortgeschrittenen IT-Systemen im rechten oberen Feld (Vgl. Abb. 6.3) *Plattformunternehmen* verortet, deren Leistungsangebot auf datengetriebenen Geschäftsmodellen und IoT-Technologien basiert. In dieses Feld sind die in Abschn. 6.1 beschriebenen Unternehmen der Immobilienwirtschaft einzuordnen, also beispielsweise *Airbnb, ImmoScout 24* oder die Überwachungsplattform *WeMaintain.*

Auf Basis der vorangehend beschriebenen Felder des Geschäftsmodell-Technologie-Portfolios lassen sich strategische Ansätze formulieren, die eine Verschiebung der Geschäftstätigkeit von Organisationen hin zu Plattformunternehmen realisieren. Eine solche Verschiebung muss nicht notwendigerweise die gesamte Organisation umfassen, sondern es lassen sich – beispielsweise mit Bezug auf bestimmte Kundensegmente oder mit der Weiterentwicklung einzelner Dienstleistungen – neue Geschäftsmodelle generieren und umsetzen, die neben profitablen bestehenden Geschäftsmodellen betrieben werden. Generell gilt jedoch, dass eine kontinuierliche inkrementelle Weiterentwicklung bereits bestehender Geschäftsmodelle in der späten Phase ihres Bestehens zu Sättigungseffekten führt und das damit verbundene Leistungsangebot nicht mehr hinreichend attraktiv

6.2 Immobilienwirtschaftliche digitale Serviceplattformen

für die potenziellen Kunden ist. Damit besteht die Anforderung an die Gestaltung der entsprechenden Geschäftsmodelle, diese auf eine neue Ebene zu heben (Vgl. Engels et al., 2017, S. 41).

Um eine Entwicklung zu realisieren, die aus einem existierenden Geschäftsmodell auf die Bildung eines Plattform-Ökosystems führt, sind spezifische Implementierungsstrategien zu verfolgen die in Abb. 6.4 visualisiert sind. Diese Strategien bauen auf der Ausgangssituation und damit auf der Position des jeweiligen Unternehmens im Geschäftsmodell-Technologie-Portfolio auf. Sie lassen sich mit drei charakteristischen Pfaden beschreiben (Vgl. Engels et al., 2017, S. 43 f.):

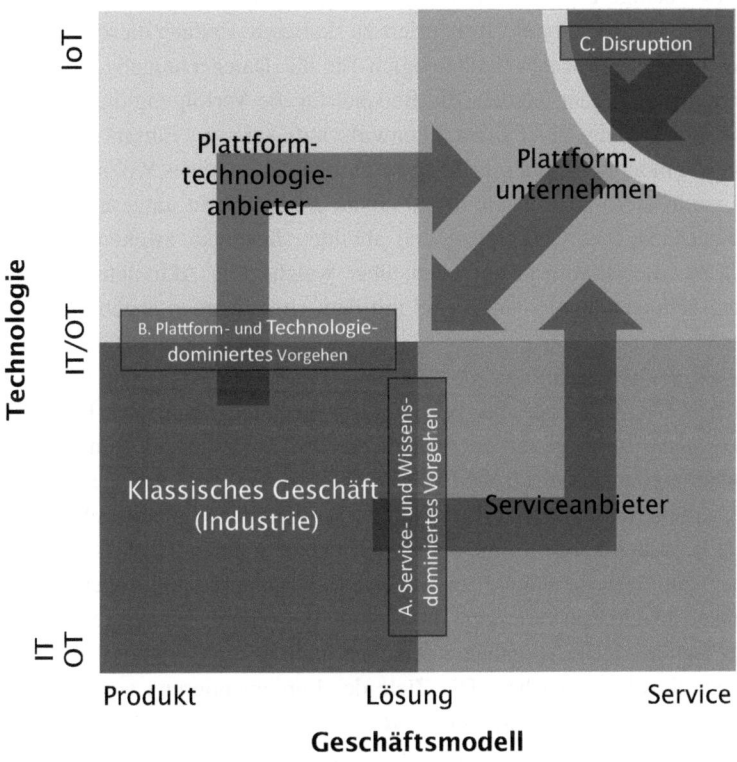

Abb. 6.4 Strategiepfade im Geschäftsmodell-Technologie-Portfolio. (Eigene Darstellung in Anlehnung an Gausemeier & Plass, 2014, S. 144)

- In einem *service- und wissensorientierten Vorgehen* wird eine Entwicklung vom *klassischen Geschäft* über das Feld *Serviceanbieter* hin zu einem *Plattformunternehmen* verfolgt. In diesem Strategieansatz wird davon ausgegangen, dass die Player, die ein klassisches Geschäft betreiben, über enormes spezifisches Wissen in ihrer Domäne verfügen. Dieses Wissen wird zunächst nutzbar gemacht, indem daraus neue Algorithmen und Services entwickelt werden, welche über ein servicebezogenes Geschäftsmodell nutzbar gemacht werden. Dies erfolgt über den Einsatz neuer Technologien zur Erfassung einschlägiger Daten und deren Vernetzung mit anderen Daten. Die Implementierungsstrategie für eine Plattform als Zentrum eines Ökosystems besteht im Weiteren darin, über das Serviceangebot Know-how aufzubauen, das integrierte geistige Eigentum *(Intellectual Property, IP)* zu schützen und die Plattform in einem gesicherten Umfeld strukturiert zu skalieren. Entlang dieses Ansatzes müssen Kompetenzen zu zentralen Technologien für die Datenerzeugung, -übertragung und -speicherung aufgebaut werden. Ein Beispiel für die Verfolgung dieses Strategieansatzes in der Wohnungs- und Immobilienwirtschaft kann im Einsatz eines KI-basierten Bots für die mündliche und schriftliche Kommunikation eines Wohnungsunternehmens mit seinen Mieter:innen liegen, der in einem ersten Schritt umgesetzt wird und damit ein servicebezogenes Geschäftsmodell abbildet. In einem zweiten Schritt kann dieser Bot in einer Plattform aufgehen, über welche alle Aktivitäten der Stakeholder des Unternehmens untereinander und mit dem Unternehmen abgebildet und gesteuert werden.
- Im *plattform- und technologiedominierten Vorgehen* erfolgt eine Entwicklung vom *klassischen Geschäft* über das Feld Plattformtechnologieanbieter hin zum *Plattformunternehmen*. Im Zuge dieser Strategie werden Kompetenzen zum Beherrschen von IoT-Technologien aufgebaut, sodass erzeugte, verarbeitete und gespeicherte Datenströme mittels Sensorik erfasst und auf dieser Grundlage plattformbezogene Dienste entwickelt werden können. Eine derartige Strategie können beispielsweise Eigner bzw. Anbieter von Gewerbeimmobilien verfolgen, die ihr produktbezogenes Geschäftsmodell zunächst weiterhin verfolgen, ihre Immobilien jedoch mit IoT-Technologie ausstatten, um regulatorische Vorgaben zu erfüllen und/oder ihre Immobilien für potenzielle Mieter attraktiver zu machen. Die Ziele der Implementierung von IoT-Technologien in Gewerbeimmobilien können in der Realisierung von Energieeinsparpotenzialen, in der vorausschauenden Wartung von gebäudetechnischen Anlagen und Geräten sowie in der Verbesserung von Sicherheitslösungen liegen (Vgl. Berndt, 2024, S. 2). In einem zweiten transformatorischen Schritt kann solch ein Unternehmen parallel zu seinem existierenden Geschäftsmodell ein neues servicebezogenes Geschäftsmodell aufbauen, entsprechend dessen es den gewerblichen Mietern oder deren Facility Management über eine Plattforme ein Monitoring und ggf. eine Steuerung der technischen Gebäudeausrüstung ermöglicht und ergänzende Services anbietet. Neben Monitoring- und Steuerungsfunktionen könnte eine solche Plattform auch Kommunikationsfunktionen sowie ein Handwerker- bzw. Dienstleisterportal integrieren.

6.2 Immobilienwirtschaftliche digitale Serviceplattformen

- Den dritten Pfad hin zu einem Plattform-Ökosystem lässt sich mit einer *Veränderung des Marktmodells,* die in einer *Disruption* mündet, beschreiben: Unternehmen, welche diese Strategie verfolgen, implementieren bereits ein servicebezogenes Geschäftsmodell und haben zudem bereits moderne Digitalisierungstechnologien umgesetzt, befinden sich also bereits im Feld *Plattformunternehmen* des Geschäftsmodell-Technologie-Portfolios. Als Anbieter von plattformbezogenen Leistungen können diese Unternehmen andere Akteure im Markt disruptieren, indem sie sich als Intermediäre entsprechender Leistungen etablieren. So kann beispielsweise ein Plattformunternehmen wie *WeMaintain,* welches bereits herstellerunabhängig Überwachungs- und Fernwartungsleistungen in einem entsprechenden Ökosystem erbringt, sein Geschäft dahingehend erweitern, dass neben der Überwachung und Fernwartung sowie den physischen Wartungs-, Instandhaltungs- und Reparaturleistungen plattformbasiert weitere Leistungen des Facility Managements angeboten werden. Ziel muss hier die Schaffung zusätzlicher Netzwerkeffekte über das ursprüngliche Kernangebot hinaus und damit das Realisieren einer zusätzlichen Skalierung sein, die im besten Fall für das Unternehmen zu einer marktbeherrschenden Stellung führt.

Die Umsetzung der skizzierten Strategieansätze zur Implementierung bzw. Stärkung einer Plattform als Zentrum eines Plattform-Ökosystems aus einem bestehenden Geschäft heraus wie auch die Implementierung einer gänzlich neuen Plattform auf Basis eines eigens entwickelten Geschäftsmodells zielt auf die Erfüllung definierter Anforderungen ab: Diese liegen im Einbeziehen der Stakeholder einer solchen Plattform sowie der Akteure im Ökosystem, um die Chancen des Marktes richtig einschätzen und diese ausschöpfen zu können, im Nutzbarmachen der Stärken des Leistungsanbieters sowie in der Mitnahme der intern beteiligten Akteure. Einen wichtigen Ansatz für ein zielführendes strukturiertes Vorgehen bildet das *Service Engineering,* das die Entwicklung von Dienstleistungen fokussiert, sich jedoch auf die Entwicklung eines Plattform-Ökosystems erweitern lässt (Vgl. Stauss, 2006, S. 323 f.).

Service Engineering
Für eine Systematisierung und Etablierung des *Service Engineering* ist Mitte der 2000er Jahre ein Phasenmodell entstanden, dass die Phasen *Service Creation, Service Design* und *Service Management* für die Entwicklung von Dienstleistungen definiert. In einer *Situationsanalyse,* die am Anfang des Prozessablaufs steht, werden zunächst die Anforderungen und Rahmenbedingungen ermittelt sowie die Ziele der Stakeholder definiert. Diese Analyse

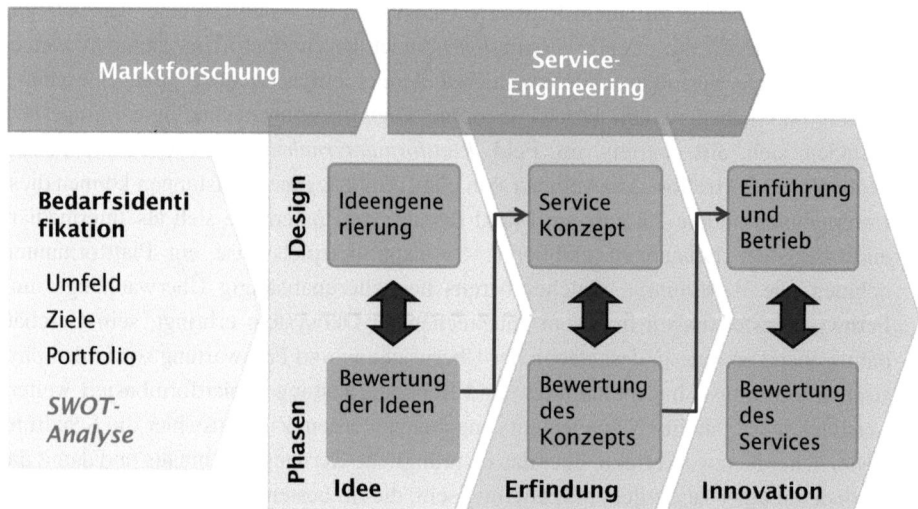

Abb. 6.5 Phasenmodell des Service Engineering. (Eigene Darstellung in Anlehnung an Siegfried, 2010, S. 21)

kann eine SWOT-Analyse[2] und eine Portfolio-Analyse[3] integrieren. Die drei oben genannten Phasen folgen nach; sie lassen sich in Gestaltungs- und Bewertungsaufgaben aufteilen und umfassen spezifische Teilprozesse (Vgl. Abb. 6.5).

Die erste Phase des Service Engineering, die *Service Creation,* beginnt mit der *Ideenfindung,* welcher die Bewertung der Ideen nachfolgt (Vgl. Siegfried, 2010, S. 12). Im Zuge der *Ideenbewertung* werden oftmals unterschiedliche Lösungsansätze gegeneinandergehalten und strukturiert bewertet. Dies setzt voraus, dass auf Basis der Vorarbeiten mehrere Lösungsansätze entwickelt werden. Die nachfolgende Phase des *Service Design* umfasst die Entwicklung eines *Service- bzw. Dienstleistungskonzepts,* das im Zuge einer

---

[2] Eine SWOT-Analyse bezeichnet eine Positionierungsanalyse der Aktivitäten einer Organisation gegenüber dem Wettbewerbern. Im Rahmen einer solchen Analyse werden das Organisationsumfeld analysiert und die Ergebnisse in einem Chancen-Risiken-Katalog dokumentiert. Den Chancen und Risiken werden die Ergebnisse einer internen Analyse der Organisation in einem Stärken-Schwächen-Profil gegenübergestellt. Die über die externe und interne Dimension aufgezogene SWOT-Matrix stellt Normstrategien für die jeweilige Kombination aus Chancen, Risiken, Stärken und Schwächen bereit (vgl. Gabler, 2018). Vor dem eigentlichen Service Engineering Prozess kann die SWOT-Analyse u. a. geeignete Einstiegspunkte für das Finden von Dienstleistungsideen identifizieren.

[3] Eine Portfolio-Analyse dient als Methode des strategischen Managements dazu, das Produkt- bzw. Dienstleistungsportfolio einer Organisation anhand zweier ausgewählter Parameter – einer mit Außenbezug, wie z. B. das Marktwachstum, und einer mit Innenbezug, beispielsweise der Marktanteil – zu einzuordnen und zu kategorisieren. Aus den Parametern entsteht eine Zwei-Felder-Matrix, in welche die Produkte eingeordnet werden und mit der sich strategische und wirtschaftliche Entscheidungen für die Organisation vorbereiten lassen (vgl. BMIH, 2024).

Konzeptbewertung überprüft und validiert wird. Im Zuge der Entwicklung eines Plattform-Ökosystems sind in den beiden skizzierten Phasen bereits Überlegungen zur Abbildung des geplanten Leistungsangebots auf der zu entwickelnden Plattform anzustellen, d. h. parallel zur Dienstleistungsentwicklung muss bereits eine Entwicklung informationstechnischer Konzepte betrieben werden. Die dritte Phase des Service Engineering, das *Service Management*, setzt sich aus den Teilprozessen *Einführung und Erbringung* der Dienstleistungen sowie *Service Assessment* zusammen. Die die Plattformentwicklung bedeutet dies, dass die technischen Voraussetzungen erfüllt sein müssen und die Plattform bereitstehen muss, um die Leistungen für das Plattform-Ökosystem bereitstellen zu können. Die Aktivitäten zur Marktforschung sowie der Marketingkonzeption bilden Querschnittsaufgaben, welche dazu dienen, erstens die Anforderungen des Marktes zu erfassen und zweitens ein Marketingkonzept für das Leistungsangebot zu entwickeln, in welches die Erkenntnisse aus den Phasen des Service Engineering einfließen.

Die parallele Entwicklung bzw. Verfeinerung der Definition der Leistungsangebote, die über eine Plattform abgebildet werden sollen, verlangt nach einem Vorgehen, dass die informationstechnischen Entwicklungsschritte integriert. Diese Integration lässt sich mit dem semi-iterativen *Service Engineering Referenzmodell* realisieren, welches die Dimensionen *Markt, Potenzial, Prozess* und *Ergebnis* integrieren muss (Vgl. Bullinger & Schreiner, 2006, S. 56 ff.). Dieses *Service Engineering Referenzmodell* beschreibt ein Vorgehensmodell, welches den Prozess der Dienstleistungsentwicklung in sechs Phasen unterteilt (Vgl. Abb. 6.6). Im Zuge der Anwendung dieses Vorgehensmodells kommen unterschiedliche Methoden und Instrumente zum Einsatz, die geeignet sind, in jeder der Phasen zielführende Ergebnisse bereitzustellen. Die parallele Entwicklung der Plattform dadurch erfolgreich durchgeführt werden, dass das Leistungsangebot über die Plattform Schritt für Schritt aufgebaut wird und somit ein strategischer Weg verfolgt wird, der von einem klassischen Geschäft oder von einem Neugeschäft ausgehend ein *service- und wissensorientierten Vorgehen* realisiert, wie es oben beschrieben ist. Dies bedeutet, dass das Dienstleistungsangebot ebenso schrittweise entwickelt wird wie die technische Plattforminfrastruktur sowie die in die Plattform zu integrierenden Funktionen, die das Leistungsangebot abbilden. Seiten eines Projektmanagements ist dafür ein *agiles Vorgehen* denkbar, mit dem von Phase zu Phase – jede Phase wird als *Sprint* bezeichnet und läuft üblicherweise über einen Zeitraum von zwei Wochen – kleine funktionsfähige Teile der Services wie auch der zugehörigen Softwarefunktionen schnell für die Kunden bereitgestellt werden, um das gegebene Leistungsversprechen einzulösen und Zufriedenheit bei den Kunden zu erzielen (Vgl. RedHat, 2022).

Das Service Engineering Referenzmodell beschreibt die einzelnen Schritte, die vom Entstehen einer Idee für eine Dienstleistung bis zur marktreifen Einführung dieser Dienstleistung durchlaufen werden. Diese Schritte stellen sich im Einzelnen wie folgt dar (Vgl. Bullinger & Schreiner, 2006, S. 72 f.):

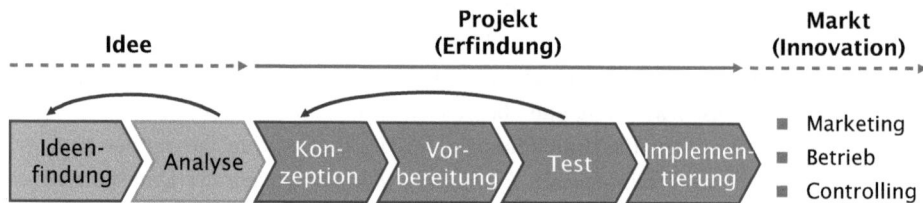

Abb. 6.6 Semi-iteratives Service Engineering Referenzmodell. (Eigene Darstellung verändert nach Bullinger & Schreiner, 2006, S. 73)

- Die *Ideengenerierung* beschreibt die Startphase des Service Engineering Prozesses. Im Rahmen dieser Phase werden das Suchfeld bestimmt und die eigentlichen Ideen entwickelt. Zur Generierung der Ideen können Kreativitätsmethoden wie beispielsweise *Brainstorming* oder die *6-3–5-Methode* genutzt werden. Als Ergebnisse der Ideengenerierung resultiert eine Sammlung von Ideen, die im folgenden Schritt analysiert und bewertet werden müssen.
- Im Zuge der *Ideenanalyse* erfolgt die Auswahl der ggf. zu detaillierenden Ideen und deren Priorisierung. Die erste Teilaufgabe in diesem Schritt bildet die Konfiguration, d. h. es wird eine erste Vorauswahl der weiter zu verfolgenden Ideen vorgenommen, die ggf. verfeinert werden sollen. Die ausgewählten Ideen werden bewertet und priorisiert; dazu ist die Entwicklung von Bewertungskriterien in diesem Schritt erforderlich. Kriterien, die in dieser Phase von Bedeutung sein können, sind der erwartete Nutzen der jeweiligen Idee vor dem Hintergrund der Anforderungen der Stakeholder und des Marktes oder die Komplexität und die erwartete Entwicklungszeit des jeweiligen Dienstleistungen – sowie im Falle der Plattformentwicklung die erwartete Entwicklungszeit der Plattformfunktionen zur Abbildung der entsprechenden Leistung. Den letzten Schritt in der Phase der *Ideengenerierung und -analyse* (*Service Creation*) bildet eine *Stop-or-Go*-Entscheidung, in welcher die weiter zu verfolgenden Ideen ausgewählt, Entwicklungsprojekte definiert und erste Entwicklungspfade festgelegt werden. Die beschriebene Phase der *Service Creation* ist ein iterativer Prozess, der erneut durchlaufen werden kann.
- Das *Service Design* startet im Anschluss mit der *Konzeption*. Mit diesem Schritt werden ein oder mehrere Projekt für die Entwicklung der Dienstleistungen initiiert, die ebenfalls iterativ ablaufen können. Die Aufgabe der *Konzeption* liegt in der Spezifikation der Dienstleistungen hinsichtlich ihrer *Markt-, Potenzial-, Prozess-* und *Ergebnisdimensionen*, die am Ende dieses Schritts für jede Dienstleistung zu einer Gesamtspezifikation zusammengeführt werden (Vgl. Bullinger & Schreiner, 2006, S. 72). Für die spezifizierten Dienstleistungen wird das jeweilige Servicekonzept weiterentwickelt. Dazu werden die notwendigen Ressourcen zur Leistungserbringung ermittelt, die Prozesse dimensioniert, d. h. die Produktionsfaktoren mit den externen Anforderungen zusammengeführt, und schließlich die Wirkung des Leistungsangebots auf die Stakeholder spezifiziert.

6.2 Immobilienwirtschaftliche digitale Serviceplattformen

Insgesamt entsteht daraus ein Konzept für jede Dienstleistung, welche ein Produktmodell, ein Prozessmodell und ein Ressourcenmodell integriert (Vgl. Abb. 6.7). Das Produktmodell beschreibt die jeweilige zu erbringende Dienstleistung, die benötigten Datenmodelle sowie die Einzelleistungen, aus denen sich das Modell zusammensetzt. Das Prozessmodell stellt die notwendigen Prozesse zur Leistungserbringung dar und definiert dazu Prozessschritte und Schnittstellen. Schließlich liefert das Ressourcenmodell eine Übersicht der benötigten personellen und informationstechnischen Ressourcen für die Leistungserbringung.

- An die *Konzeption* der Dienstleistungen schließen die *Vorbereitung* und das *Testing* an. Mit der Vorbereitung wird das Produktmodell weiter detailliert, indem mit Bezug zu den jeweiligen Nutzern der Dienstleitungen *Use Cases* bzw. *Anwendungsszenarien* entwickelt und damit die mögliche Erfüllung der Stakeholderanforderungen geprüft werden. Aus diesen Cases und Szenarien lassen sich *Stories* zur jeweiligen Dienstleistung ableiten, welche die eingesetzten personellen und informationstechnischen Ressourcen einbeziehen. Eine wichtige Methode, welche im Zuge der *Vorbereitung* und des *Testing* der Dienstleistungen eingesetzt wird, bildet das *Quality Function Deployment*. Es handelt sich dabei um eine Methode zur kundenorientierten Produktplanung, über welche die Anforderungen der Konsumenten eines Produkts bzw. einer Dienstleitung ermittelt und diese Anforderungen direkt in (technische) Lösungen umgesetzt werden (Vgl. QFD, o. J.). Im Rahmen der parallelen Dienstleistungs-Plattform-Entwicklung sind aus den ermittelten Anforderungen die notwendigen IT-Infrastrukturen, die benötigten Plattformfunktionen im Front- und Backend sowie die Nutzerschnittstelle zu gestalten. An

Abb. 6.7 Konzeption von Dienstleistungen. (Eigene Darstellung in Anlehnung an Meiren & Barth, 2002, S. 15)

dieser Stelle besteht die Verbindung zur Detaillierung der Prozessmodelle, die über die Plattform abgebildet werden müssen. Mit diesem Modell werden neben den entwickelten Dienstleistungen zugehörigen Geschäftsprozessen die Schnittstellen im Detail beschrieben und eine Abgrenzung der Prozesse gegeneinander vorgenommen. Ein Hilfsmittel, das die Definition von Prozessmodellen unterstützt, bildet der in Abschn. 1.4.4 vorgestellte *Service Blueprint*, der erstens Prozessschritte mit und ohne Stakeholderinteraktionen differenziert und zweitens die für die Stakeholder sichtbaren Prozessschritte von den für diese nicht sichtbaren trennt. Schließlich wird mit der Ausarbeitung des Ressourcenmodells festgelegt, wie viele personelle Ressourcen für die Leistungserbringung eingesetzt werden, wie die Infrastrukturelemente und weitere physische Ressourcen auszugestalten sind und welche sonstigen Mittel benötigt werden. Die entwickelten Dienstleistungen sowie die Plattform, die über die beschriebenen Modelle definiert werden, werden im Zuge des *Testing* mit einer Auswahl an Stakeholdern als Prototyp erprobt und in einem iterativen Prozess, der sich über die gesamte Phase des *Service Design* erstreckt, sukzessive verbessert.

- Die *Implementierung* bildet des Abschluss des *Service Designs* und damit die Übertragung in den Markt. Im Zuge dieses Schritts werden der Pilotbetrieb in einen produktiven Betrieb überführt bzw. die Dienstleistung und die Plattformfunktionen ausgerollt. Dies wird i. d. R. begleitet durch Kommunikation und Marketingaktivitäten in Richtung der Stakeholder und der Konsumenten.

Die Darstellungen eines Entwicklungsprozesses entlang des Service Engineering Referenzmodells fokussieren auf die Entwicklung von Dienstleistungen, zeigen zugleich jedoch Ansätze für die notwendige Verknüpfung der Dienstleistungsentwicklung mit der Plattformentwicklung auf. Damit verbunden ist die Notwendigkeit, die Entwicklung einer Plattform zu organisieren sowie deren Weiterentwicklung laufend zu überprüfen. Diese Verknüpfung der Entwicklung hilft, einerseits Ideen für neue Dienstleistungen zu gewinnen, andererseits können auch neue Dienstleistungsideen an der Nutzung einer Plattform bzw. von Plattformsubsystemen gespiegelt werden (Vgl. Stauss, 2006, S. 335 f.).

Für die parallele Entwicklung von Dienstleistungen und Plattformen bzw. deren Subsystemen und Funktionen, welche die Dienstleistungen unterstützen, sind *cross-funktionale Teams* zur bilden, welche entlang der Dienstleistungsentwicklung die Plattformentwicklung betreiben und dabei die Entwickler der Dienstleistungen sowie weitere Experten einbeziehen. Damit können die Entwicklung der benötigten Infrastrukturen, Plattform-Subsysteme und Frontend- sowie Backend-Funktionen angeregt, koordiniert und strukturiert ausgeführt und diese ggf. in bereits existierende Plattformen integriert werden. Die laufende Überprüfung der Weiterentwicklung der Plattform sollte ebenfalls Aufgabe eines solchen Teams sein.

Change Management

Generell gilt auch für die Entwicklung von Plattform-Ökosystemen – wie für alle Veränderungsprozesse – dass die allgemeinen *Regeln des Change Managements* für das erfolgreiche Erreichen des angestrebten Ergebnisses, in diesem Fall die Implementierung einer Plattform und ihre starke Positionierung am Markt, eingehalten werden müssen. Dies gilt umso mehr für Organisationen, die sich mit ihren Produkten und Dienstleistungen eingerichtet haben und etablierte Organisations- und Prozessstrukturen aufweisen. Die wichtigsten Regeln, die im Zuge eines Veränderungsprozesses in Organisationen zu beachten sind, stellen sich wie folgt dar (Vgl. Haufe, 2013):

- Formulierung verständlicher und klarer Ziele der Veränderung: Die Zielformulierung einer Veränderung sollte unter aktiver Einbeziehung der betroffenen Akteure erfolgen, um die Akzeptanz der Veränderung zu fördern. Dies erzeugt zusätzliche Motivation bei diesen Akteuren und sollte bei Entwicklungsprojekten i. d. R. gegeben sein. Auch sollten die Akteure in Veränderungsprozessen durch das Management oder durch Coaches verantwortlich begleitet werden, um eventuelle Vorbehalte abzubauen. Wichtig ist, dass bei Rückfragen der Beteiligten Ansprechpartner zur Verfügung stehen, welche über hinreichendes Fachwissen bzgl. des Prozesses verfügen und denen die betroffenen Akteure vertrauen.
- Kommunikation und Erzeugen von Begeisterung für die Veränderung: Die Formulierung einer Aufgaben als Herausforderung, die ohne Überforderung der Beteiligten erreicht werden kann, sollte Begeisterung und Motivation für die Aufgabe auslösen. Die Führungskräfte der Organisation müssen den Akteuren dazu trotz Veränderung Sicherheit und Transparenz vermitteln und den Nutzen der jeweiligen Veränderung für diese Akteure aufzeigen. Wichtige Faktoren bei der Kommunikation sind die Zeitpunkte, Inhalt, Menge und Tonalität der durch Führungskräfte getätigten Aussagen.
- Zeit und Geduld: Veränderungsprozesse sollten lediglich so schnell vorangetrieben werden, wie es die Beteiligten bzw. die Organisation zulassen. Dies bedeutet, dass sich die Geschwindigkeit eines Veränderungsprozesses je nachdem unterscheidet, ob diese in einem Start-Up- bzw. in eine PropTech-Unternehmen oder in einem etablierten Wohnungsunternehmen stattfinden. Dies gilt auch nach Umsetzung der Veränderungen in der Organisation und Abschluss aller Schulungen.
- Hinreichende Berücksichtigung des Kosten-/Nutzen-Verhältnisses: Ein positiver *Return on Investment (ROI)* erfordert ein Ergebnis, welches spürbar positiv und größer als der Aufwand für dessen Erzielung ist. Dies bedeutet, dass Veränderungen nur angestoßen und betrieben werden sollten, wenn der Organisation ein valider Mehrwert entsteht. Dieser kann in der Verbesserung der Marktposition der Organisation liegen oder in einer Reduzierung der Kosten, die im Zuge der Wertschöpfung entstehen.
- Initiierung einer kulturellen Veränderung: Insbesondere tiefgreifende Veränderungen erfordern eine Anpassung der Kultur einer Organisation. Dazu ist zunächst eine Analyse der Normen und Werte der Organisation im Ist- und im Soll-Zustand erforderlich,

bevor darauf aufbauend Maßnahmen zum Schließen der Differenz entwickelt werden. Mit der Kulturellen Veränderung der Organisation muss oft eine Veränderung im Verhalten und in der Haltung der Akteure in der Organisation einhergehen.

- Glaubwürdiges Agieren der Führungskräfte: Die Führungskräfte müssen vor dem Hintergrund einer Veränderung glaubwürdig kommunizieren, vielmehr jedoch glaubwürdig agieren, sodass Kommunikation und Aktion von den beteiligten Akteuren als konsistent wahrgenommen werden. Das Management der Organisation muss hinter der angestrebten Veränderung stehen und diese zu jedem Zeitpunkt glaubwürdig vertreten. Dies unterstreicht die Sinnhaftigkeit eines Veränderungsprojekts.

Diese Regeln sind insbesondere zu beachten, wenn eine existierende Organisation von einem bestehenden Geschäftsmodell mittels des beschriebenen *service- und wissensorientierten Vorgehens* oder des *plattform- und technologiedominierten Vorgehens* hin zu einem *Plattformunternehmen* entwickelt werden soll. Befindet sich ein Unternehmen bereits im Feld *Plattformunternehmen* des Geschäftsmodell-Technologie-Portfolios oder möchte ein Start-Up ein gänzlich neues Plattform-Ökosystem aufbauen, sind die internen Veränderungen überschaubar und beherrschbar, sodass nicht notwendigerweise ein explizites Change Management betrieben werden müsste. Dennoch kann die Beachtung der vorangehend formulierten Regeln auch in den letztgenannten Veränderungsfällen von Bedeutung sein.

6.3 Fallbeispiel: Ein Plattform-Ökosystem für den Immobilien-Vermietungsprozess

Die Vermietung von Immobilien folgt einem Prozess, in welchem unterschiedliche Akteure bzw. Organisationen eingebunden sind, die in vielfältiger Weise miteinander interagieren. Neben den Mietinteressent:innen sind dies Vermieter, Intermediäre, die Informationen zu den zu vermietenden Objekten bzw. zu den Mietinteressent:innen bereitstellen, wie Makler, Kreditinstitute oder Auskunfteien, ggf. weitere Dienstleister, z. B. Rechtsanwälte, Hauswarte oder Dienstleister für das Zugangsmanagement von Objekten. Mit diesen persönlichen und institutionellen Akteuren entsteht ein komplexes Ökosystem, das mehrere digitale Serviceplattformen integriert und den gesamten Vermietungsprozess von der Planung und Vorbereitung einer Vermietungsanzeige für ein Objekt bis hin zur Übergabe des Objekts an die Mieter:innen abbildet. Neben der Abwicklung der Prozesse über die Plattformen lässt sich in diesem Ökosystem ein Großteil der Kommunikation auf oder neben diesen Plattformen elektronisch abwickeln. Abb. 6.8 zeigt die Architektur des beschriebenen Plattform-Ökosystems, in dessen Zentrum eine Vermittlungsplattform, wie sie beispielsweise *ImmoScout 24* repräsentiert, steht.

Mit Unterstützung von Serviceplattformen lassen die Teilprozesse des Vermietungsprozesses effizient und durchgängig ausführen, wobei im Zuge dieses Prozesses weiterhin

6.3 Fallbeispiel: Ein Plattform-Ökosystem für den Immobilien-Vermietungsprozess

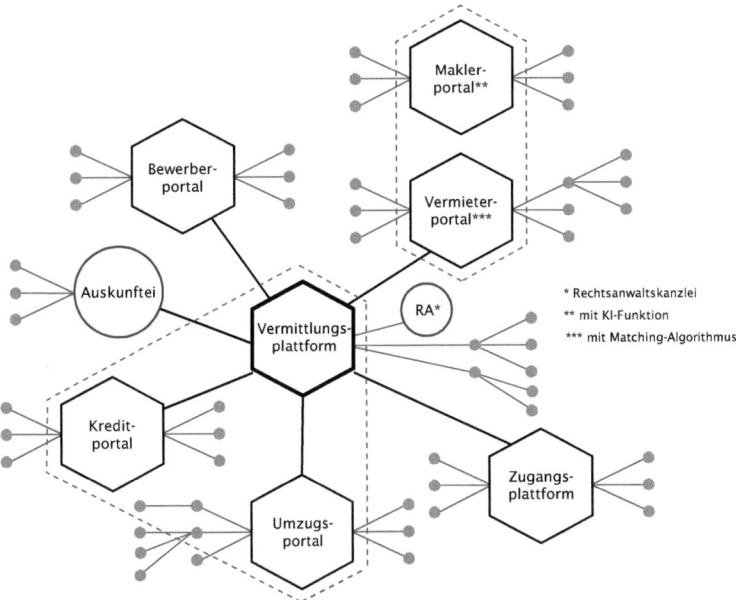

Abb. 6.8 Plattform-Ökosystem für den Vermietungsprozess. (Eigene Darstellung)

einzelne manuelle Arbeitsschritte und Entscheidungen durch Menschen durchzuführen bzw. zu treffen sind. Der Kernprozess der Vermietung ist in Abb. 3.10 als Referenzprozess für ein Wohnungsunternehmen in einem BPMN-Modell dargestellt. Die entsprechenden Teilprozesse und deren Abwicklung innerhalb des Ökosystems lassen sich wie folgt skizzieren (Vgl. Gsell & Braun, 2024, S. 27):

- Vermarktung: Im Zuge des Teilprozesses *Vermarktung* werden alle für die Vermarktung relevanten Informationen zusammengetragen, so beispielsweise die Eckdaten des zu vermietenden Objekts wie Größe, Zustand, Betriebskosten, anzugebende Energieverbrauchsdaten (Energieausweis), Fotos des Objekts, etc. Aus diesen Basisinformationen werden die Vermarktungsunterlagen, insbesondere Anzeigen und Exposé zum Objekt, generiert. Zahlreiche Vermieter nehmen für die Vermarktung die Leistungen eines Maklerunternehmens in Anspruch, die diesen Prozess gestalten und steuern. Serviceplattformen wie *McMakler* erlauben Vermietern einen für die Vermarktung geeigneten Makler zu finden, die zusammengetragenen Informationen hochzuladen, daraus Anzeigen und Exposés zu erstellen – dies kann mit KI-Unterstützung erfolgen – bei Vorliegen geeigneten Bild-/Videomaterials ggf. virtuelle Rundgänge durch das jeweilige Objekt zu generieren und die Anzeigen einschließlich Objektfotos auf den einschlägigen *Vermittlungsplattformen* bereitzustellen.

- Bestimmung der Zielgruppe: Der Prozessschritt *Bestimmung der Zielgruppe* für das Objektangebot wird üblicherweise durch den Vermieter oder Betreiber des Objekts ausgeführt. Dieser Prozessschritt bildet einen Teil der Vermarktung. In Abhängigkeit von der möglichen Nutzungsart des Objekts, der Größe, der angestrebten Rendite und weiterer Faktoren dokumentiert der Vermieter die Anforderungen an die Zielgruppe für das Vermietungsobjekt. Die Dokumentation kann in einem *Vermieterportal* vorgenommen werden, in welchem der Vermieter später die eingehenden Interessensbekundungen managen sowie diese mit den Zielgruppen-Anforderungen abgleichen kann. Die Funktionen Anforderungsdokumentation, Interessentenmanagement und Abgleich der Objektanforderungen mit den Profilen der Interessent:innen können neben der Abbildung in einem Vermieterportal in ein *Maklerportal* integriert werden.
- Bewerbung: Im Teilprozess *Bewerbung* stellen die Mietinteressent:innen Daten und Unterlagen bereit, welche die Vermieter für die Auswahl und Entscheidung für eine:n Mieter:in benötigen. Im gewerblichen Bereich können dies umfangreiche Informationen wie Bilanzen, Liquiditätskennzahlen und Nutzungspläne für das Objekt sein; im Wohnimmobilienbereich werden hingegen Informationen über die Verlässlichkeit bisheriger Mietzahlungen und des Begleichens von Krediten sowie über Einkünfte für eine Entscheidungsfindung abgefragt. Insbesondere im Wohnimmobilienbereich können die Informationen der Interessent:innen in einem *Bewerberportal* hinterlegt und über dieses Portal an Vermieter oder Angebotsanzeigen bzw. an die jeweiligen Plattform, die ein für die Interessent:innen attraktives Angebot veröffentlicht hat, „auf Knopfdruck" übermittelt werden. Die weiterführende Kommunikation erfolgt dann auf der jeweiligen Angebotsplattform, das Vermieterportal oder direkt mit dem Vermieter. Wenn die Interessent:innen ein Objekt angemietet haben, können sie ihre Daten inaktiv stellen, diese löschen oder die Daten werden nach einer bestimmten Zeit Inaktivität durch den Betreiber des Bewerberportals gelöscht (Vgl. Gsell & Braun, 2024, S. 29).
- Vermittlung: Der Teilprozess *Vermittlung* kann als Kern des Vermietungsprozesses angesehen werden, denn in diesem Teilprozess werden der jeweilige Vermieter, das Objekt und die Mietinteressent:innen zusammengeführt. Eine *Vermittlungsplattform* ist heute das gängige Instrument zur Abbildung und Steuerung dieses Teilprozesses. Die durch den Vermieter, einen Makler bzw. ein Maklerportal aufbereiteten Informationen und Daten zum jeweiligen Objekt werden auf die Plattform hochgeladen, in Szene gesetzt und veröffentlicht. Die Interessent:innen für das jeweilige Objekt können über diese Plattform mit dem Vermieter oder dem Makler in Kontakt treten und den weiteren Prozess durchlaufen. Weiterhin kann die Vermittlungsplattform, ebenso wie das Vermieterportal, Daten von Auskunfteien abfragen und weitere Dienstleistungen wie beispielsweise eine Kredit- und Kautionsbereitstellung durch ein Kreditinstitut oder einen Umzugsservice vermitteln. Die entsprechenden Vermittlungsfunktionen können entweder auf der Vermittlungsplattform implementiert sein oder können durch Weiterleitung auf spezifische andere Plattformen realisiert werden.

- **Interessentenmanagement:** Der Teilprozess *Interessentenmanagement* zielt darauf ab, eine Auswahl von Interessent:innen auszuführen sowie eine Entscheidung für Mieter:innen des angebotenen Objekts zu treffen. Die entsprechenden Prozessschritte liegen hier in der Vorbereitung und Ausführung von Besichtigungen – diese können auch virtuell vorgenommen werden – in der Bereitstellung der von den Interessent:innen benötigten Informationen und Unterlagen durch die Mietinteressent:innen, im Einholen von weiteren Informationen zu den Mietinteressent:innen durch den Vermieter, soweit es der gesetzliche Rahmen zulässt, sowie im Abgleich der formulierten und dokumentierten Anforderungen und der verfügbaren Informationen zu den Mieter:innen, um abschließend eine Entscheidung für eine:n Mieter:in zu treffen. Die skizzierten Prozessschritte lassen sich zu einem großen Teil mit Unterstützung des bereits dargestellten *Vermieterportals* ausführen.
- **Überführung in Mietverhältnis:** Im letzten Teilprozess werden die notwendigen Prozessschritte ausgeführt, um das Mietverhältnis zu starten: Der Mietvertrag wird erstellt, die Kaution für das Mietobjekt bereitgestellt, der Zugang zum Mietobjekt wird gewährt sowie der Umzug der physischen Gegenstände der Mieter:innen organisiert und vollzogen. Auch einige dieser Prozessschritte lassen sich über das Vermieterportal oder über die Vermittlungsplattform steuern, so beispielsweise die Vertragserstellung und -unterzeichnung oder die Weiterleitung zu einem Umzugsportal. Weiterhin kann die Gewährung des Zugangs zum Objekt plattformgestützt realisiert werden, nämlich über *digitales Schließsystem* wie *KIWI*, über welches ein elektronischer Schlüssel für die Mieter:innen des Objekts bereitgestellt und freigeschaltet werden kann.

Die vorangehend beschriebenen Teilprozesse sowie die darin befindlichen Prozessschritte und Funktionen lassen sich zu einem sehr großen Anteil automatisiert über ein Plattform-Ökosystem, in dessen Zentrum eine Plattform betrieben wird und das über diese zentrale Plattform hinaus weitere Plattformen integrieren kann, ausführen. Bei den Plattformen in diesem Ökosystem handelt es sich um *Transaktionsplattformen* und Informationsmärkte, welche Kommunikationsfunktionen, Funktionen für den Daten- und Dokumentenaustausch und das Erbringen von Dienstleistungen im Rahmen des Vermietungsprozesses, wie beispielsweise die Erstellung von Werbung oder Exposés, eine Kreditvergabe, die Bereitstellung einer Mieterkaution oder einen Umzugsservice, integrieren. Einige der beschriebenen Teilprozesse müssen von Menschen angestoßen oder durch manuelle Aktivitäten und Entscheidungen weitergeführt werden. Dennoch kann das dargestellte Ökosystem den gesamten Prozess beschleunigen sowie sicherer und effizienter und für die beteiligten Stakeholder effektiver machen.

6.4 Zusammenfassung – Plattformmanagement und digitale Serviceplattformen

In der Wohnungs- und Immobilienwirtschaft bilden Plattform-Ökosysteme und die darin eingebetteten zentralen Serviceplattformen wichtige Elemente zur Ausführung von Aufgaben und Funktionen entlang des Lebenszyklus von Immobilien. So können diese dazu genutzt werden, immobilienwirtschaftliche Transaktionen, wie beispielsweise Verkäufe, Vermietungen oder behördliche Genehmigungsverfahren im Zusammenhang mit dem Bau oder der Sanierung von Immobilien, abzuwickeln. Sie können weiterhin für eine gemeinschaftliche Entwicklung von neuen Produkten und Dienstleistungen für die Wohnungs- und Immobilienwirtschaft eingesetzt werden, eine Kanalisierung von Informationen und Nachrichten an bestimmte Zielmärkte bzw. Zielgruppen unterstützen sowie als Industriemärkte einen Zusammenschluss von verschiedenen Organisationen ein komplementäres Leistungsangebot zu einem spezifischen höherwertigen Leistungsangebot kombinieren. Mit diesen Möglichkeiten lässt sich eine breite Palette an Ökosystemen beschreiben, die jeweils spezifische Dienstleistungen in der Wohnungs- und Immobilienwirtschaft erbringen bzw. Softwaredienste bereitstellen.

Über die einschlägigen Plattformen können eine Vernetzung der diesen Plattformen zugehörigen Prozesse sowie eine Orchestrierung dieser Prozesse, der Ressourcen und Akteure zur Leistungserbringung erfolgen. Aus den Netzwerkeffekten, die sich mit dem Leistungsangebot von digitalen Plattform-Ökosystemen erzielen lassen, können wiederum exponentiell wachsende wirtschaftliche Werte in einem soliden Ökosystem generiert werden (Vgl. Abb. 6.2). Gelingt es den zentralen Plattformbetreibern eines solchen Ökosystems, sich zügig am Markt zu etablieren, kann dies einen entscheidenden Wettbewerbsvorteil für die zentrale Plattform gegenüber vergleichbaren Angeboten bedeuten.

Die Implementierung einer Serviceplattform bedarf schließlich eines klaren strategischen Pfads, dem unterschiedliche strategische Ansätze zugrunde liegen können. Für die Beschreibung dieser Ansätze bildet das Geschäftsmodell-Technologie-Portfolio (Vgl. Abb. 6.3) eine geeignete Grundlage. In diesem Portfolio lassen sich eine *service- und wissensorientierte Strategie*, eine *plattform- und technologiezentrierte Strategie* sowie eine *disruptive Strategie* für eine Plattform-Implementierung abbilden. Die eigentliche Implementierung einer Plattform entlang der für die jeweilige Ausgangssituation am besten geeignete Strategie kann mit dem strukturierten Vorgehen des *Service Engineering* erfolgen. Die Grundregeln des *Change Managements* sind dabei im Sinne des Implementierungserfolgs natürlich einzuhalten.

6.5 Orientierungsfragen

6.1 Was für Ausprägungen können Plattformen aufweisen und wie lassen sich diese Ausprägungen charakterisieren?
6.2 Worin unterscheiden sich transaktionszentrierte und datenzentrierte digitale Plattformen?
6.3 Welche Funktionen müssen digitale Plattformen aus welchen Gründen implementieren, um eine hohe Attraktivität aufzuweisen?
6.4 Welche Schritte umfasst das Service Engineering Referenzmodell? Erläutern Sie diese Schritte kurz.
6.5 Welche Change Management Regeln sind im Zuge eines Veränderungsprozesses in der jeweiligen Organisation zu beachten? Begründen Sie ihre Nennungen.

Literatur

Acatech. (2015). *Smart Service Welt – Umsetzungsempfehlungen für das Zukunftsprojekt Internetbasierte Dienste für die Wirtschaft*. Deutsche Akademie der Technikwissenschaften. https://www.acatech.de/publikation/abschlussbericht-smart-service-welt-umsetzungsempfehlungen-fuer-das-zukunftsprojekt-internetbasierte-dienste-fuer-die-wirtschaft/. Zugegriffen: 25. Sept. 2024.

Amabile, R., & Marcus, C. (2023). *PGMI Real Estate lanciert Realassetx für mehr Innovation in der Immobilienbranche*. PGMI. https://www.pgim.com/de/pressemitteilung/pgim-real-estate-lanciert-realassetx-fuer-mehr-innovation-der-immobilienbranche. Zugegriffen: 18. Sept. 2024.

Arnold, L., Buck, C., Guggenberger, T., & Häckel, B. (2023). *Digitale Plattform-Ökosysteme – Von linearer zu vernetzter Wertschöpfung von Unternehmen*. Fraunhofer FIT, Institutsteil Wirtschaftsinformatik. https://www.wi.fit.fraunhofer.de/de/publikationen.html. Zugegriffen: 13. Sept. 2024.

Bader, A. (2023). *Shopfloor feat. Officefloor: Der Shopfloor der Zukunft*. Computerwoche. https://www.computerwoche.de/article/2821014/der-shopfloor-der-zukunft.html. Zugegriffen: 21. Okt. 2024.

Berndt, S. (2024). *Das Internet der Dinge in Logistikimmobilien – Ein Konzept zur Integration von IoT-Technologien in Bestandimmobilien*. EBZ Business School.

BMIH. (2024). *Portfolioanalyse*. Methoden und Techniken. https://www.orghandbuch.de/Webs/OHB/DE/OrganisationshandbuchNEU/4_MethodenUndTechniken/Methoden_A_bis_Z/Portfolioanalyse/Portfolioanalyse_inhalt.html. Zugegriffen: 26. Okt. 2024.

Bullinger, H.-J., & Schreiner, P. (2006). Ein Rahmenkonzept für die systematische Entwicklung von Dienstleistungen. In H.-J. Bullinger & A.-W. Scheer (Hrsg.), *Service Engineering – Entwicklung und Gestaltung innovativer Dienstleistungen* (2. Aufl.). Springer.

Collins (2024). *Definition von shop floor*. HarperCollins Publishers. https://www.collinsdictionary.com/de/worterbuch/englisch/shop-floor. Zugegriffen: 21. Okt. 2024.

Debrunner, Y. (2022). *Jungunternehmen drängen an Goldgrube der Liftkonzerne*. Tamedia. https://www.fuw.ch/jungunternehmen-draengt-an-goldgrube-der-liftkonzerne-540226472781. Zugegriffen: 15. Sept. 2024.

Drosihn, S. (2017). *Plattformen und Portale – Auswirkungen auf die Immobilienwirtschaft.* EBZ Business School. https://www.gdw.de/uploads/pdf/Abschlussarbeiten/2018/Drosihn_Plattformen_und_Portale.pdf. Zugegriffen: 8. Sept. 2024.

Engelhardt, S. v., Wangler, L., & Wischmann, S. (2017). *Eigenschaften und Erfolgsfaktoren digitaler Plattformen.* Begleitforschung zum Technologieprogramm AUTONOMIK für Industrie 4.0. https://www.digitale-technologien.de/DT/Redaktion/DE/Downloads/Publikation/autonomik-studie-digitale-plattformen.pdf. Zugegriffen: 28. Sept. 2024.

Engels, G., Plass, C., & Ramming, F. (2017). *IT-Plattformen für die Smart Service Welt.* Herbert Utz Verlag. https://www.acatech.de/publikation/it-plattformen-fuer-die-smart-service-welt-verstaendnis-und-handlungsfelder/. Zugegriffen: 14. Okt. 2024.

Firnau, A. (2023). *Mit einer digitalen Serviceplattform Ihre Zukunft gestalten.* USU Software AG. https://blog.usu.com/de-de/zukunft-digitale-serviceplattform. Zugegriffen: 19. Sept. 2024.

Fraunhofer IESE. (2023). *Digitale Ökosysteme in Deutschland: Inspirierende Beispiele zur Stärkung der deutschen Wirtschaft.* Fraunhofer IESE. https://www.iese.fraunhofer.de/blog/whitepaper-digitale-oekosysteme/. Zugegriffen: 15. Sept. 2024.

Fraunhofer IESE. (o. J.). *Digitale Ökosysteme, Plattformen und Plattformökonomie.* Fraunhofer IESE. https://www.iese.fraunhofer.de/de/leistungen/digitale-oekosysteme.html. Zugegriffen: 15. Sept. 2024.

Gabler. (2018). *SWAT-Analyse.* Springer Gabler. https://wirtschaftslexikon.gabler.de/definition/swot-analyse-52664/version-275782. Zugegriffen: 26. Okt. 2024.

Gausemeier, J., & Plass, C. (2014). *Zukunftsorientierte Unternehmensgestaltung: Strategie, Geschäftsprozesse und IT-Systeme für die Produktion von morgen* (2. Aufl.). München: Hanser.

Gsell, H., & Braun, H. (2024). Verarbeitung von personenbezogenen Daten in der frühen Phase des Vermietungsprozesses. *Hauptbeitrag, Informatik Spektrum, Ausg.* 47(1–2), 26–37. https://link.springer.com/article/10.1007/s00287-024-01564-0. Zugegriffen: 26. Apr. 2024.

Haufe (2013). Sieben Regeln für volle Fahrt bei Veränderungsprozessen. https://www.haufe.de/personal/hr-management/change-management-regeln-fuer-veraenderungsprozesse_80_189344.html. Zugegriffen: 19. Dez. 2024.

Janositz, L. (2023). *Künstliche Intelligenz in der Immobilienwirtschaft: Potenziale und Herausforderungen der Automatisierung von Maklertätigkeiten und die Erstellung von Exposés mit Hilfe von künstlicher Intelligenz.* Hochschule für Wirtschaft und Recht.

Koch, M., Morar, D., & Kemper, H.-G. (2020). *Informationsmanagement.* Springer Gabler. https://www.gabler-banklexikon.de/definition/informationsmanagement-70784/version-377507. Zugegriffen: 12. Sept. 2024.

Krcmar, H. (2003). *Informationsmanagement* (3. Aufl.). Springer.

Meiren, T., & Barth, T. (2002). *Service Engineering in Unternehmen umsetzen.* Fraunhofer IRB Verlag. https://publica-rest.fraunhofer.de/server/api/core/bitstreams/1185c0d6.0a14-4a5e-94d4-14defc5cbca7/content. Zugegriffen: 18. Dez. 2024.

Meiren, T., Friedrich, M., & Schiller, C. (2021). *Smart Services: Mit digital unterstützten Dienstleistungen in die Zukunft.* Fraunhofer IAO. https://publica-rest.fraunhofer.de/server/api/core/bitstreams/6364513e-c30c-4e54-ac4c-18c6b6e739ef/content. Zugegriffen: 26. Sept. 2024.

Nölling, K. (2022). *Digitale Plattformen: Wer wird das Amazon der Wohnungswirtschaft?* KIWI. https://kiwi.ki/blog/proptech/digitale-plattformen-wohnungswirtschaft/. Zugegriffen: 12. Sept. 2024.

Offergeld, S., & Treff, L. (2023). *Die Immobilie als digitales Ökosystem: Der Weg zur Plattform.* Hochschule. https://hub.hslu.ch/immobilienblog/2023/04/24/die-immobilien-als-digitales-oekosystem-der-weg-zur-plattform/. Zugegriffen: 15. Sept. 2024.

QFD-ID. (o. J.). *Was ist QFD?* QFD Institut Deutschland e. V. https://qfd-id.de/qfd-defintion/. Zugegriffen: 27. Okt. 2024.

Red Hat. (2022). *Was ist agile Softwareentwicklung?* Red Hat Limited. https://www.redhat.com/de/topics/devops/what-is-agile-methodology. Zugegriffen: 26. Okt. 2024.

Saat, J., Behrmann, W., & Vages, P. (2018). *IT-Governance.* Springer Gabler. https://www.gabler-banklexikon.de/definition/it-governance-70700/version-337308. Zugegriffen: 12. Sept. 2024.

Siegfried, P. (2010). *Angewandtes Service Engineering für KMU.* AKAD. https://epub.sub.uni-hamburg.de/epub/volltexte/2010/5586/pdf/WHL_Schrift_Nr._21.pdf. Zugegriffen: 26. Okt. 2024.

Staub, P., Staub, F., & Staub, N. (2022). *Digitale Real Estate Platforms & Ecosystems (DREPE).* Pom+. https://www.pom.ch/fileadmin/user_upload/Market-Research-DREPE-2022.pdf. Zugegriffen: 15. Sept. 2024.

Stauss, B. (2006). Plattformstrategien im Dienstleistungsbereich. In H.-J. Bullinger & A.-W. Scheer (Hrsg.), *Service Engineering – Entwicklung und Gestaltung innovativer Dienstleistungen* (2. Aufl.). Springer.

Stuhec-Meglic, K. (2020). *Was sind Social Media Plattformen.* Webconsulting Stuhec. https://webconsulting-stuhec.com/blog/was-sind-social-media-plattformen. Zugegriffen: 28. Sept. 2024.

Van Alstyne, M., Parker, G., & Choudary, S. (2016). Pipelines, platforms, and the new rules of strategy. *Harvard Business Review, 54–60,* 62. https://hbr.org/2016/04/pipelines-platforms-and-the-new-rules-of-strategy. Zugegriffen: 25. Sept. 2024.

Trends und Perspektiven der digitalen Transformation von Geschäftsprozessen in der Immobilienwirtschaft

7

Mit der Weiterentwicklung von Technologien steigt die Leistungsfähigkeit sowohl von Computersystemen als auch von Netzwerktechnologien. Zugleich bieten Digitalisierungstechnologien immer wieder neue Gestaltungsmöglichkeiten für die Entwicklung neuartiger Geschäftsmodelle, was vielfach eine Veränderung der zugehörigen Geschäftsprozesse sowie deren effiziente und effektive Umsetzung mit Blick auf die Stakeholder zur Folge hat. Digitalisierungstechnologien, welche perspektivisch neue Potenziale für die Wohnungs- und Immobilienwirtschaft erschließbar machen, bilden neben einer Künstlichen Intelligenz (KI), deren Unterstützung sich u. a. von Large Language Models (LLM) hin zu Large Action Models (LAM) entwickelt, welche wiederum Geschäftsaufgaben automatisiert ausführen, *Quantencomputing, 5G-Technologie, Spatial Computing*[1], *tiefergehende Mensch-Maschine-Interaktionen* (Vgl. Regenfuß et al., 2024, S. 9) sowie *Blockchain Technologien*. Dieses Kapitel skizziert einige wichtige Gestaltungsfelder der Wohnungs- und Immobilienwirtschaft mit Blick auf die künftigen Prozesse und Strukturen, die sich durch weiterentwickelte Digitalisierungstechnologien verändern werden.

---

[1] Unter *Spatial Computing* wird die Interaktion zwischen Mensch und Maschine verstanden, in welcher eine Maschine Verweise zu realen Objekten im Raum herstellt und diese Objekte manipuliert. Die Unternehmen, die in dieser Technologie führend sind, setzen räumliches Rechnen ein, d. h. die Pixel des manipulativen Bildes werden in einen 3D-Raum integriert. Das Eingabemedium für interaktive und digitale Mediensysteme des Spatial Computing bilden physische Interaktionen wie Körperbewegungen, Gesten oder die Sprache. Die Technologien Virtual Reality, Augmented Reality und Mixed Reality fallen in diesen Bereich (vgl. World of VR, o. J.).

© Der/die Autor(en), exklusiv lizenziert an Springer Fachmedien Wiesbaden GmbH, ein Teil von Springer Nature 2025
H. Gsell und P. Nikodemus, *Digitalisierung von Geschäftsprozessen in der Immobilienwirtschaft*, https://doi.org/10.1007/978-3-658-47508-6_7

7.1 Künftige Gestaltungsfelder neuer Digitalisierungstechnologien

Die in diesem Lehrbuch vorgestellten Technologien fördern die Weiterentwicklung unterschiedlicher Prozesse der Wohnungs- und Immobilienwirtschaft. Beispiele für neuartige Prozesse sind die intelligente Analyse und Optimierung von Geschäftsprozessen im Asset Management und im Property Management, das Berichtswesen im Nachhaltigkeitsmanagement oder die Handhabung komplexer Planungs- und Bauprozesse über virtuelle Mensch-Maschine-Realitäten. Auch die datenbasierte Steuerung von technischen Prozessen des Facility Managements in Echtzeit, die sich durch eine Anbindung von IoTIoT (Internet of Things) -Systemen über moderne 5G-KommunikationIoT (Internet of Things) realisieren lässt, verändert den künftigen Umgang mit technischen Anlagen und Geräten in Gebäuden. So werden durch eine schnelle und zuverlässige Übermittlung von Sensor- und Aktorendaten und ein damit verbundenes Monitoring die Grundlagen für eine vorausschauende Wartung der Anlagen und Geräte sowie für die Reduzierung von Energieverbräuchen geschaffen. Zudem lassen sich mittels einiger zukunftsweisender Technologien Simulationen und Anpassungen von beispielsweise Bau- und Betriebsprozessen vorab oder während der Prozessausführung vornehmen. Dies erlaubt ein frühzeitiges Erkennen von Fehlern sowie die Optimierung und einfachere Steuerung der Prozesse. Mit VR-gestützten Anleitungen für Wartung und Reparaturen können diese schließlich schneller, effizienter und kostengünstiger ausgeführt werden.

Weiterhin können die aufgeführten zukunftsweisenden Digitalisierungstechnologien neue Lösungen auf dem Feld der Nachhaltigkeit hervorbringen, dessen Bedeutung für die Wohnungs- und Immobilienwirtschaft vor dem Hintergrund der Herausforderungen des Klimawandels und der damit verbundenen zunehmenden regulatorischen Anforderungen an die Branche steigt. Dies hat Auswirkungen auf die entsprechenden Prozesse: Smart Grids[2] und IoT-Technologien unterstützen eine automatisierte Steuerung und Optimierung von technischen Prozessen zur Energieerzeugung und -verteilung, sodass die entsprechenden Anlagen und Geräte effizient betrieben und damit Energiekosten gesenkt werden können. Auch bilden diese Technologien wichtige Elemente einer vorausschauenden Wartung, was zu einer Reduzierung von Ausfallzeiten der Anlagen und Geräte beitragen und deren Lebensdauer verlängern kann, in dem diese Prozesse überwacht, automatisiert gesteuert und auf die jeweils aktuellen technischen Anforderungen der Anlagen und Geräte abgestimmt werden.

---

[2] Mit dem Begriff Smart Grid wird die intelligente Anbindung aller Anlagen und Geräte eines Energiesystems an ein Stromnetz über die gesamte Wertschöpfungskette von der Energieerzeugung über Transport, Speicherung und Verteilung bis hin zum Verbraucher bezeichnet (vgl. BMWK, o. J.). Im Sinne von „Plug & Play" wird jedes Gerät, das an das Stromnetz angeschlossen ist, in das Energiesystem aufgenommen, sodass ein integriertes Daten- und Energienetz entsteht. Dieses Netz implementiert neue Strukturen und Funktionalitäten und ist in der Lage, Stromerzeugung, -verteilung und -verbrauch optimal zu steuern.

Im Zuge einer Nachhaltigkeitsberichterstattung lassen sich CO_2-Tracking mittels geeigneter Sensoren für die Aufnahme von Emissionsdaten und deren spätere Dokumentation sowie Blockchain-Technologien für die transparente Nachverfolgung von CO_2-Emissionen nutzen. Mit einer solchen automatisierten Nachverfolgung von Emissionen sowie der ergriffenen Maßnahmen zu deren Vermeidung bzw. Reduzierung können Geschäftsprozesse etabliert werden, welche die Compliance und Berichtspflichten einer Organisation abbilden und diese damit sichern. Ähnliches gilt für die Nachverfolgung von Baumaterialien, für die es Blockchain-Technologien beispielsweise erlauben, digitale Materialpässe zu erstellen und erfassen und damit die eingesetzten Materialien an ihren Verbauorten zu dokumentieren und über ihren weiteren Lebenszyklus zu begleiten. Somit ermöglicht die Blockchain-Technologie eine intelligente Planung und Beschaffung von Materialressourcen, die Dokumentation der Verwendung dieser Ressourcen bis hin zu deren Verwertung bzw. zum Recycling nach Ablauf der Lebenszeit des jeweiligen Objekts. Die damit verbundenen Planungs- und Entscheidungsprozesse lassen sich dadurch deutlich verbessern.

Digitale Serviceplattformen bilden auch langfristig wichtige Gestaltungselemente für die Prozesse in der Wohnungs- und Immobilienwirtschaft. So werden zahlreiche Geschäftsprozesse der Branche digitalisiert und als digitale Services verfügbar gemacht – im sog. *Real Estate-as-a-Service (REaaS)*. Mit einer Schwerpunktsetzung auf Daten und Dienstleistungen können Wohnungs- und Immobilienunternehmen ihre eigene Rolle als Anbieter von Objekten zum Wohnen oder zur gewerblichen Nutzung hin zu Anbieter intelligenter Dienstleistungen, welche zukunftsweisende Mehrwertdienste rund um Immobilien bereitstellen, verändern. Mit der Transformation ihres klassischen Geschäftsmodells zu einem REaaS-Geschäftsmodell, welches die immobilienbezogenen Bedarfe der Kunden bzw. Mieter:innen aufnimmt und in passgenaue Dienstleistungen umsetzt, können Unternehmen – insbesondere als sog. First Mover, also als diejenigen Unternehmen, welche derartige Angebote als erste auf den Markt bringen – signifikante Wettbewerbsvorteile erzielen (Vgl. J. P.Morgan, 2022).

Die REaaS-Funktionen, die oft in den Aufgabenbereich des Property Management oder des Facility Managements fallen, lassen sich insbesondere über Plattformen abbilden. Damit können Kommunikation und Datenaustausch mit den Mieter:innen, wie beispielsweise das Schadensmanagement oder Betriebskostenabrechnungen, sowie die Steuerung und die Lenkung von Gebäudedienstleister und Handwerksunternehmen abgebildet und umgesetzt werden. Weitere Nutzenpotenziale, die sich mit einem REaaS-Geschäftsmodell erschließen lassen, liegen im Erzielen zusätzlicher Einnahmen über die Dienstleistungen, in der Förderung einer höheren Flexibilität der Mieter:innen bzw. Nutzer:innen der Immobilien aufgrund der einfachen Zugänglichkeit zu den Dienstleistungsangeboten, sowie in der Schaffung datengetriebener Einblicke in die Nutzung der Dienstleistungsangebote, welche deren Verbesserung für die Zielgruppen und ihren exakten Zuschnitt auf die Kunden erlauben.

In die Geschäftsprozesse auf den einschlägigen Serviceplattformen für die Wohnungs- und Immobilienwirtschaft sind i. d. R. zahlreiche Player der Branche eingebunden, so z. B. Verwalter/Wohnungsunternehmen, Dienstleister oder Mieter:innen und Eigentümer:innen, welche spezifische Leistungen über die jeweilige Plattform bereitstellen und/oder beziehen. Diese Plattformen werden in der Zukunft vermehrt eine automatisierte Abwicklung von Transaktionen und Prozessen zwischen den beteiligten Akteuren realisieren, dies vielfach im Zusammenspiel mit den eigenen prozessführenden Systemen[3], wie ERP-, CRM- oder CAFM-Systemen. Über entsprechende Plattformen lassen sich perspektivisch zudem Markt- und Portfolioanalysen automatisch ausführen und gestützt durch künstliche Intelligenz Entscheidungen für Investitionen, strategische Entwicklungen, Sanierungen, etc. vorbereiten. Dies erfordert Geschäftsprozesse, die systemübergreifend und unter Nutzung von geeigneten Werkzeugen und Instrumenten von einer Entscheidungsanforderung bis hin zur eigentlichen Entscheidung führen.

Eine Technologie, deren produktive Nutzung in der Wohnungs- und Immobilienwirtschaft sich noch nicht sehr weit verbreitet hat, bildet die Blockchain-Technologie (Vgl. PwC, o. J.), die im Wesentlichen Blockchains und Smart Contracts umfasst. Blockchain-basierte Geschäftsprozesse lassen sich künftig insbesondere beispielsweise im Kontext der Nachhaltigkeitsberichterstattung oder zur „Tokenisierung" von Immobilien einsetzen. So bietet diese Technologie großes Potenzial, immobilienwirtschaftliche Geschäftsprozesse zu transformieren, denn sie stellt sichere, transparente Transaktionsprozesse bereit, welche durch *dezentrale Datenhaltung* und *Smart Contracts* automatisiert werden können. Mögliche Anwendungsfelder der Blockchain-Technologie liegen in den folgenden Bereichen:

- Im *Transaktionsmanagement* lassen sich komplexe Prozesse mittels Blockchains vereinfachen, indem die an einer Transaktion Beteiligten über diese Technologie miteinander verknüpft werden, ohne dass ein Intermediär zwischengeschaltet ist. Insbesondere im gewerblichen Immobiliengeschäft ist eine disruptive Veränderung der bestehenden Wertschöpfungskette aus Kauf, Verkauf, Finanzierung, Leasing und Management möglich, indem entsprechende Transaktionen künftig mittels Smart Contracts automatisiert und rechtsverbindlich abgewickelt werden (Vgl. Kejriwal & Mahajan, 2017, S. 7 ff.). Eine Beispiel bildet ein schwedisches Pilotprojekt, in welchem ein Blockchain-gestützter Grundstücksverkauf getestet worden ist. Im Rahmen dieses Piloten ist eine deutliche Verkürzung der Verkaufsprozedur von üblicherweise bis zu sechs Monate auf wenige Tage gelungen. Auch kann eine deutliche Reduzierung der Transaktionskosten nachgewiesen werden (Vgl. Erning, 2019). Für die Erzeugung und Buchführung von Wertpapieren lassen sich Blockchain-Technologien ebenfalls sehr gut nutzen, da

---

[3] Nach *Legner/Otto* beschreibt ein prozessführendes System ein IT-System in einem Verbund mehrerer IT-Systeme verstanden, welches die im Verbund zu verarbeitenden Daten bereitstellt und an dessen Daten- und Informationsbestand sich die anderen Systeme im Verbund orientieren (vgl. Legner & Otto, 2014, S. 9).

sie Transparenz, Sicherheit und rückwirkende Unveränderlichkeit der Prozessschritte garantieren. Damit werden die Eigentumsansprüche der Anleger geschützt und eine einfache und direkte Verwaltung der Wertpapiere realisiert. Die Wertpapiere können mittels einer Blockchain direkt auf der jeweiligen Handelsplattform verwaltet werden ohne den Charakter der Wertpapiere mit quartalsweiser Ausschüttung, endfälliger Rückzahlung und einer Beteiligung an ihrer Wertsteigerung zu verändern. Aufgrund der vollständigen Automatisierung der Prozessschritte, kann der Handel mit digitalen Wertpapieren in Echtzeit abgewickelt werden (Vgl. Erning, 2020a).

- Mit der Tokenisierung von Immobilien mittels Blockchains lassen sich diese in handhabbare Einheiten überführen, sodass sich die *Kapitalbeschaffung* vereinfacht und neue Investorengruppen angesprochen werden können. So lassen sich beispielsweise digitale Wertpapiere als tokenbasierte Immobilienanleihen ausgeben und anbieten. Die Wertpapiere werden in einer Blockchain verwahrt und auf Plattformen gehandelt. Mit einer Zugangssoftware auf den jeweiligen Handelsplatz können auch Privatanleger Immobilen-Token in kleinster Stückelung erwerben und die erworbenen Anteile mittels *Security Token Offering (STO)* zu jeder Zeit zum Kauf anbieten (Vgl. Erning, 2020b). Weiterhin lassen sich mit einer Tokenisierung von Schuldverschreibungen zur *Finanzierung* einer Immobilie im Rahmen eines Crowdinvesting digital verbriefte Rechte auf Teile des Cash Flows der Immobilie, z. B. auf die Mieteinnahmen, erlangen. Mit einer Schuldverschreibung ist jedoch nicht das Recht des Eigentums an der Immobilie verbunden. Die Käufer der Schuldverschreibungen erwerben lediglich einen Anteil des Verkehrswerts an der Immobilie und erhalten im Gegenzug einen Teil der Mieteinnahmen (Vgl. Weis, 2023).

- Mit Blick auf *Compliance und Nachhaltigkeit* kann die Blockchain-Technologie ein geeignetes Werkzeug für die Umsetzung von ESG-Vorgaben darstellen und damit Transparenz sowie Vertrauen mit Bezug zu den Themenfelder Nachhaltigkeit und Klimaschutz schaffen. So kann diese Technologie in der Wohnungs- und Immobilienwirtschaft bei der Reduzierung von Baustoffen bzw. Baumaterialien sowie bei der Wiederverwendung von Produkten und Rohmaterialien einen wichtigen Mehrwert schaffen. Die Blockchain-Technologie kann hier ein zentraler Befähiger für die Erstellung *digitaler Produkt- bzw. Materialpässe* sein, welche umfassende Informationen über diese Produkte, Materialien und Stoffe bereitstellen. Dies gilt ebenso für die Energieversorgung, in welcher Blockchain-Technologien im Zusammenspiel mit künstlicher Intelligenz (KI), Big Data und IoT-Technologien zur Flexibilisierung der Versorgungsnetze sowie zur Energieeffizienz beitragen (Vgl. Culotta et al., 2022, S. 17). Weiterhin lässt sich die Effizienz von Berichtsprozessen im Kontext von ESG durch eine CO_2-Emissionsnachverfolgung, eine automatisierte Berichterstattung, ein transparentes Beschwerdemanagement sowie der Dokumentation von Umweltauflagen und ESG-Maßnahmen deutlich erhöhen. Dies trägt zur Verbesserung der Einhaltung der ESG-Vorgaben bei (Vgl. Culotta et al., 2022, S. 24).

Die dargestellten Anwendungsfelder zeigen, dass Blockchains langfristig eine Prozesslandschaft schaffen können, welche effizient und zu überschaubaren Kosten arbeitet. Zugleich stellen die Mechanismen von Blockchain-Technologien, welche *Distributed Ledgers* und *Peer-to-Peer-Netzwerke* implementieren, eine hohe Sicherheit, Transparenz und Nachvollziehbarkeit der abgebildeten Prozesse sicher. Die Funktionsweise von Blockchains, welche die Bildung von Blöcken, deren Verknüpfung mittels kryptografischer Signaturen und der Verteilung dieser Blöcke in einem Peer-to-Peer-Netzwerk umfasst, macht eine Manipulation dieser Blöcke nahezu unmöglich (Vgl. Kaucher, 2018, S. 1).

Mit diesen Funktionen bildet die Blockchain eine geeignete Basis, um mit *Smart Contracts* rechnerbasierte Transaktionsprotokolle zu implementieren, welche die Bedingungen eines Vertrags abbilden. Es handelt sich bei Smart Contracts um Softwareprogramme, die auf Basis von festgelegten Bedingungen, die in Algorithmen fixiert sind, Entscheidungen treffen. Eingangsgrößen für die Entscheidungsfindung können externe Informationen darstellen, welche über die in den Algorithmen abgebildeten Regeln definierte Aktionen ausführen. Damit lassen sich regelbasierte Prozessabläufe automatisieren und die Transaktionszeiten für die Abwicklung der vertraglich festgelegten Aktivitäten signifikant reduzieren (Vgl. Kaucher, 2018, S. 7).

Mit den beschriebenen Mechanismen und Funktionen von Blockchain Technologien lassen sich einige Potenziale für die Optimierung von Prozessen in der Immobilienwirtschaft ausschöpfen. So erzeugt die Unveränderbarkeit der in einer Blockchain gehandelten Daten eine hohe Transparenz und Sicherheit, da abgewickelte Transaktionen durch die beteiligten Akteure eindeutig nachvollzogen werden und die damit verbundenen Aktivitäten sowie die daraus entstehenden Daten und Dokumente verlässliche Arbeits- und Rechtsgrundlagen bilden können. Damit erhalten alle an einer Transaktion beteiligten Parteien, wie beispielsweise Investoren, Mieter:innen, Eigentümer:innen oder Dienstleister, einen unveränderlichen Überblick über die Transaktionshistorie und Vertragsdetails. Auch lassen sich mit den Blockchain-Mechanismen und -Funktionen Standardprozesse, die in hoher Häufigkeit wiederkehren, z. B. Zahlungsprozesse, Prozesse zur Abrechnung von Gebühren oder zur Verlängerung von Verträgen, automatisieren. Die Ausführung dieser Prozesse ohne manuelle Eingriffe führt zu Effizienzsteigerungen und Kosteneinsparungen.

Schließlich birgt die Verknüpfung von Blockchain-Technologien mit den bereits diskutierten Serviceplattformen für die Wohnungs- und Immobilienwirtschaft erhebliche Potenziale zur Bereitstellung neuer Lösungen, die aktuell noch nicht zur Verfügung stehen. Derartige dezentralisierte Plattformlösungen fokussieren das Transaktionsmanagement und bieten folgenden Nutzen:

- Auf Blockchain-basierten *Peer-to-Peer-Marktplätzen* für den Immobilienhandel, das Immobilienleasing oder die Immobilienvermietung lassen sich die entsprechenden Transaktionen zwischen Verkäufern und Käufern bzw. Leasingnehmern sowie zwischen Vermietern und Mieter:innen ohne Intermediäre abwickeln. Mittels der Blockchain-Technologie können dabei insbesondere die Übermittlung der Verträge, deren Unterzeichnung, die Anweisung und Bestätigung von Zahlungen sowie die Freigabe des Zugangs zu den entsprechenden Objekten sicher und transparent gesteuert werden.

- Die *Tokenisierung von Assets bzw. Immobilien* eröffnet die Möglichkeit, Immobilienprojekte beispielsweise durch Investoren oder mittels Crowdfunding direkt zu finanzieren, ohne traditionelle Kreditinstitute oder Vermittler als Intermediäre zwischenschalten zu müssen. Im Gegensatz zur weiter oben beschriebenen Tokenisierung von digitalen Wertpapieren, aus denen sich ein Anspruch auf einen Teil des Cash Flows einer Immobilie ableiten lässt, kann mit einer direkten Tokenisierung der Eigentumsrechte an einer Immobilie und das Halten eines entsprechenden Tokens ein Anspruch auf den zugehörigen Bruchteil der Immobilie und auf die aus diesem Anspruch abzuleitenden Einnahmen, Ausgaben sowie rechtlichen Ansprüche und Verpflichtungen verbunden sein (Vgl. Rubia et al., 2021, S. 6). Sofern die notwendigen Voraussetzungen, wie beispielsweise liquide Sekundärmärkte, die Digitalisierung von Grundbüchern oder die Weiterentwicklung des aufsichtsrechtlichen Regelwerks, erfüllt werden, lassen sich mit der Tokenisierung in Zukunft Investments in Immobilien zu deutlich niedrigeren Kosten und stärker fraktioniert realisieren. (Vgl. Rubia et al., 2021, S. 3).
- Ergänzend zu definierten Ansprüchen, die mit dem Halten eines Token verbunden sind, erhalten Investoren direkten *Einblick in die Nachhaltigkeitspraktiken und -kennzahlen* eines Immobilienprojekts, die mittels Blockchain-Technologie unveränderlich aufgezeichnet werden. Damit sind entsprechende Entscheidungen zu jeder Zeit nachvollziehbar und damit erzielte Transparenz erhöht das Vertrauen in die entsprechenden Projekte und macht diese attraktiver (Vgl. Höck, 2023). Die *Emission von Green Bonds bzw. „grünen" Token für Immobilienprojekte*, welche die Nachhaltigkeitsrichtlinien erfüllen, erlaubt es Investoren zudem, gezielt ökologisch nachhaltige Bauvorhaben zu finanzieren.
- Schließlich lassen sich durch eine *digitale Verifizierung von benötigten Dokumenten und Identitäten in einem Blockchain Netzwerk* z. B. Genehmigungsprozesse für den Bau von Gebäuden beschleunigen. So kann bei der Genehmigung einer Planung eines Bauvorhabens ein Smart Contract aktiviert werden, welcher die Baugenehmigung und die Rahmenbedingungen bzw. Anforderungen an das Bauvorhaben enthält. Dieser Smart Contract ist kryptografisch in einer Blockchain gesichert und öffentlich einsehbar. Somit wird ein zügiges, realistisches, kostengünstiges, sicheres und für die Öffentlichkeit transparentes Planungsverfahren umgesetzt (Vgl. Zeiter & Spinnler, 2019, S. 5). Das Beispiel zeigt, dass die Blockchain-Technologie auch beim Daten- und Dokumentenmanagement in der Wohnungs- und Immobilienwirtschaft signifikante Nutzeneffekte aufweist.

Trotz der geschilderten Nutzenpotenziale sind mit dem Einsatz von Blockchain-Technologien in der Wohnungs- und Immobilienwirtschaft erhebliche Herausforderungen verbunden. Diese Herausforderungen liegen im Datenschutz, in der Erfüllung rechtlicher und regulatorischer Vorgaben sowie in der technischen Komplexität der Blockchain-Technologien. Aufgrund der hohen Transparenz und der vergleichsweise einfachen Zugänglichkeit der Daten auf einer Blockchain müssen insbesondere sensible Daten durch besondere Maßnahmen, wie kryptografische Verschlüsselung, geschützt werden. Zudem verlangt die Ausführung von Blockchains einen hohen Energieeinsatz, sodass die Technologien bei großflächiger Anwendung in der Wohnungs- und Immobilienwirtschaft hohe Kosten verursacht und die für ihre Ausführung genutzte Energie im Sinne der Nachhaltigkeit und zum Schutz der Umwelt aus regenerativen Energiequellen gespeist werden sollte. Für die initiale Implementierung von Blockchains oder Smart Contracts empfehlen sich schließlich die Durchführung von Pilotprojekten sowie die Zusammenarbeit mit einschlägigen PropTech-Unternehmen, welche neuartige Blockchain-Lösungen für bestehende Aufgaben bereitstellen.

7.2 Zusammenfassung – Trends und Perspektiven

Die Perspektiven, die sich für die Digitalisierung von Geschäftsprozessen in der Wohnungs- und Immobilienwirtschaft aufzeigen lassen, sind getrieben von neuen technischen Entwicklungen, die entweder eine effizientere Abwicklung der Geschäftstätigkeit von Organisationen erlauben oder sich in marktgerechte Angebote überführen lassen. Entsprechende Gestaltungsfelder entwickeln sich aus neuen Möglichkeiten der KI, des Quantencomputing, von 5G-Technologien, des Spatial Computing, von Mensch-Maschine-Interaktionen und der Blockchain Technologien. Sie liegen in sehr vielen Kernprozessen über den gesamten Immobilienlebenszyklus, wobei insbesondere Problemlösungen für Felder benötigt werden, in denen die Branche großen Herausforderungen gegenübersteht – Umweltschutz, Compliance und Nachhaltigkeit, Umgang mit behördlichen Genehmigungs- und Transaktionsprozessen, Bereitstellung von neuen, intelligenten und integrativen Leistungen oder Automatisierung von Geschäftsprozessen.

Vielfach müssen unterschiedliche Digitalisierungstechnologien zusammenspielen, um neuartige Lösungen bereitzustellen. So sind KI-gestützte Lösungen i. d. R. in IT-Systeme eingebettet und verlangen eine extrem große Menge an Daten zum jeweiligen Untersuchungsfeld, um valide Antworten bereitstellen zu können, oder Blockchain-Technologien müssen mit Serviceplattformen zusammenspielen, aus denen die jeweiligen Blockchains aufgerufen und in Gang gesetzt werden. Damit verbunden ist die mögliche Ausschöpfung bisher nicht gehobener Nutzenpotenziale, wie beispielsweise die Nutzbarmachung neuartiger Finanzierungsmodelle, die Ausführung von immobilienwirtschaftlichen Transaktionen ohne Intermediäre, die Vereinfachung eines Nachhaltigkeitsreportings an die Stakeholder einer Immobilie und an die Behörden oder die Beschleunigung von Genehmigungsverfahren in Interaktion mit Behörden.

7.3 Orientierungsfragen

7.3.1 *Welche zukunftsweisenden Technologien können eine Weiterentwicklung von Geschäftsprozessen in Richtung Digitalisierung fördern und welche Szenarien sind für einzelne Technologien denkbar? Beschreiben Sie ein Beispiel.*

7.3.2 *Welche Effekte lassen sich mit Bezug auf immobilienwirtschaftliche Geschäftsprozesse mit dem Einsatz zukunftsweisender Technologien erwarten?*

7.3.3 *Wie lassen sich Real Estate-as-a-Service (REaaS) Geschäftsmodelle beschreiben und welche Nutzenpotenziale weisen diese auf?*

7.3.4 *Welche Anwendungsfelder in der Wohnungs- und Immobilienwirtschaft sind für Blockchain-Technologien denkbar. Beschreiben Sie diese in einigen Sätzen.*

Literatur

BMWK. (o. J.). *Intelligente Netze. Artikel Netze und Netzausbau.* Bundesministerium für Wirtschaft und Klimaschutz. https://www.bmwk.de/Redaktion/DE/Artikel/Energie/intelligente-netze.html. Zugegriffen: 21. Nov. 2024.

Culotta, C., Brüning, S., Schulte, A., Gesmann-Nuissl, D., Märkel, C., & Beck, R. (2022). *Nachhaltigkeit im Kontext der Blockchain-Technologie – Anwendungsbeispiele, Herausforderungen und Handlungsfelder.* WIK-Consult. https://www.bmwk.de/Redaktion/DE/Publikationen/Digitale-Welt/blockchain-nachhaltigkeit.pdf. Zugegriffen: 26. Nov. 2024.

Erning, D. (2019). *Die Blockchain-Technologie in der Immobilienwirtschaft.* Exporo. https://exporo.de/blog/die-blockchain-technologie-in-der-immobilienwirtschaft. Zugegriffen: 26. Nov. 2024.

Erning, D. (2020a). *Blockchain – Vorteile der Technologie für die Immobilienbranche und die Anleger.* Exporo. https://exporo.de/blog/blockchain-vorteile-der-technologie-fur-die-immobilienbranche-und-die-anleger. Zugegriffen: 26. Nov. 2024.

Erning, D. (2020b). *Blockchain – Exporo treibt den Wandel der Immobilien-Anlageoptionen an.* Exporo. https://exporo.de/blog/blockchain-exporo-treibt-den-wandel-der-immobilien-anlage optionen-an. Zugegriffen: 26. Nov. 2024.

Höck, B. (2023). *Technologie im Quartiersmanagement: Web3 fördert nachhaltige Entwicklung.* KPMG. https://klardenker.kpmg.de/financialservices-hub/technologie-im-quartiersmanagement-web3-foerdert-nachhaltige-entwicklung/. Zugegriffen: 28. Nov. 2024.

Kaucher, A. (2018). *Blockchain: Funktionsweise und Applikationsmöglichkeiten.* Hochschule Bonn-Rhein-Sieg. https://www.h-brs.de/sites/default/files/2018-01-14_seminar_alexander_kaucher_final.pdf. Zugegriffen: 27. Nov. 2024.

Kejriwal, S., & Mahajan, S. (2017). *Blockchain in commercial real estate.* Deloitte. https://www.deloitte.com/content/dam/assets-zone2/de/de/docs/industries/technology-media-telecommunications/2024/real-estate-blockchain-game-changer-immobilienwirtschaft.pdf. Zugegriffen: 26. Nov. 2024.

Legner, C., & Otto, B. (2014). *Stammdatenmanagement.* Skript, Universität St. Gallen. https://web.archive.org/web/20141021144315/https://www.alexandria.unisg.ch/export/DL/204768.pdf. Zugegriffen: 26. Nov. 2024.

Morgan, J. P. (2022). *How real estate as a service can help you gain a competitive edge.* JPMorgan Chase & Co. https://www.jpmorgan.com/insights/real-estate/commercial-real-estate/what-is-real-estate-as-a-service. Zugegriffen: 23. Nov. 2024.

PwC. (o. J.). *Blockchain in der Immobilienbranche.* PricewaterhouseCoopers International. https://www.pwc.at/de/branchen/digital-real-estate/blockchain-in-der-immobilienbranche.html. Zugegriffen: 26. Nov. 2024.

Regenfuß, T., Ziegler M., Schwan, K., & Adari, S. (2024). *Human by design – Wie KI das menschliche Potenzial weiter erschließt. Executive summary, Technology Vision 2024.* Accenture. https://www.accenture.com/content/dam/accenture/final/accenture-com/document-2/Accenture-Tech-Vision-2024-Executive-Summary-Austria-and-Germany.pdf. Zugegriffen: 12. Nov. 2024.

Rubia, C. de la., Sandner P., & Groß, J. (2021). Studie zur Tokenisierung von Immobilien – Wie die Blockchain-Technologie den Immobilienmarkt revolutioniert. Frankfurt School Blockchain Center, Hamburg Commercial Bank, URL: https://www.hcob-bank.com/content/uploads/2024/02/studie_tokenisierung_immobilien_2021-1.pdf. Zugegriffen: 28. Nov. 2024.

Weis, C. (2023). 3 Blockchain-Anwendungen für die Immobilienwirtschaft. Blogbeitrag, Lorch: BUILD, URL: https://buildigital.de/blog/blockchain-immobilienwirtschaft/. Zugegriffen: 26. Nov. 2024.

World of VR. (o. J.). Was ist Spatial Computing? World of VR GmbH. https://worldofvr.de/spatial-computing/. Zugegriffen: 26. Nov. 2024.

Zeiter, P., & Spinnler, E. (2019). *Optimierung des digitalen Gebäudelebenszyklus durch die Integration von Blockchain-Technologie.* Hochschule Luzern. https://swisstherme.ch/wp-content/uploads/2020/03/V31-ABGABE-Projektarbeit-Zeiter_Spinnler-1.pdf. Zugegriffen: 28. Nov. 2024.

Antworten auf die Orientierungsfragen

Abschn. 1.6

1.6.1 *Worin liegen die wesentlichen Auswirkungen der Digitalisierung auf die Wirtschaft?*
Die Digitalisierung fördert unternehmerische Innovationsfähigkeit, unterstützt eine Produktivitätssteigerung, hat Einfluss auf den Arbeitsmarkt, stellt neue Anforderungen an das Bildungssystem und ermöglicht neue digitale Geschäftsmodelle, die die Art und Weise des Wirtschaftens verändern.

1.6.2 *Was verstehen Sie unter dem Begriff Industrie 4.0?*
Industrie 4.0 bezeichnet die digitale Transformation der Industrie, die durch die Vernetzung und Integration intelligenter Maschinen und Cyber Physischer Systeme (CPS) die Effizienz und Flexibilität von Produktionsprozessen erhöht und neue Geschäftsmodelle ermöglicht.

1.6.3 *Welche Rolle spielen Geschäftsmodelle im Kontext der digitalen Transformation?*
Geschäftsmodelle sind entscheidend für die interne Wertschöpfung und die Vermarktung von Produkten und Dienstleistungen. Sie stellen die Verbindung zwischen der strategischen Ausrichtung eines Unternehmens und der operativen Umsetzung von Prozessen dar. Eine Transformation des Geschäftsmodells erfordert oft eine Anpassung der Prozesslandschaft.

1.6.4 *Nennen und erläutern Sie die Phasen des Lebenszyklus eins Geschäftsprozesses lt. Dumas et al. (2021)*

Lebenszyklusphase	Erläuterung
Prozessidentifizierung	Im Zuge der Prozessidentifizierung werden Geschäftsprozesse, die für ein zu lösendes Problem benötigt werden, werden identifiziert, voneinander abgegrenzt und in Beziehung zueinander gesetzt. So entsteht eine aktuelle Prozessarchitektur mit einem Gesamtbild der Geschäftsprozesse, die es in einer Organisation gibt.
Prozesserhebung	Mit der Prozesserhebung wird der aktuelle Status der identifizierten Geschäftsprozesse in Form von Ist-Modellen dokumentiert.
Prozessanalyse	Im Schritt Prozessanalyse werden Schwachstellen und Probleme des bestehenden Geschäftsprozesses identifiziert und dokumentiert, in der Regel auch mit den relevanten Geschäftsprozesskennzahlen. Daraus resultiert eine Problemliste, deren Inhalt nach Auswirkung und Lösungsaufwand mit Prioritäten versehen wird.
Prozessverbesserung	In der Prozessverbesserung sollen Verbesserungsoptionen gefunden werden, um die identifizierten Schwachstellen eliminieren, die Probleme lösen und die Ziele einer neuen Prozessleistung erreichen zu können. Dazu müssen Alternativen erarbeitet werden, deren jeweilge Kennzahlen vergleichend analysiert werden.
Prozessimplementierung	In der Phase Prozessimplementierung muss die Ablösung des Ist durch das erarbeitete Soll erfolgen. Dies erfordert erstens ein organisationsbezogenes Änderungsmanagement zur Veränderung der Arbeitsweisen und zweitens eine Prozessautomatisierung, die sich auf die Entwicklung und Einführung von Informations- und Kommunikationstechnik zur Unterstützung des Geschäftsprozesses bezieht.
Prozessüberwachung	Nach Einführung der neuen Prozessvariante können im Zuge einer Prozessüberwachung die wichtigen Daten und Informationen, die bei der Ausführung entstehen, analysiert sowie die Leistungsfähigkeit gemessen und bewertet werden. Zur Beseitigung von dabei noch festgestellten Fehlern und/oder Abweichungen werden korrigierende Maßnahmen eingeleitet.

1.6.5 *Was sind Key Performance Indicators (KPI) und welche Rolle spielen sie im Geschäftsprozessmanagement?*
Key Performance Indicators (KPI) sind Kennzahlen, die zur Messung der Effizienz und Effektivität von Geschäftsprozessen verwendet werden. Sie helfen, die Leistungsfähigkeit von Prozessen zu überwachen und ermöglichen das Setzen von Zielvorgaben für die Optimierung von Geschäftsabläufen.

Abschn. 2.6

2.6.1 *Welche sind die zentralen Elemente der digitalen Transformation in Unternehmen? Nennen Sie diese.*

Digitalisierte Prozesse, digital angebundene Lieferanten, digital angebundene Kunden, digitalisierte Mitarbeiter, digitale Daten, digitalisierte Produkte, digitalisierte Maschinen und Roboter, digitale Vernetzung, IT-Systeme, digitalisiertes Geschäftsmodell, digitale Technologien.

2.6.2 *Welche fünf Phasen umfasst das Vorgehensmodell zur digitalen Transformation nach Appelfeller/Feldmann (2023)?*
(1) Entwicklung der digitalen Vision, (2) Analyse von Ist-Zustand und Reifegrad, (3) Definition des Soll-Zustands, (4) Umsetzung der Entwicklungsschritte nach PDCA-Zyklus, (4) Regelmäßiges Überprüfen von Strategie und Vision.

2.6.3 *Welche Rolle spielt das Geschäftsprozessmanagement (BPM) im Kontext der Digitalisierung von Geschäftsprozessen?*
Das Geschäftsprozessmanagement (BPM) ist ein zentraler Faktor der Digitalisierung von Geschäftsprozessen, da es hilft, Geschäftsprozesse zu analysieren, zu modellieren, zu implementieren und zu überwachen. BPM ermöglicht eine effiziente und effektive Digitalisierung, indem es die Integration von Informationssystemen unterstützt und sicherstellt, dass Prozesse den definierten Standards im Hinblick auf Effizienz und Effektivität entsprechen.

2.6.4 *Was ist ein digitaler Zwilling und wie wird er genutzt?*
Ein digitaler Zwilling ist ein digitales Abbild eines existierenden Produkts oder Prozesses, das zu Simulations- und Analysezwecken genutzt wird. In der Produktion und im Ingenieurwesen ermöglicht er, Prozesse zu virtualisieren und deren Leistung zu analysieren, indem er ein Laufzeitabbild der Prozessumgebung erstellt und eine detaillierte Analyse des Verhaltens der realen Prozesse durchführt.

Abschn. 3.6

3.6.1 *Welche Phasen des Immobilienlebenszyklus gibt es und welche sind die aus Ihrer Sicht wichtigsten Geschäftsprozesse in jeder Phase? Nennen Sie die Phasen und einige ihrer zugehörigen wichtigsten Prozesse.*
(1) Planung/Entwurf: Bedarfsfeststellung, Projektentwicklung, Due Diligence, (2) Bau/Erstellung: Bauplanung, Bauausführung, Bau-Projektmanagement, (3) Verwaltung/Bewirtschaftung: Facility Management, Bestandsentwicklung, Vermietung, Instandhaltung, (4) Abriss/Sanierung: Abriss/Entsorgung, Re-Development, Verkauf.

3.6.2 *Machen Sie sich mit einem Web-gestützten oder als Open Source verfügbaren BPMN-Modellierungswerkzeug vertraut und modellieren Sie einen beliebigen Ihnen bekannten Geschäftsprozess.*
Eine vorgegebene Lösung zu dieser Frage gibt es nicht. Orientieren Sie sich bei der Modellerstellung bitte an den in Kap. 3 visualisierten Modellen. Empfehlungen für Web-gestützte oder Open Source BPMN-Modellierungswerkzeuge sind *Camunda,*

Bonita oder *Signavio*. Es gibt jedoch viele weitere Werkzeuge zur Modellierung von BMPN – eine Recherche im Internet lohnt sich.

3.6.3 *Welche Rolle können PropTechs bei der Nutzung von informationstechnischen Lösungen in der Wohnungs- und Immobilienwirtschaft spielen? Recherchieren Sie und beschreiben Sie den möglichen Nutzen.*

PropTechs sind wichtige Partner der Wohnungs- und Immobilienwirtschaft bei der Überführung von digitalen Technologien in innovative Lösungen sowie bei deren Verbreitung und Etablierung. Sie sind ein Treiber der digitalen Transformation in der Branche und bieten häufig Lösungen für Wohnungs- und Immobilienunternehmen an, die durch etablierte Gebäudetechnik-Dienstleister oder Softwareunternehmen nicht angeboten werden (können). Das Leistungsangebot von PropTechs adressiert oftmals Geschäfts- und technische Prozesse, die nicht als Massenprozesse ausgeführt werden und sich nur schwer standardisieren lassen.

3.6.4 *In welchen Schritten erfolgt die Optimierung eines Geschäftsprozesses? Beschreiben Sie diese mit ihren wichtigsten Aspekten kurz.*

Optimierungsschritt	Beschreibung
Erhebung der Ist-Prozesse	Mit dem Start einer Prozessoptimierung muss eine Erhebung der Prozesse vorgenommen werden, sofern die zu analysierenden Ist-Prozesse noch nicht aufgenommen und dokumentiert sind. Die Erhebung sollte ein so grobes Ablaufmodell ergeben, dass dieses für eine Analyse und Bewertung bestenfalls hinreichend ist.
Analyse und Bewertung der Prozesse	Untersuchung der Ist-Prozesse auf ihre Optimierungspotenziale hin sowie Ermittlung der Schwachstellen und Verbesserungspotenziale. Ziel ist die Identifizierung der Ursachen von unerwünschten Abweichungen vom Zielzustand.
Konzeption von Soll- bzw. optimierten Prozessen	Entwicklung von prozessseitigen Maßnahmen für die Beseitigung der Schwachstellen sowie die Ausschöpfung der Optimierungspotenziale. Die Optimierungsmaßnahmen können in radikalen Veränderungen, strukturellen Veränderungen oder inkrementellen Prozessveränderungen liegen, die kontinuierlich vorgenommen werden.
Dokumentation der Optimierung	Dokumentation der Soll-Prozesse, in welche die erarbeiteten Prozessoptimierungen eingearbeitet sind. Diese Dokumentation kann mit denselben Methoden und Werkzeuge durchgeführt werden, mit denen bereits die Ist-Prozesse dokumentiert worden sind.

3.6.5 *Beschreiben Sie das Vier-Phasen-Modell für die Implementierung einer Automatisierung von Prozessen.*

Phase der Automatisierung	Beschreibung
Vom Prozessmodell zum Anwendungssystem	Beschreibung des Prozesses in seinen Ausprägungen als Soll-Modelle als Blaupausen, die abbilden, wie die möglichen Prozessinstanzen im IT-System ablaufen sollen.
Process Mining	Im Zuge eines Process Mining werden die Prozesse im implementierten IT-System analysiert, sodass ihre Ausführung ggf. optimiert werden kann.
Operational Performance Support	Operational Performance Support bezeichnet die operative Unterstützung der einzelnen Ist-Prozessinstanzen mit dem Ziel, die Ausführung dieser Ist-Prozessinstanzen während ihrer Laufzeit weitgehend automatisiert ablaufen zu lassen.
Robotic Process Automation (RPA)	Mit Robotic Process Automation (RPA) lassen sich Prozesse, die in IT-Systemen durch Menschen begleitet werden müssen, bei denen beispielsweise manuelle Dateneingaben auszu-führen oder Auswahlentscheidungen zu treffen sind, trainieren und weitgehend automatisieren.

Abschn. 4.7

4.7.1 *Worin liegen die Hauptaufgaben des Informationsmanagements in einer Organisation?*
Die Hauptaufgaben des Informationsmanagements umfassen die Planung, Steuerung und Kontrolle von Informationen, Informationssystemen und Informations- und Kommunikationstechnik. Ziel ist es, den Einsatz der Ressource Information in den Geschäftsprozessen zu optimieren und die Wertschöpfung zu steigern, sowie die Koordination der Informationsströme in den Geschäftsprozessen zu gewährleisten.

4.7.2 *Welche Rolle spielt Wissen im Wettbewerbsumfeld und wie hängt es mit dem Informationsmanagement zusammen?*
Wissen spielt eine entscheidende Rolle für den Wettbewerbserfolg von Unternehmen, da die Wissensintensität von Leistungsbündeln steigt und Organisationen zunehmend auf effizienten Umgang mit Wissen angewiesen sind. Informationsmanagement muss daher darauf ausgerichtet sein, sowohl explizites Wissen zu

verwalten als auch schwach strukturierte Informationen in die Prozessgestaltung einzubeziehen.

4.7.3 *Welches sind die Merkmale einer service-orientierten Architektur (SOA)?*

Lose Kopplung der Dienste, dynamisches Binden von Diensten über Verzeichnisdienst, Verwendung von offenen Standards für Schnittstellenbeschreibungen, Einhaltung von Einfachheit und Sicherheit, Modellierung von Prozessen und Abläufen, die auf externe Ereignisse reagieren.

4.7.4 *Worin liegt der Unterschied zwischen einem Geschäftsprozess und einem Workflow?*

Ein Geschäftsprozess beschreibt, „was" zu tun ist, um die Ziele zu erreichen, und hat einen betriebswirtschaftlichen Fokus, während ein Workflow beschreibt, „wie" diese Aufgaben konkret umgesetzt werden sollen und auf die operative Umsetzung fokussiert ist. Der Geschäftsprozess verbindet die Arbeitsschritte mit den organisatorischen Einheiten, der Workflow hingegen hat einen Detaillierungsgrad, der einer konkreten Arbeitsanweisung entspricht, und wird häufig softwaregesteuert.

4.7.5 *Nennen und beschreiben Sie die Phasen des Vorgehensmodells zum Aufbau und Betrieb digitaler Plattformen.*

Phase	Beschreibung
Ökosystem-Design	Identifizierung und Differenzierung der Plattformteilnehmer aus den Marktakteuren des Plattformökosystems. Anschließende Festlegung des Leistungsangebots der digitalen Plattform nnd der Art und Weise der Anbindung ihrer Nutzer.
Skalierung	Ableitung von Strategien zur Nutzergewinnung. Lösung der Startprobleme durch eine ggf. fehlende Motivation von Interessenten und Ergänzung allgemeiner Strategien um weitere Instrumente.
Pricing	Entwicklung von Pricing-Modellen durch eine Differenzierung der beteiligten Marktakteure. Die in der vorangehenden Phase gefundenen Skalierungsstrategien und zusätzlichen Instrumente zur Interessentenmotivation sind bei der Entwicklung des Preismodells zu berücksichtigen.
Verhaltenssteuerung	Sicherung der Koordination der externen Ressourcen der digitalen Plattform it geeigneten Strategien und Instrumenten. Eine hohe Nutzungsqualität und die Etablierung einer Governance können zusätzliches Vertrauen schaffen.
Erfolgsfaktoren (Performance)	Erarbeiten von Zielen, die mit passgenauen Kennzahlen operationalisiert werden müssen. Eine Basis dafür bilden Qualitätskriterien, welche geeignete Kennzahlen und damit die Performance der Plattform repräsentieren.

(Fortsetzung)

(Fortsetzung)

Phase	Beschreibung
Wettbewerb	Bestimmung der Wettbewerbsstrategien für die Positionierung der Plattform im Marktgeschehen. Wichtig ist in dieser Phase der Einsatz von Instrumenten zur Interessentengewinnung und Nutzerbindung.

Abschn. 5.5

5.5.1 *Warum ist die Standardisierung von unternehmensübergreifenden Prozessen für moderne Unternehmen wichtig?*
Die Standardisierung ist wichtig, um in Echtzeit agieren zu können und um den steigenden Anforderungen im Innovationswettlauf und bei der individuellen Produktion gerecht zu werden.

5.5.2 *Welche Rolle spielen Informationstechnologien im Kontext unternehmensübergreifender Geschäftsprozesse?*
Informationstechnologien unterstützen die Wertschöpfungsnetzwerke, ermöglichen eine Standardisierung der Prozesse und sind entscheidend für die digitale Transformation und die Effizienzsteigerung durch Prozessautomatisierung.

5.5.3 *Was ist unter dem Begriff „Process Mining" zu verstehen und welche Ziele verfolgt es?*
Process Mining ist eine Data Mining-Technik im Geschäftsprozessmanagement, mit der Geschäftsprozesse anhand von Logfiles und Bewegungsdaten rekonstruiert und analysiert werden. Ziele sind die Identifizierung von Prozessen, die Überprüfung von bestehenden Prozessen und die Aufdeckung von Mängeln.

5.5.4 *Welche drei technologische Entwicklungsstufen werden in Bezug auf Geschäftsprozesse beschrieben und wie gestalten sich diese?*
(1) Intrabetriebliche Geschäftsprozesse: Fokussiert auf die Verbesserung der Prozesse innerhalb eines Unternehmens durch integrierte Informationssysteme.
(2) Interbetriebliche Geschäftsprozesse: Bezieht sich auf die Optimierung der zwischenbetrieblichen Prozesse durch standardisierten Austausch von Informationen.
(3) Geschäftsprozessnetzwerke: Verbindet interne und externe prozessuale Teilbereiche zu einem umfassenden Wertschöpfungsprozess, der in Echtzeit über Unternehmensgrenzen hinweg agiert.

5.5.5 *Welche Eigenschaften zeichnen ein offenes Ökosystem für interorganisationale Zusammenarbeit aus?*
Ein offenes Ökosystem ist dynamisch, zugänglich und ermöglicht vielfältige Kooperationen zwischen verschiedenen Akteuren, um Kundenmehrwert zu generieren. Es zeichnet sich durch den gemeinsamen Zweck und die Integration von Ressourcen, Wissen und Technologien aus.

Abschn. 6.5

6.5.1 Was für Ausprägungen können Plattformen aufweisen und wie lassen sich diese Ausprägungen charakterisieren?

Ausprägung	Charakterisierung
Transaktionsplattformen	Transaktionsplattformen fungieren als Vermittlungselemente zwischen zwei oder mehr Marktseiten. Sie unterstützen eine direkte Kommunikation und Interaktion der Marktteilnehmer und reduzieren mit dem Einsatz geeigneter Technologien die Transaktionskosten auf allen Seiten.
Innovationsplattformen	Auf Innovationsplattformen können die Plattformteilnehmer neue Produkte, Dienstleistungen oder Wissen entwickeln. Die entsprechende Plattform stellt die technologische Basis zur Verfügung, wobei ehemals plattformimmanente Funktionen innovativ erweitert werden sollen. Die Entwicklungsergebnisse können anderen Teilnehmern auf der jeweiligen Plattform gebündelt angeboten werden. Durch die Bündelung wird mit den Produkten und Dienstleistungen ein deutlicher Mehrwert für die Konsumenten geschaffen.
Informationsmärkte	Mit Informationsmärkte lassen sich Informationen und Nachrichten kanalisieren und kategorisieren, sodass diese über die entsprechende Plattform zur individuellen Interaktion an bestimmte Teilnehmen ausgespielt werden können.
Industriemärkte	Industriemärkte benötigen im Gegensatz zu den drei vorangehend vorgestellten Ökosystemen nicht zwingend eine zentrale digitale Plattform. Es handelt sich vielmehr um Zusammenschlüsse verschiedener Unternehmen und/oder Organisationen, welche durch die Kombination komplementärer Produkte und Dienstleistungen ein neues Leistungsangebot oder ein Leistungsportfolio zur Verfügung stellen.

6.5.2 Worin unterscheiden sich transaktionszentrierte und datenzentrierte digitale Plattformen?

(1) Transaktionszentrierte Plattform: Eine *transaktionszentrierte Plattform* führt das Angebot und die Nachfrage nach Waren, Dienstleistungen oder Erlebnissen zusammen, sie bildet somit Transaktionen die die dafür notwendigen Prozesse ab.

(2) Datenzentrierte Plattform: Eine *datenzentrierte digitale Plattform* bildet die Basis, komplementäre Komponenten, wie beispielsweise Hardware, Software, Daten und Dienstleistungen, in einem System zusammenzuführen und dieses zu steuern. Die bereitgestellten Funktionen liegen in einer Qualitätssicherung bzw. Zertifizierung der Einzelkomponenten sowie in der Aufbereitung und Auswertung der Datenströme für die Stakeholder.

6.5.3 Welche Funktionen müssen digitale Plattformen implementieren, um eine hohe Attraktivität aufzuweisen?

(1) Hohe Ausdifferenzierung, (2) besondere Angebotsmechanismen, (3) standardisierte Verträge, (4) Definition von Standards, (5) exzellenten Usability, (6) datenbasierten Analysen der Aktionen der Plattformteilnehmer, (7) datenbasierte Zusatzleistungen, (8) Gewährleistung höchster Datensicherheit sowie des Schutzes der auf der Plattform verarbeiteten Daten, (9) Zertifizierung sowie Qualitätssiegel, (10) Reputationsmechanismen, (11) Automatisierung einzelner Prozesse sowie ein Workflow-Management.

6.5.4 Welche Schritte umfasst das Service Engineering Referenzmodell? Erläutern Sie diese Schritte kurz.

Schritt	Erläuterung
Ideengenerierung	Bestimmung des Suchfelds und Entwicklung der eigentlichen Ideen
Ideenanalyse	Auswahl der ggf. zu detaillierenden Ideen und deren Priorisierung. Den letzten Schritt bildet eine Stop-or-Go-Entscheidung, in welcher die weiter zu verfolgenden Ideen ausgewählt, Entwicklungsprojekte definiert und erste Entwicklungspfade festgelegt werden.
Konzeption der Dienstleistung	Spezifikation der Dienstleistungen hinsichtlich ihrer Markt-, Potenzial-, Prozess- und Ergebnisdimensionen, die am Ende dieses Schritts für jede Dienstleistung zu einer Gesamtspezifikation zusammengeführt werden. Für die spezifizierten Dienstleistungen wir das jeweilige Servicekonzept weiterentwickelt. Dazu werden die notwendigen Ressourcen zur Leistungserbringung ermittelt, die Prozesse dimensioniert und schließlich die Wirkung des Leistungsangebots auf die Stakeholder spezifiziert.
Vorbereitung und Testing	Mit der Vorbereitung wird das Produktmodell weiter detailliert, indem mit Bezug zu den jeweiligen Nutzern der Dienstleitungen Use Cases bzw. Anwendungsszenarien entwickelt und damit die mögliche Erfüllung der Stakeholderanforderungen geprüft werden.Die entwickelten Dienstleitungen sowie die Plattform, die über die beschriebenen Modelle definiert werden, werden im Zuge des Testing mit einer Auswahl an Stakeholdern als Prototyp erprobt und in einem iterativen Prozess sukzessive verbessert.
Implementierung	Abschluss des Service Design und Übertragung in den Markt. Im Zuge dieses Schritts werden der Pilotbetrieb in einen produktiven Betrieb überführt bzw. die Dienstleistung und die Plattformfunktionen ausgerollt.

6.5.5 Welche Change Management Regeln sind im Zuge eines Veränderungsprozesses in der jeweiligen Organisation zu beachten?

(1) Formulierung verständlicher und klarer Ziele der Veränderung, (2) Kommunikation und Erzeugen von Begeisterung für die Veränderung, (3) Zeit und Geduld, (4) Hinreichende Berücksichtigung des Koste-/Nutzen-Verhältnisses, (5) Initiierung einer kulturellen Veränderung, (6) Glaubwürdiges Agieren der Führungskräfte.

Abschn. 7.3

7.3.1 *Welche zukunftsweisenden Technologien können eine Weiterentwicklung von Geschäftsprozessen in Richtung Digitalisierung fördern?*
(1) Quantencomputing, (2) 5G-Technologie, (3) Spatial Computing, (4) tiefergehende Mensch-Maschine-Interaktion, (5) Blockchain-Technologien, (6) Large Action Models (LAM).

7.3.2 *Welche Effekte lassen sich mit Bezug auf immobilienwirtschaftliche Geschäftsprozesse mit dem Einsatz zukunftsweisender Technologien erwarten?*
Die Unveränderbarkeit der in einer Blockchain gehandelten Daten erzeugt eine hohe Transparenz und Sicherheit, da abgewickelte Transaktionen durch die beteiligten Akteure eindeutig nachvollzogen werden und die damit verbundenen Aktivitäten sowie die daraus entstehenden Daten und Dokumente verlässliche Arbeits- und Rechtsgrundlagen bilden können. Auch lassen sich mit den Blockchain-Mechanismen und -Funktionen Standardprozesse, die in hoher Häufigkeit wiederkehren, automatisieren. Die Ausführung dieser Prozesse ohne manuelle Eingriffe führt zu Effizienzsteigerungen und Kosteneinsparungen.

7.3.3 *Wie lassen sich Real Estate-as-a-Service (REaaS) Geschäftsmodelle beschreiben und welche Nutzenpotenziale weisen diese auf?*
Real Estate-as-a-Service (REaaS) bezeichnet die Digitalisierung zahlreicher Geschäftsprozesse der Wohnungs- und Immobilienwirtschaft und deren Bereitstellung als digitale Services. Damit können Wohnungs- und Immobilienunternehmen ihre eigene Rolle als Anbieter von Objekten zum Wohnen oder zur gewerblichen Nutzung hin zu Anbieter intelligenter Dienstleistungen, welche zukunftsweisende Mehrwertdienste rund um Immobilien bereitstellen, verändern.

7.3.4 *Welche Anwendungsfelder in der Wohnungs- und Immobilienwirtschaft sind für Blockchain-Technologien denkbar?*
(1) Transaktionsmanagement: Vereinfachung komplexer Prozesse mittels Blockchains, indem die an einer Transaktion Beteiligten über diese Technologie miteinander verknüpft werden, ohne dass ein Intermediär zwischengeschaltet ist.
(2) Kapitalbeschaffung: Mit einer *Tokenisierung* von Immobilien lassen sich diese in handhabbare Einheiten überführen, sodass sich die Kapitalbeschaffung vereinfacht und sich neue Investorengruppen ansprechen lassen. So können beispielsweise digitale Wertpapiere als tokenbasierte Immobilienanleihen ausgegeben und angeboten werden.
(3) Compliance und Nachhaltigkeit: Die Blockchain-Technologie kann ein geeignetes Werkzeug für die Umsetzung von ESG-Vorgaben darstellen und damit Transparenz sowie Vertrauen mit Bezug zu den Themenfelder *Nachhaltigkeit und Klimaschutz* schaffen. So kann sie in der Wohnungs- und Immobilienwirtschaft bei der Reduzierung von Baustoffen bzw. Baumaterialien sowie bei der Wiederverwendung von Produkten und Rohmaterialien einen wichtigen Mehrwert schaffen.

Stichwortverzeichnis

A
Ablaufdiagramm, 25
Abriss, 58
Architektur Integrierter Informationssysteme (ARIS), 13, 23
Architekturkonzept, 130
ARIS (Architektur Integrierter Informationssysteme), 13, 23
Asset Management, 63–65
Aufzugsmanagement, digitales, 144
Automatisierung, 49, 72, 96, 97, 155, 186
  Phasenmodell, 98

B
B2B (Business-to-Business), 177
B2C (Business-to-Consumer), 177, 185
B2E (Business-to-Employee), 177
Bau, 57, 61
Bauplanungssoftware, 75
Bauprojekt, 76
Bewirtschaftung, 58, 63, 74, 81, 82
BIM (Building Information Modeling), 62, 77
BIM-Modell, 78, 79
Blockchain, 212, 214
BPD (Business Process Diagram), 28
BPMN (Business Process Model and Notation), 28, 42, 201
BPMS (Business-Process-Management-Business-System), 44, 46, 119, 156
Building Information Modeling (BIM), 62, 77
Business Intelligence, 51, 88

Business Process Diagram (BPD), 28
Business-Process-Management-System (BPMS), 44, 46, 100, 119, 156
Business Process Model and Notation (BPMN), 28, 42, 201
Business-to-Business (B2B), 177
Business-to-Consumer (B2C), 177, 185
Business-to-Employee (B2E), 177

C
C2C (Consumer-to-Consumer), 172, 185
CAD (Computer Aided Manufacturing), 62
CAD-System, 77, 79
Change Management, 199
Cloud Computing, 83, 102
Cloud-Infrastruktur, 137
CMMS (Computerized Maintenance Management System), 101, 102
Computer Aided Manufacturing (CAD), 62
Computerized Maintenance Management System (CMMS), 101, 102
Computerunterstützung
  Grad der, 121
Consumer-to-Consumer (C2C), 172, 184
CPS (Cyber Physisches System), 4, 16, 188
CRM-System, 84
Cyber Physisches System (CPS), 4, 16, 188

D
Data Mining, 51
Daten, 37, 136, 163, 176

Datenanalyse, 102
Datenaustausch, 36
Datenbank, 82
Datenflusskontrolle und -steuerung, 128
Datenmodell, 23
Dienst, 126, 127, 131
Dienstleistung, 29, 143, 193, 198
Dienstleistungsprozess, 29, 133
digitale
  Plattform, 135
Digitalisierung, 2, 16, 18, 96, 97, 143
Digitalisierungstechnologie, 209, 216
Disruption, 193
DMS (Dokumentenmanagementsystem), 68, 69, 79
Dokumentenmanagementsystem (DMS), 68, 69, 79
Dreieck, magisches, 6
Due Diligence, 59

E
Echtzeitverhalten, 152, 154
End-to-End-Prozess, 122
Enterprise Service Bus (ESB), 128
Entwurf, 56, 59
EPK (Ereignisgesteuerte Prozesskette), 26, 42
Ereignisgesteuerte Prozesskette (EPK), 26, 42
ERP-System, 68, 69, 81
ESB (Enterprise Service Bus), 128

F
Facility Management, 64, 71
Flussdiagramm, 25, 41
Führungsaufgabe des
  Informationsmanagements, 118

G
Gebäude, 72, 77
Geschäftsmodell, 2, 5, 7, 17, 33, 38, 182, 188, 193
  digitales, 133
Geschäftsmodell-Technologie-Portfolio, 188, 190
Geschäftsprozess, 11, 12, 14, 21, 130
  digitaler, 150
  digitalisierter, 35, 47, 50
  intrabetrieblicher, 152, 153
  Lebenszyklus, 14, 15, 47, 90
Geschäftsprozessimplementierung, 34, 47, 48
Geschäftsprozessmanagement, 9, 10, 15, 120
Geschäftsprozessmodell, 18, 19, 24, 44, 59
Geschäftsprozessmodellierung, 20, 31, 34, 40, 124, 132
Geschäftsprozessnetzwerk, 154
Geschäftsprozessoptimierung, 48, 89, 157
Geschäftsprozess- und Workflowmanagement
  integriertes, 124
Gewerbeimmobilie, 64

I
IaaS (Infrastructure-as-a-Service), 188
Immobilienlebenszyklus, 56, 74, 179
Immobilienmanagement
  Ebenen, 56
Immobilienökosystem, 171
Immobilienportal, 179
Implementierungsstrategie, 187
Industriemarkt, 170
Informationsmanagement, 114, 145, 167
Informationsmarkt, 170
Informationssystem, 48, 49, 118
  integriertes, 151
Informationstechnik (IT), 48
Informations- und Kommunikationstechnik, 118
Informationswirtschaft, 117
Infrastructure-as-a-Service (IaaS), 188
Innovation
  disruptive, 137
  inkrementelle, 137
  radikale, 137
Innovationsplattform, 169
Internet of Things (IoT), 61, 88, 98, 101, 145
IoT (Internet of Things), 61, 88, 98, 101, 145, 210
Ist-Prozesserhebung, 93
IT-Dienstleistung, Cloud-basierte, 137
IT (Informationstechnik), 48
IT-Infrastruktur, 116
IT-System, 74, 96

K
Kernprozess, 56

Kernprozesse, 59
Key Performance Indicator (KPI), 17
KI (Künstliche Intelligenz), 83, 88, 98, 159
Kollaborationsplattform, 181
Kollaborationssystem, 86
Konfiguration, 134
KPI (Key Performance Indicator), 17
Kunde-zu-Kunde-Geschäftsprozess, 123
Künstliche Intelligenz (KI), 83, 88, 98, 159

L
Leerstandsmelder, 180

M
Machine Learning, 83
Maklerportal, 179, 184
Management-Business-System), 100
Marktdynamik, 183
Markt, mehrseitiger, 182, 184
Middleware, 82
Mieterlebenszyklus, 66
Mieterportal, 180
Mieterverwaltung, 86
Modellbildung, 20
Modelleigenschaft, 21
Modellierungsregel, 123
Modellierungssprache, 24
Monitoring, 157, 163

N
Nachhaltigkeit, 213
Nachhaltigkeitsmanagement, 210
Nebenkostenabrechnung, 67
Netzwerkeffekt, 139, 170, 176, 183

O
Ökosystem, 140
  digitales, 133, 163, 168, 170
  hybrides, 173, 174
Orchestrierung, 132, 175

P
Planung, 56, 59
Plattform, 161, 168, 171
  datenzentrierte digitale, 182, 186
  digitale, 104, 139, 141, 143, 168, 176, 181, 184
  transaktionszentrierte digitale, 181
  universelle, 187
Plattform-Broker, 172–174
Plattforminteraktion, 106
Plattformkommunikation, 104, 105
Plattformökonomie, 135
Plattformökosystem, 168, 191, 203
Plattformunternehmen, 190, 200
Portal, 104
Portfolio-Analyse, 194
PPI (Process Performance Indicator), 17, 47, 50, 90
Predictive Analysis, 51
Predictive Analytics, 61
Process Engine, 44, 49
Process Mining, 45, 51, 89, 98, 157, 159
Process Performance Indicator (PPI), 17, 47, 50, 90
Projektentwicklung, 59, 61, 73
Property Management, 64
ProTech, 88
Prozessanalyse, 89, 94
Prozessarchitektur, 41
Prozessausführung, 13
Prozessautomatisierung, 119
Prozess, digitaler, 172, 173
Prozesslandkarte, 56
Prozesslandschaft, 10, 41
Prozessmodell, 156
Prozessoptimierung, 93
Prozessstrategie, 16
Prozessstrukturierung
  Grad der, 121
Prozessverbesserung, 95

Q
Quality Function Deployment, 197

R
REaaS (Seal Estate-as-a-Service), 211
Real Estate-as-a-Service (REaaS), 211
Referenzmodell, 35, 51, 116, 139, 195
  Elemente, 35
Referenzprozess, 91, 100

Reichweite, 182
Reifegrad, 38
Reifegradmodell, 34
Remote Procedure Call (RPC), 125
Revitalisierung, 72
Robotic Process Automation (RPA), 99
RPA (Robotic ProceAutomation), 99
RPA (Robotic Process Automation), 99
RPC (Remote Procedure Call), 125

S
SaaS (Software-as-a-Service), 138
SaaS (Software-as-a-Service)SaaS), 75
Salierbarkeit, 182
Sanierung, 58
Schadensmanagement, 69, 82, 106
Schnittstelle, 45, 77, 82, 100, 132
Service Blueprint, 29, 30, 134, 198
Service Design, 196
Service Engineering, 193
Service-Engineering-Referenzmodell, 195, 198
Service-Ökosystem", 160
Service-orientierte Architektur (SOA), 46, 125, 126, 131
   grundlegende Merkmale, 126
   Rollenkonzept, 128, 131
Serviceplattform, 149, 178, 204, 214
   digitale, 211
Skalierung, 142
Smart Contract, 61, 212
Smart Service, 143, 144, 177
SOA (Service-orientierte Architektur), 46, 125, 126, 131
   grundlegende Merkmale, 126
   Rollenkonzept, 128, 131
Social-Media-Plattform, 180
Software-as-a-Service (SaaS), 75, 138
Strategie, 114, 191
SWOT-Analyse, 194

T
Teilprozess, 41
Transaktionskosten, 183
Transaktionsmanagement, 212
Transaktionsplattform, 139, 169, 203

Transformation
   digitale, 55, 120
Transformation, digitale, 1, 3, 8, 37, 39, 135, 145, 162, 172

U
UML-Aktivitätsdiagramm, 27

V
Veränderungsprozess, 199
Vermarktung, 201
Vermietungsprozess, 64, 85, 104, 202
Verzeichnisdienst, 131
Vorgehensmodell, 39, 51, 141
   Phasen, 39, 141

W
Wartung, vorausschauende, 71, 145, 210
Web-Service, 46, 100, 125, 126, 128, 130
Web-Services-Architektur, 132
Web Services Description Language (WSDL), 128
Wertkettenanalyse, 7, 30
Wertkettendiagramm, 42
Wertschöpfung
   digitale, 136
   digitalisierte, 134
Wertschöpfungskette, 7
WfMS (Workflow-Management-System), 119
Wissen, 115
Workflow, 78, 119
   teilautomatisierter, 121
   vollautomatisierter, 122
Workflowausführung, 125
Workflowmanagement, 113, 119
Workflow-Management-System (WfMS), 119
Workflowmodellierung, 124
Workflowmonitoring, 125
WSDL (Web Services Description Language), 128

Z
Zwilling, digitaler, 45, 78

If you have any concerns about our products,
you can contact us on
ProductSafety@springernature.com

In case Publisher is established outside the EU,
the EU authorized representative is:
**Springer Nature Customer Service Center GmbH
Europaplatz 3, 69115 Heidelberg, Germany**

Printed by Libri Plureos GmbH
in Hamburg, Germany